小窗幽记

线装中华国粹

（明）陈继儒◎著
徐　霞◎译注

二十一世纪出版社集团
21st Century Publishing Group

图书在版编目（CIP）数据

小窗幽记 /(明) 陈继儒著 ; 徐霞译注 .— 南昌 :
二十一世纪出版社集团 ,2019.4
（线装中华国粹系列）
ISBN 978-7-5568-3399-3

Ⅰ.①小… Ⅱ.①陈… Ⅲ.①人生哲学—中国—明清时代 Ⅳ.
①B825

中国版本图书馆 CIP 数据核字 (2018) 第 064219 号

小窗幽记　　（明）陈继儒　著　徐　霞　译注

策　　划　张秋林
责任编辑　周向潮　张波虹
出版发行　二十一世纪出版社集团（江西省南昌市子安路 75 号　330009）
www.21cccc.com　cc21@163.net
经　　销　全国各地书店
印　　刷　南昌印刷十二厂有限公司
版　　次　2019 年 4 月第 1 版　2019 年 4 月第 1 次印刷
印　　数　0001 ~ 6000 册
开　　本　720mm×980mm　1/16
印　　张　28
字　　数　400 千字
书　　号　ISBN 978-7-5568-3399-3
定　　价　35.00 元

赣版权登字—04—2018—98

前　言

小品文作为一种极具特色的文学样式，虽没有唐诗、宋词、元曲那样具有划时代的崇高地位和辉煌灿烂的成就，但它也是中国文学史上重要的一部分。作为散文品种之一，小品文具有短小灵活、简练隽永等特点，具有议论、抒情、叙事的多重功能，是一种轻便自由的文学形式。明代是小品文观念的成熟期，也是创作的旺盛期。明人的小品文观念奠定了后代小品文观念的基础，其创作风格也深刻地影响着后人。小品文从无一席之地到受到人们的追捧，是明代文学先驱们赋予小品文以精神魂魄，使其名正言顺，并有如此强大的生命力和艺术魅力。明清时期涌现出了一批优秀的小品文作家和作品，张岱《陶庵梦忆》《西湖寻梦》、江盈科《雪涛小说》、吕坤《呻吟语》、洪应明《菜根谭》、李渔《闲情偶寄》、沈复《浮生六记》、余怀《板桥杂记》、张潮《幽梦影》，以及陈继儒《小窗幽记》都是对后世具有很大影响的小品文集。

《小窗幽记》是明代文人陈继儒所著的一本格言小品集。全书共分为 12 卷，共 1500 余则。从内容上看，可以分为醒、情、峭、灵、素、景、韵、奇、绮、豪、法、倩十二卷，内容涉及为人、处世、修身、养性、从政、读书、为学、立业等诸多方面，是集处世哲学、审美情趣、生活艺术为一体的明代清言小品的代表作。它与明代洪应明所著的《菜根谭》、清代王永彬所著的《围炉夜话》并称为“处世三大奇书”。

陈继儒（1558—1639），字仲醇，号眉公，又号麋公，松江华亭（今上海松江）人，明代后期著名的文学家、书画家。其对明末至清初文坛产生了很大影响，被誉为“天壤一异人”。陈继儒自幼聪颖异常，博学多才，擅长诗文，又精于丹青书法。他青壮年时，正是明代嘉靖、万历年间，君王昏聩，朝政混乱；而他的晚年，经历了明代灭亡前的乱世。身处那样一个时代，凭着独特的智慧和判断力，他决意放弃仕途归隐山林，隐居于小昆山之中，后筑室东佘山，闭门著述。陈继儒一生涉猎甚广，著述丰富，除《小窗幽记》之外，尚有《陈眉公先生全集》《见闻录》《眉公杂著》等传世。

据乾隆三十五年刊本提供的信息，《小窗幽记》的作者是明代的陈继儒。当时的刻印人为崔维东，作序者为陈本敬。陈本敬在序言中说“眉公先生负一代盛名，立志高尚，著述等身，曾集《小窗幽纪》以自娱”，书的封面也赫然署着“眉公先生辑”。然而对于《小窗幽记》的真实作者，学术界一直存在着争议。有人考证《小窗幽记》是当时的作序者陈本敬和刊刻者崔维东为使之广泛流传而假托陈继儒之名所编的伪书，其真实作者应该是陆绍珩，因为《小窗幽记》不见于陈继儒的著述名录，而晚明陆绍珩所辑录的《醉古堂剑扫》却与此书内容几乎一致。《醉古堂剑扫》在明末刊行，并且流传到日本。周作人先生在他所购得的嘉永六年刊《醉古堂剑扫》书前附一题签，说此书在日本很是流行，“与《菜根谭》同为人所爱诵”。故而如今市面上流传了陈继儒和陆绍珩两个版本的《小窗幽记》，但占据主流的还是陈继儒的版本。因此这次编辑所选的底本也是以陈继儒的版本为准，以乾隆三十五年刻本为底本，并参照了上海古籍出版社明清小品丛刊系列《小窗幽记》、中华书局成敏译注《小窗幽记》、中州古籍出版社清风注译《小窗幽记》等版本，在此基础上进行注释和翻译。由于笔者能力有限，书中难免存在不足之处，还望读者多多包涵并不吝指正。

目录

contents

卷一 醒

原文

食中山之酒①，一醉千日。今世之昏昏逐逐，无一日不醉，无一人不醉。趋名者醉于朝②，趋利者醉于野，豪者醉于声色车马。安得一服清凉散③，人人解醒④？集醒第一。

注释

①中山之酒：传说中产于中山的一种烈酒。这里泛指名酒。东晋干宝《搜神记》：“狄希，中山人也，能造千日酒，饮之千日醉。”中山，古国名。春秋战国时期诸侯国，地处今河北正定东北。

②趋：追逐，追求。

③清凉散：中药名。人服用后会感到身心清凉。

④解醒：清醒。

译文

喝了中山之酒，可以一醉千日，但总有醒来的时候。可如今世人追名逐利，一生都是昏昏沉沉的，没有一天不处于醉乡之中。追逐名位之人沉醉于庙堂之上，追逐利益之人沉醉于市井之中，豪家子弟则沉醉于声色车马之中。怎样才能得到一剂清凉散让人们都从沉醉中清醒过来呢？因此，我编纂了第一卷醒。

原文

倚高才而玩世①，背后须防射影之虫②；饰厚貌以欺人，面前恐有照胆之镜③。

注释

①倚：倚仗，依靠。

②射影之虫：即传说中一种叫蜮的动物。能含沙射人，使人发病。这里比喻暗地里害人的小人。晋干宝《搜神记》卷十二：“其名曰蜮，一曰短狐，能含沙射人，所中者则身体筋急，头痛、发热，剧者至死。”南朝宋鲍照《代苦热行》：“含沙射流影，吹蛊痛行晖。”

③照胆之镜：传说秦宫中有一面能照出人心中邪念的神镜。据晋葛洪《西京杂记•卷三•咸阳宫异物》载，汉高祖入秦咸阳宫，见“有方镜广四尺，高五尺九寸，表里有明，人直来照之，景倒见。以手扪心而来，则见肠胃五脏，历然无碍。人有疾病在内，则掩心而照之，则知病之所在。又女子有邪心则胆张心动。秦始皇常以照宫人，胆张心动者则杀之。

译文

倚仗高超的才智而玩世不恭，就必须要时时提防那些善于在背后使坏的小人；假扮成一副忠厚的样子去欺骗他人，恐怕当面会被能照出人心中邪念的神镜揭穿。

原　文

怪小人之颠倒豪杰，不知惯颠倒方为小人；惜吾辈之受世折磨，不知唯折磨乃见吾辈。

译　文

有人责怪小人颠倒是非、陷害豪杰，却不知惯于颠倒是非才是小人的本色；有人怜惜我们这些人饱受世间的挫折和磨难，却不知只有经历过挫折和磨难才能显示出我们这些人的英雄本色。

原　文

花繁柳密处①，拨得开，才是手段；风狂雨急时②，立得定，方见脚跟。

注　释

①花繁柳密处：这里比喻错综复杂的社会环境。

②风狂雨急时：这里比喻形势危急、潦倒不堪的时候。

译　文

在错综复杂的环境中，能够拨开迷雾，保持清醒才算本领不凡；在危急潦倒的形势下，能够站稳脚跟不被打倒，才能显示出立场坚定。

原　文

淡泊之守，须从秾艳场中试来①；镇定之操，还向纷纭境上勘过②。

注　释

①秾艳场：这里指歌舞楼台等富贵场所。秾艳，美艳的意思。

②勘过：验证。

译　文

淡泊宁静的操守，必须在歌舞楼台等富贵场所里才能试出来；镇定自如的品德，得在纷纷扰扰的复杂环境中方能得到验证。

原　文

市恩不如报德之为厚，要誉不如逃名之为适①，矫情不如直节之为真②。

注　释

①要誉：求取名誉，沽名钓誉。要，通“邀”。

②矫情：自命清高。直节：坦诚。

译文

施舍给别人小恩小惠，不如知恩报德厚道；沽名钓誉，不如回避名誉自在；自命清高，不如坦诚做人真诚。

原文

使人有面前之誉①，不若使人无背后之毁②；使人有乍交之欢③，不若使人无久处之厌。

注释

①面前之誉：当面的称赞。

②毁：诋毁。

③乍：初次。

译文

让别人当面对自己称赞有加，不如让别人不在背后诋毁自己；让别人在与自己初次交往时就产生好感，不如让别人与自己长期相处后都不会产生厌恶情绪。

原文

攻人之恶毋太严，要思其堪受①；教人以善毋过高，当原其可从②。

注释

①堪受：能够承受。

②原：考虑。

译文

指责他人的缺点和过错时不要太过严厉，要考虑对方是否能够承受；教导他人要与人为善时不能抱有过高的期望，应当考虑对方是否可以遵从。

原文

不近人情，举世皆畏途①；不察物情，一生俱梦境。

注释

①举：全部，所有。

译文

做人如果不合乎人之常情，就会认为世间都是让人心生畏惧的险途；做事如果不能做到体察入微，认清事物的本质，那么一生都会像生活在梦境之中，浑浑噩噩难以有所作为。

原文

遇默默不语之士，切莫输心[①]；见悻悻自好之徒[②]，应须防口。

注释

①输心：交心。

②悻悻：怨恨愤怒的样子。比喻为人傲慢又自恋。

译文

遇到沉默寡言、不说话的人，千万不要轻易与他交心；碰到既傲慢又自恋的人，要当心祸从口出，不要轻易说话。

原文

结缨整冠之态[①]，勿以施之焦头烂额之时；绳趋尺步之规[②]，勿以用之救死扶伤之日。

注释

①结缨整冠之态：这里比喻从容不迫的样子。结缨，系好帽带。《左传•哀公十五年》：子路为卫大夫孔悝的家宰。孔悝作乱，子路不从，因而受到石乞、盂黡的戈击，帽带子被碰断，"子路曰：'君子死，冠不免。'结缨而死。"

②绳趋尺步之规：这里比喻举动符合规矩，毫不随便。绳趋尺步，指举动符合规矩，毫不随便。宋苏洵《广士》："而绳趋尺步，华言华服者，往往反摈弃不用。"

译文

系好帽带，整好帽子，一副从容不迫的样子，这种仪态不能在让人焦头烂额的窘境时出现；举动符合规矩，毫不随便，这种做法不能在救死扶伤的紧急时刻出现。

原文

议事者身在事外，宜悉利害之情[①]；任事者身居事中，当忘利害之虑。

注释

①宜：应当，应该。悉：了解，明白。

译文

议论事情的人如果将自己置身事外，就容易看清事情的利害得失；担任大事的人如果身处事中，就应当忘记自己的利害得失。

原文

俭，美德也，过则为悭吝，为鄙啬，反伤雅道；让，懿行也[①]，过则为足恭[②]，为曲谨[③]，多出机心[④]。

注释

①懿：美好。

②足恭：过分谦恭，过分讨好人。《论语•公冶长》："巧言、令色、足恭，左丘明耻之，丘亦耻之。"

③曲谨：委曲谨慎，过度谦卑。

④机心：机巧的心思。《庄子•天地》："有机械者必有机事，有机事者必有机心，机心存于胸中则纯白不备。"

译文

节俭，本是一种美德，但是太过了就会变得吝啬，会变得浅薄而庸俗，反而会对节俭的雅正之道有所损伤；谦让，本是一种美好的行为，但是太过了就变成过度恭顺，过度谦卑，反而会给人一种好要心机的感觉。

原文

藏巧于拙，用晦而明；寓清于浊[①]，以屈为伸。

注释

①寓：隐寓，寄托。

译文

把机巧和智谋掩藏在看似笨拙的行为之中，表面看似晦暗不通，内心却很明白；把高洁的品格寄托于浊世之中，以退缩作为进取的方法。

原文

彼无望德[①]，此无示恩，穷交所以能长；望不胜奢，欲不胜餍[②]，利交所以必忤。

注 释

①德：恩德，恩惠。

②餍（yàn）：满足。

译 文

别人不期望从我这里获得任何恩惠，我也不表示要给予对方任何恩惠，这是贫贱之交能够得以长久的原因；期望他人无休无止的恩惠，私欲就永远无法满足，这是利益之交反目的缘由。

原 文

怨因德彰，故使人德我①，不若德怨之两忘；仇因恩立，故使人知恩，不若恩仇之俱泯②。

注 释

①德我：感激我的恩德。

②泯：泯灭，消除。

译 文

怨恨因为恩德而显得更加明显，所以与其让别人感激我的恩德，还不如将恩德和怨恨都忘掉；仇恨因为恩惠而产生，所以与其指望别人知恩图报，不如将恩惠和仇恨都抛开。

原 文

天薄我福①，吾厚吾德以迓之②；天劳我形，吾逸吾心以补之；天厄我遇，吾亨吾道以通之。

注 释

①天薄我福：上天使我的福分减少。

②迓：迎接。

译 文

上天使我的福分减少，我就通过提高我的德行来迎接它；上天使我的筋骨劳苦，我就通过放松我的心情来补偿它；上天使我的际遇困窘，我就通过充实我的道义使它能够通达。

原 文

淡泊之士，必为秾艳者所疑；检饬之人①，必为放肆者所忌。

注释

①检饬：检点，自我约束。南宋岳飞《辞男云特转恩命第二札》："以孱陋之资，将军旅之众，顾唯匪称夙夜，惶惧唯恐，检饬修省，有所未至，不足以服众。"

译文

淡泊名利的人，必定会遭到追求奢华、挥霍无度的人的猜疑；行为检点、能够自我约束的人，必定会被行为放纵的人忌恨。

原文

事穷势蹙之人[①]，当原其初心；功成行满之士，要观其末路。

注释

①事穷势蹙：事情处于困境之中，形势十分紧迫。

译文

正处于困境之中、所处形势十分紧迫的人，应当探究他一开始的志向是怎样的；已经功成名就、道行圆满的人，要看他最后的结局是怎样的。

原文

好丑心太明[①]，则物不契[②]；贤愚心太明，则人不亲。须是内精明而外浑厚，使好丑两得其平，贤愚共受其益，才是生成的德量。

注释

①好丑心：分辨美与丑的心。

②契：契合。

译文

分辨美与丑之心太明确，就不能做到与周围的事物和谐共处；划分贤与愚之心太清楚，就难以与人亲近。必须要内心精明而为人处世淳朴仁厚，使美丑两方都能得到平等对待，贤愚双方都能从中得到益处，这样才称得上是天生的德行和雅量。

原文

好辩以招尤[①]，不若讱默以怡性[②]；广交以延誉，不若索居以自全；厚费以多营，不若省事以守俭；逞能以受妒，不若韬精以示拙[③]。费千金而结纳贤豪，孰若倾半瓢之粟以济饥饿？构千楹而招徕宾客[④]，孰若葺数椽之茅以庇孤寒[⑤]？

注释

①尤：过失。

②讱默：少说话或者不说话。

③韬精：隐藏光芒。

④楹：堂屋前部的柱子。招徕：招揽，招引到自己面前来。

⑤葺：修葺。

译文

爱好争辩就会招致过失，不如少说话，以此怡养性情；通过广交朋友来提高声誉，不如离群索居以求自保；耗费大量资金和财产在多处从事经营，不如不做这些事以保持节俭；因为逞能而遭到妒忌，不如韬光养晦而展现愚钝的一面。耗费无数钱财去结识天下的贤士豪杰，哪里比得上拿出半瓢的粮食去接济饥饿的人呢？建造无数屋舍以招揽嘉宾贵客，哪里比得上修葺只有几根柱子的茅舍来庇护孤苦贫寒的人呢？

原文

恩不论多寡，当厄的壶浆①，得死力之酬；怨不在浅深，伤心的杯羹②，召亡国之祸。

注释

①当厄的壶浆：典故出自《左传·宣公二年》。晋人灵辄处于困厄的境况中，后为大夫赵盾所救，赵盾赐给他食物。后来灵辄成为晋灵公的甲士，晋灵公想要杀赵盾，赵盾幸好有灵辄搭救才得以脱险。壶浆，酒浆以壶盛之，故称。这里泛指酒食。

②伤心的杯羹：典故出自《左传·宣公四年》。楚人向郑灵公进献鼋，郑灵公召众大夫吃鼋，却偏不让公子宋吃。公子宋发怒，用手指头在鼎里蘸了蘸，尝到味道后才退出去。郑灵公十分恼怒，想要杀掉公子宋，没有想到公子宋早已料到这一点，先下手杀了郑灵公。

译文

恩惠不在是多是少，接济了深陷困境中的人一顿饭食，就能换来别人拼死效命的报答；怨恨无论是深是浅，使别人伤心恼怒的一杯鼋羹，也能招致杀身亡国的祸患。

原文

仕途虽赫奕①，常思林下的风味，则权势之念自轻；世途虽纷华，常思泉下的光景，则利欲之心自淡。

注　释

①赫奕：显赫的样子，盛大的样子。

译　文

仕途上虽然追求显赫，但如果经常想想隐居山中的情趣，那么追逐权势的心思也就自然变得轻淡了；世间虽然处处充满繁华富丽，但如果经常想想死后黄泉之下的情景，那么追求利欲的心思也就自然变得淡泊了。

原　文

居盈满者，如水之将溢未溢，切忌再加一滴；处危急者，如木之将折未折，切忌再加一搦[①]。

注　释

①搦：按，抑。西晋左思《魏都赋》："搦秦起赵，威振八蕃。"

译　文

处于志得意满之时的人，就好像一杯将要溢出却又没有溢出的水，千万不能再往里面添加一滴水；处于危急情形之中的人，就好像一棵将要折断却又未折断的树，千万不能再往上用力一按。

原　文

了心自了事[①]，犹根拔而草不生；逃世不逃名，似膻存而蚋还集[②]。

注　释

①了：了结，了断。

②膻：羊膻气。蚋：蚊子。《国语·晋语九》："蚋蚁蜂虿，皆能害人。"

译　文

能将心中的事做个了结才是真正的了结，就好像草被拔去了根一样，再也不会生长了；逃离了尘世却放不下尘世之中的名声，就好像只要羊膻的气味还存在，便仍然会招来蚊子一样。

原　文

情最难久，故多情人必至寡情；性自有常，故任性人终不失性。

译 文

情爱最难保持长久，所以多情的人必定会变得无情；天性本来就有一定的常理，所以听凭天性而为的人最终还是无法丢掉他的自然秉性。

原 文

才子安心草舍者，足登玉堂①；佳人适意蓬门者，堪贮金屋②。

注 释

①玉堂：宫殿的美称。唐、宋后指翰林院。《汉书•李寻传》："过随众贤待诏，食太官，衣御府，久污玉堂之署。"颜师古注："玉堂殿在未央宫。"王先谦补注引何焯曰："汉时待诏于玉堂殿，唐时待诏于翰林院，至宋以后，翰林遂并蒙玉堂之号。"

②金屋：指华美的屋舍。汉武帝刘彻刚刚被封为王时，曾说若能娶到美丽的陈阿娇为后，就一定会建座金屋让她居住，"金屋藏娇"的典故由此而来。

译 文

有才华的人如果能安心居于草堂之中寒窗苦读，将来就一定会金榜题名而高居庙堂之上；美人如果能按照自己的心愿嫁给贫穷的书生，才配得上居住在华丽的建筑中。

原 文

喜传语者，不可与语；好议事者，不可图事。

译 文

喜欢传播流言蜚语的人，不能够和他进行交谈；喜欢议论是非长短的人，不能够和他一起谋划事情。

原 文

甘人之语①，多不论其是非；激人之语，多不顾其利害。

注 释

①甘人：指喜欢谄媚、奉承别人的人。甘，甜。这里指说好话。

译 文

喜欢谄媚、奉承别人的人所说的话，大多不会考虑到事情的是非曲直；那些激励、鼓舞人心的话，大多都没有顾及到事情的利害得失。

原 文

真廉无廉名，立名者所以为贪；大巧无巧术[1]，用术者所以为拙。

注 释

①术：方法，策略。《荀子•议兵》：“上得天时，下得地利，后之发，先之至，此用兵之要术也。”

译 文

真正廉洁的人不是为了得到廉洁的名声，凡是为了给自己树立廉洁名声的人，无非是贪图名声罢了；真正聪明的人是不需要用机巧的策略的，需要运用机巧的策略的人，正是因为笨拙。

原 文

为恶而畏人知，恶中犹有善念；为善而急人知，善处即是恶根。

译 文

一个人如果做了坏事却害怕被别人知道，说明这个人虽然恶毒，但心中仍然存有一丝善念；一个人如果做了好事却急着想让别人知道，说明这个人虽然在行善，但心中仍然隐藏着恶毒的根苗。

原 文

谈山林之乐者[1]，未必真得山林之趣；厌名利之谈者，未必尽忘名利之情。

注 释

①山林之乐：指隐居山林的快乐。

译 文

经常谈论隐居山林的快乐的人，不一定真的懂得隐居山林的乐趣；口头上说厌恶名位和利益的人，不一定真的不将名位和利益完全放在心上。

原 文

从冷视热，然后知热处之奔驰无益；从冗入闲[1]，然后觉闲中之滋味最长。

注　释

①冗：冗繁，繁杂。

译　文

用冷漠的视角来看待热闹非凡的名利场，不久以后就会知道整日为富贵名利而奔波劳累并不会给自己带来什么好处；从繁杂的生活进入到闲适的生活，久了以后就能体会闲适的生活意蕴最深长。

原　文

贫士肯济人，才是性天中惠泽①；闹场能笃学②，方为心地上工夫③。

注　释

①性天：即天性。

②笃学：踏踏实实地学习，勤奋好学。《史记•伯夷列传》："颜渊虽笃学，附骥尾而行益显。"

③心地：这里指心境。佛教认为三界唯心，心就像是滋生万物的大地，能随缘生一切诸法，因此有了"心地"之称。

译　文

贫寒的士人愿意接济或者帮助他人，才是人的天性中最仁惠和最有德泽的特征；身处喧闹的环境中，仍然能够专心好学，才算得上心地上真正的修养功夫。

原　文

伏久者①，飞必高；开先者，谢独早。

注　释

①伏久者：指深藏不露的鸟。伏久，潜伏很久。

译　文

深藏不露的鸟，一旦飞翔，必定能够飞得高远；最先盛开的鲜花，凋谢也一定会是最早的。

原　文

贪得者，身富而心贫；知足者，身贫而心富；居高者，形逸而神劳；处下者，形劳而神逸。

译文

贪得无厌的人，或许生活十分富足，心灵却很空虚；知足常乐的人，或许生活十分贫困，内心却很富有；身居高位的人，或许生活很安逸，精神却很劳累；地位低下的人，或许身体很劳累，精神却很安逸。

原文

局量宽大[①]，即住三家村里，光景不拘；智识卑微，纵居五都市中，神情亦促。

注释

①局量：器量；度量。《三国志•蜀志•黄权传》："文帝察权有局量，欲试惊之。"

译文

一个人如果器量宽广，那么即使居住在人烟稀少的偏僻乡村中，眼界也不会因此而受到限制；一个人如果知识匮乏、眼界狭隘，那么纵然居住在繁华的大都市中，神情也会因此显得十分局促不安。

原文

惜寸阴者[①]，乃有凌轹千古之志[②]；怜微才者，乃有驰驱豪杰之心。

注释

①寸阴：日影移动一寸的时间，比喻一个非常短的时间。《淮南子•原道训》："圣人不贵尺之璧，而重寸之阴，时难得而易失也。"宋陈亮《上光宗皇帝鉴成箴》："当效禹王，寸阴是惜；当效文王，日昃不食。"

②凌轹：超越，压倒。南朝梁钟嵘《诗品•总论》："元嘉中，有谢灵运，才高词盛，富艳难踪，固已含跨刘郭，凌轹潘左。"

译文

只有珍惜时间的人，才有超越千古的壮志；连小小人才都爱惜的人，才有驾驭英雄豪杰的雄心。

原文

天欲祸人，必先以微福骄之，要看他会受；天欲福人，必先以微祸儆之，要看他会救。

译文

上天如果要给人降下灾祸，就必然会先给他些微的福分，使他骄傲自满，所以这个人最后能不能避开这个灾祸，就要看他会不会受用这些微的福分；上天如果要让一个人获得福分，就必然会先给他一点灾祸，使他警惕，所以这个人最终能不能享用这些福气，就要看他会不会补救这一点灾祸。

原文

书画受俗子品题，三生大劫①；鼎彝与市人赏鉴②，千古异冤。

注释

①三生：佛教称前生、今生、来生为“三生”。

②鼎彝：古代祭器，上面多刻着表彰有功人物的文字。汉许慎《<说文解字>叙》：“郡国亦往往于山川得鼎彝，其铭即前代之古文，皆自相似。”《文选•任昉<玫宪集序>》：“前郡尹温太真、刘真长，或功铭鼎彝，或德标素尚。”李善注：“《礼记》曰：鼎有铭，铭者，论撰其先祖之德美、功烈、勋劳，而酌之祭器。《左氏传》：臧武仲曰：大伐小，取其所得，以作彝器，铭其功，以示子孙。”

译文

书法名画如果让见识浅陋的俗人来品评题跋，就如同让这些书法名画遭受了三生劫难；祭器文物如果让市井商贾来品玩鉴赏，就仿佛让这些祭器文物蒙受了千古奇冤。

原文

脱颖之才，处囊而后见①；绝尘之足②，历块以方知③。

注释

①脱颖之才，处囊而后见：出自《史记•平原君虞卿列传》：“秦围邯郸，平原君募勇士使楚，毛遂自荐：‘臣今日请处囊中耳。使遂早得处囊中，乃脱颖而出，非特其末见而已。’”

②绝尘：形容速度十分快。《庄子•田子方》：“夫子奔逸绝尘，而回瞠若乎后矣！”成玄英疏：“奔逸绝尘，急走也。”又指良马。传说汉文帝有九匹骏马，号称九逸。其中有一匹叫绝尘，详见《西京杂记》。

③历块：形容疾速。《汉书•王褒传》：“纵骋驰骛，忽如影靡，过都越国，蹶如历块。”

译文

有才能的人就像锥子，只有将锥子放在口袋之中，其锋芒才能够得以显现出来；奔跑起来速度十分快的骏马，只有越过城市和国家时都像穿越一小块土地那样轻而易举，而后才能天下皆知。

原　文

结想奢华[1]，则所见转多冷淡；冥心清素[2]，则所涉都厌尘氛。

注　释

①结想：指念念不忘；反复思念。

②冥心：泯灭俗念，使心境宁静。《魏书·逸士传序》："冥心物表，介然离俗，望古独适，求友千龄，亦异人矣。"

译　文

内心对奢华念念不忘，那么所见到的反而会让自己感到有更多的冷淡和失望；使自己的心境宁静，追求清雅淡泊的境界，那么所经历的都会觉得是厌恶尘俗的氛围。

原　文

多情者，不可与定妍媸[1]；多谊者，不可与定取与；多气者，不可与定雌雄；多兴者，不可与定去住。

注　释

①妍媸：美与丑。南朝宋刘义庆《世说新语·巧艺》："四体妍媸，本无关于妙处，传神写照，正在阿堵中。"

译　文

多情的人，不能够和他论定是美是丑；重情重义的人，不能够和他论定是取是予；容易动气的人，不能够和他论定是胜是负；起居不定的人，不能够和他论定是去是留。

原　文

世人破绽处，多从周旋处见；指摘处[1]，多从爱护处见；艰难处，多从贪恋处见。

注　释

①指摘：指责，指出错误，给以批评。《三国志·蜀志·孟光传》："延熙九年秋，大赦。光于众中责大将军费祎……光之指摘痛痒，多如是类。"

译　文

世上的人只要在言语和行为上有破绽，大多会在与人交际应酬的时候显露出来；指责别人的做法，大多可以在对人过分爱护中看出来；困难重重的处境，大多能够从对事物的贪图盘算中略见。

原　文

凡情留不尽之意，则味深；凡兴留不尽之意，则趣多。

译　文

凡是情感没有抒发完全，还留有余地，那么就会显得更加意味深长；凡是兴致没有表露完全，仍留有余地，那么就会觉得更有趣味。

原　文

待富贵人，不难有礼，而难有体；待贫贱人，不难有恩，而难有礼。

译　文

对待身处富贵的人，做到恭敬有礼并不难，难就难在要使举止同样得体；对待屈身贫贱的人，施与恩惠并不难，难就难在同时还要做到恭敬有礼。

原　文

山栖是胜事①，稍一萦恋，则亦市朝②；书画赏鉴是雅事，稍一贪痴，则亦商贾；诗酒是乐事，稍一徇人③，则亦地狱；好客是豁达事，稍一为俗子所挠，则亦苦海。

注　释

①山栖：谓居于山中。汉扬雄《法言•重黎》："种蠡不强谏而山栖。"《后汉书•仲长统传》："抗志山栖，游心海左。"胜事：美好的事情。

②市朝：市场和朝廷。此处代指世俗社会。《周礼•考工记•匠人》："前朝后市，市朝一夫。"清戴震《考工记图》引："朝者官吏所会，市者商旅所聚，必须有一夫百亩之地，然后足以容之。"

③徇人：依从他人、曲从他人。宋苏籀《栾城先生遗言》："若用心专模仿一人，舍己徇人，未必贵也。"

译　文

隐逸山林原本是一件十分美好的事情，但如果心中对世俗社会仍有一丝牵挂和留恋，那么就和身处俗世没什么不同；鉴赏书画本来是一件极为高雅的事情，但如果稍微有点贪心痴迷，就和商人没什么两样；饮酒赋诗原本是一件十分快乐的事情，但如果稍微有屈从他人的态度，就会难受得如同下地狱；好客交际本来是一件胸襟畅达的事情，但如果稍微受到见识浅陋的人的扰乱，就会无趣得像深陷苦海。

原 文

多读两句书，少说一句话；读得两行书，说得几句话。

译 文

人生在世应该多读点书，少说点话；只有读了一些书，才能够说出一些道理来。

原 文

看中人，在大处不走作①；看豪杰，在小处不渗漏。

注 释

①走作：越规，走样。《朱子语类》卷一二六：“言释氏之徒为学精专，曰：便是某常说，吾儒这边难得如此，看他下工夫，直是自日至夜，无一念走作别处去。”

译 文

观察才智平庸的人，要看他在大事上是不是有越规的行为；观察才智出众的英雄豪杰，要看他在小事上有没有疏漏。

原 文

留七分正经以度生，留三分痴呆以防死。

译 文

人生在世，要用七分正派来安度平生，要留三分痴傻呆滞来预防祸患。

原 文

轻财足以聚人，律己足以服人，量宽足以得人，身先足以率人。

译 文

能够仗义疏财就足以聚拢人心，能够严以律己就足以让众人信服，能够器量宽宏就足以赢得人心，能够身先士卒就足以统率众人。

原 文

从极迷处识迷，则到处醒；将难放怀一放，则万境宽。

译 文

从最容易被迷惑的地方识破迷惑，那么就能够处处都保持着清醒；将最难释怀的心事放下，那么就会觉得所有的境界都宽广自在。

原 文

大事难事看担当，逆境顺境看襟度，临喜临怒看涵养，群行群止看识见。

译 文

遇到大事或者难事，便能够看出一个人是否有担当重任的能力；遇到逆境或者顺境，便能够看出一个人的襟怀和气度到底有多大；遇到让人高兴或者恼怒的事情，便能够看出一个人的身心修养到底如何；和许多人一起共同进退的时候，便能够看出其中的某一个人出类拔萃的见识。

原 文

安详是处事第一法，谦退是保身第一法，涵容是处人第一法，洒脱是养心第一法。

译 文

从容沉稳是处理事情最好的方法，谦恭退让是保全自己最好的方法，宽容、有涵量是与人交往最好的方法，潇洒超脱是怡养心性最好的方法。

原 文

处事最当熟思缓处。熟思则得其情，缓处则得其当。

译 文

处理事情的时候最好能够做到思虑周全，从容处置。思虑周全就能够了解事情发展的真实情况，从容处置就能做到处理得恰如其分。

原 文

必能忍人不能忍之触忤①，斯能为人不能为之事功②。

注 释

①触忤：冒犯。《后汉书•刘瑜传》："臣悾悾推情，言不足采，惧以触忤，征营慴悸。"

②事功：功绩；功业；功劳。《三国志•魏志•牵招传》："渔阳傅容在雁门有名绩，继招后，在辽东又有事功。"

译 文

人必须要能够忍受常人所不能忍受的冒犯和忤触，才有可能成就常人所不能成就的功业。

原文

轻与必滥取，易信必易疑。

译文

轻易施与别人的人，必然会轻易就向别人过分地索取；轻易相信别人的人，必然也会轻易地怀疑别人。

原文

积丘山之善，尚未为君子；贪丝毫之利，便陷于小人。

译文

就算是积累了像丘陵或者高山那么多的善事，还不能轻易称这个人为君子；但是只要贪图了一厘一毫的私利，就会堕落为小人。

原文

智者不与命斗，不与法斗，不与理斗，不与势斗。

译文

智者不会与命运抗争，不会与法度抗争，不会与公理抗争，不会与时势抗争。

原文

良心在夜气清明之候，真情在箪食豆羹之间①。故以我索人，不如使人自反；以我攻人，不如使人自露。

注释

①箪食豆羹：这里指粗茶淡饭。箪，古代盛饭用的竹器；豆，古代盛食物用的器皿。《孟子·尽心上》："(陈)仲子不义，与之齐国而弗受，人皆信之，是舍箪食豆羹之义也。"

译文

在夜色清明、心境平和之时，良心最能体现出来；在粗茶淡饭的生活之中，真情最能流露出来。所以，与其用自己的标准去苛求别人，不如多反省一下自己；与其用自己的好恶去攻击别人的不足，不如让别人的不足自我暴露。

原文

"侠"之一字，昔以之加义气，今以之加挥霍，只在气魄气骨之分①。

注　释

①气骨：气概；骨气。宋胡仔《苕溪渔隐丛话后集·回仙》："公见其气骨秀伟，矍然起迎，徐观其碧眼有光，与之语，其声清圆。"

译　文

"侠"这个字，以前往往和义气联系在一起，现在却常常和挥霍联系在一起，这其中的关键之处就在于气魄和气骨的区别。

原　文

不耕而食，不织而衣，摇唇鼓舌[①]，妄生是非，故知无事人好生事。

注　释

①摇唇鼓舌：形容耍弄嘴皮进行挑拨煽动，泛指卖弄口才。《庄子·盗跖》："不耕而食，不织而衣，摇唇鼓舌，擅生是非。"

译　文

没有耕种劳作却有饭吃，没有从事纺织却有衣穿，每天都靠耍弄嘴皮子煽动人们的情绪，无缘无故惹是生非，因此便可知道，无事可做的人最喜欢制造事端。

原　文

才人经世[①]，能人取世，晓人逢世，名人垂世[②]，高人玩世，达人出世[③]。

注　释

①经世：治理国事。

②垂世：流传于世。《<尚书>序》："举其宏纲，撮其机要，足以垂世立教。"

③达人：豁达知命的人。《汉书·贾谊传》："小智自私，贱彼贵我；达人大观，物亡不可。"

译　文

有智慧和才能的人治理国事，精明能干的人功成名就，通达事理的人顺应时势，声名显赫的人流传后世，超凡脱俗的人玩世不恭，豁达知命的人远离尘世。

原　文

宁为随世之庸愚，勿为欺世之豪杰。

译　文

宁愿做一个随波逐流的平庸愚笨的小辈，也不能做一个欺世盗名的英雄豪杰。

原　文

沾泥带水之累[1]，病根在一“恋”字；随方逐圆之妙[2]，便宜在一“耐”字。

注　释

①沾泥带水：即“拖泥带水”，比喻说话、写文章不简洁或办事不干脆。

②随方逐圆：指立身行事无定则或根据物体的形状、地形的高低等作出与之相适应的设计构造。宋圆悟克勤《圆悟佛果禅师语录》四：“此犹是应机接物，随方逐圆时节。”

译　文

为人处事容易受到拖泥带水的牵累，病根就在于一个“恋”字；为人处事喜欢随波逐流、八面玲珑，方法就在于一个“耐”字。

原　文

天下无不好谀之人，故谄之术不穷；世间尽善毁之辈，故谗之路难塞。

译　文

天底下没有不喜欢奉承的人，所以阿谀谄媚的手段层出不穷；人世间都是些喜欢诋毁别人的人，所以用谗言诋毁别人的行为难以断绝。

原　文

进善言，受善言，如两来船，则相接耳。

译　文

提出好建议，接受好意见，就好像是两条相对而开的船，最终必定会相互连接。

原　文

清福，上帝所吝，而习忙可以销福；清名，上帝所忌，而得谤可以销名。

译　文

清闲安逸的生活是一种福气，是上天所吝惜的，要是让自己经常忙个不停，就会减少这种福分；过分美好的名声，是上天所忌讳的，要是遭到了别人的毁谤，就会减损这种声誉。

原文

造谤者甚忙，受谤者甚闲。

译文

喜欢造谣毁谤、无中生有的人总是特别忙乱，而遭到了毁谤诬陷的人总是很悠闲淡定。

原文

蒲柳之姿，望秋而零；松柏之质，经霜弥茂。①

注释

①这一段出自《世说新语·言语》："顾悦与简文帝同年而发早白。简文曰：'卿何以先白？'对曰：'蒲柳之姿，望秋而落；松柏之质，经霜弥茂。'"后来用"蒲柳之姿"比喻人过早衰老。

译文

蒲柳婀娜多姿，还没有等到秋天就凋零了；质地坚固挺拔的松柏，经过风霜之后生命力却显得更加旺盛。

原文

人之嗜名节，嗜文章，嗜游侠，如好酒然，易动客气①，当以德消之。

注释

①客气：一时的意气，偏激的情绪。元代姚燧《癸巳九日》："客气已为强弩末，宦情空绕大刀头。"

译文

人们追求名声气节，偏爱美好的文章辞藻，喜欢云游四海、行侠仗义，就像喜欢喝酒一样，容易意气用事，产生偏激的情绪，应该加强自身的道德修养来加以避免。

原文

好谭闺阃①，及好讥讽者，必为鬼神所忌，非有奇祸，必有奇穷。

注释

①谭：通"谈"。《三国志·蜀书·庞统传》："先主见与善谭，大器之，以为治中从事。"

译 文

喜欢谈论妇女闺房隐私，以及喜欢讥笑讽刺别人的人，必然会遭到鬼神的忌恨，即使没有遇到难以预测的祸患，也必定会有难以承受的贫穷和困苦。

原 文

神人之言微，圣人之言简，贤人之言明，众人之言多，小人之言妄。

译 文

神人所说的话大多很精妙，圣人所说的话大多很简约，贤人所说的话大多很明了，众人所说的话大多很杂乱，小人所说的话大多很虚妄。

原 文

士君子不能陶熔人，毕竟学问中工力未到。

译 文

道德修养很高的君子如果不能够熏陶感化他人，就说明肯定是其做学问的功夫还没有达到一定的境界。

原 文

有一言而伤天地之和，一事而折终身之福者，切须检点。能受善言，如市人求利，寸积铢累，自成富翁。

译 文

有时候只是因为一句话就损伤了天地之间的和气，只是因为一件事就使终身的福气化为乌有，因此我们必须时刻注意检点自己的一言一行。能够接受正确的意见和建议，就像商人追求财富和利益，需要一点一滴慢慢累积，长此以往自然就能成为十分富有的人。

原 文

金帛多，只是博得垂老时子孙眼泪少，不知其他，知有争而已。金帛少，只是博得垂老时子孙眼泪多，不知其他，知有哀而已。

译 文

钱财积累了很多，只是为了临终的时候子孙们的眼泪能够少一点，因为这些子孙不知道有其他东西，只知道为钱财争斗罢了；钱财积累得太少，只能换来临终的时候子孙们眼泪多一点，因为这些子孙不知道有其他东西，所知道的只有哀伤罢了。

原文

景不和，无以破昏蒙之气；地不和，无以壮光华之色。

译文

景物不和谐，就不能破除昏暗蒙昧的气息；地气不和谐，就不能增加光鲜明丽的色彩。

原文

一念之善，吉神随之；一念之恶，厉鬼随之。知此可以役使鬼神。

译文

只要有一个善意的念头存在心间，就会有吉祥的神明跟随而来，降福保佑；只要有一个恶意的念头存在心间，就会有恶鬼跟随而来，带来祸患和灾害。懂得了这个道理，就可以差遣、使唤鬼神了。

原文

出一个丧元气进士[①]，不若出一个积阴德平民。

注释

①元气：依照中国古代哲学的说法，元气是人生命力的本原，即人的精神。《后汉书·赵咨传》："夫亡者，元气去体。"

译文

与其培养出一个丧失自身道德和精神的进士，还不如培养出一个默默做好事的平民。

原文

眉睫才交，梦里便不能张主；眼光落地，泉下又安得分明？

译文

才刚闭上眼睛，使自己进入梦乡，就不能自己做主了；要是到了双眼无神、生命完结的时候，九泉之下又怎么能够将是是非非分辨得清楚呢？

原文

佛只是个了，仙也是个了，圣人了了不知了，不知了了是了了，若知了了便不了。

译文

佛只不过是明白透彻，神仙也只不过是明白透彻，圣人清清楚楚却不知道明白透彻，不知道明白透彻就是清清楚楚，如果知道了明白透彻就不是清清楚楚了。

原文

万事不如杯在手，一年几见月当头。

译文

所有的事都像过眼云烟一样，转瞬即逝，还不如拿着酒杯，对酒当歌；一年共有365天，又有几天能够看见头顶上的月亮是圆的呢？

原文

忧疑杯底弓蛇①，双眉且展；得失梦中蕉鹿②，两脚空忙。

注释

①弓蛇："杯弓蛇影"的缩略说法。东汉应劭《风俗通义•怪神》所记，杜宣饮酒的时候，看见杯中似乎有蛇游动，酒后胸腹疼痛，经过多方医治，不能痊愈；后来得知杯中的蛇原来是墙壁上所悬挂的赤弩的影子，形状像蛇，病便痊愈了。《晋书•乐广传》也有类似的记述。后来便用"蛇影杯弓"来形容因为疑虑而引起恐惧。

②蕉鹿：据《列子•周穆王》载，春秋时，郑国樵夫打死一只鹿，恐人看见，藏鹿于水濠里，盖上蕉叶。后来去取时，找不到藏鹿的地方，自以为是一场梦。后以"蕉鹿"指梦幻。

译文

疑虑就像杯子的底端如蛇一般的弓影，让人忧心忡忡而不得舒畅，此时倒不如舒展心结，放松情绪；得失无常就像在梦里用蕉叶覆盖着的鹿，为了得到鹿而四处寻找鹿，忙个不停，最终却白费力气，一无所获。

原文

名茶美酒，自有真味。好事者投香物佐之①，反以为佳。此与高人韵士误堕尘网何异②？

注释

①香物：香料。

②高人韵士：高雅的人。尘网：俗世的生活。异：区别，差别。

译　文

名贵的香茶、醇美的烈酒，各自有各自独特而纯正的味道。多事的人把香料放进去，希望能够增添一些特别的味道，还认为自己做得十分正确，这种做法和那些原本高雅的人却误入俗世的生活又有什么差别呢？

原　文

花棚石磴，小坐微醺①。歌欲独，尤欲细；茗欲频，尤欲苦。

注　释

①微醺：微醉，稍微有点飘飘然的感觉。

译　文

置身于美丽的花棚中，坐在清凉的石凳上，有些飘飘然的感觉。想要独自一个人在这里放声歌唱，歌声尤其要细腻动听，茗茶要不断地添加，茶水尤其要清苦。

原　文

善默即是能语①，用晦即是处明②，混俗即是藏身③，安心即是适境。

注　释

①默：沉默，不说话，不出声。

②用晦：韬光养晦。

③混俗：混入世俗，不清高超脱。

译　文

保持沉默其实是能言善辩，韬光养晦其实是明哲保身，混入世俗其实是隐逸的方法，能够安定心神其实是适应了环境。

原　文

虽无泉石膏肓，烟霞痼疾①，要识山中宰相②，天际真人③。

注　释

①泉石膏肓，烟霞痼疾：《新唐书•隐逸传》载：田游岩隐居山中，有一天唐高宗前去拜访，问道："先生此佳否？"田游岩回答说："臣所谓泉石膏肓，烟霞痼疾者。"意思是说自己喜欢隐逸山林的癖好无法改变。

②山中宰相：出自《南史•陶弘景传》。陶弘景隐居山中，辞不受官，但每逢朝中有大事，就会竭尽全力为朝廷出谋划策，因此世人称之为"山中宰相。"

③天际真人：指隐居在天涯海角的高人贤士和世外真人。《世说新语·客止》："或以方谢仁祖，不乃重者，桓大司马曰：诸君莫轻道，仁祖企脚北窗下弹琵琶，故自有天际真人想。"

译　文

虽然没有隐逸山林的癖好，但也要有能够辨识隐居山林中的高人贤士和世外真人的能力。

原　文

气收自觉怒平，神敛自觉言简①，容人自觉味和，守静自觉天宁。

注　释

①敛：收拢，聚集。《荀子·成相》："妒功毁贤，下敛党与上蔽匿。"

译　文

把怒气收敛起来自然会觉得愤怒平息了一些，把精神聚集起来自然会觉得语言简练了一些，能够宽容别人自然会觉得气氛和睦，能够使心境保持清静自然会觉得天下太平。

原　文

处事不可不斩截①，存心不可不宽舒，待己不可不严明，与人不可不和气。

注　释

①斩截：即斩钉截铁。形容说话做事十分干脆果断。

译　文

处理事情不能不斩钉截铁，心中的念头不能不宽广舒畅，对待自己不能不严苛明确，和人交往不能不和谐友善。

原　文

居不必无恶邻，会不必无损友，唯在自持者两得之。

译　文

居住的地方不一定非要没有坏邻居不可，与人相交聚会也不一定非要没有不好的朋友不可，只有那些能够自制、保持自身操守的人才能从坏邻居和不好的朋友那里汲取有益的东西。

原文

要知自家是君子小人，只于五更头检点思想的是什么便见得[①]。

注释

①五更头：特指第五更，五更天，即天快要亮的时候。陆游《大雪歌》："五更未醒已上马，冲雪却作南山游。"

译文

要想知道自己是君子还是小人，只要在五更天的时候反省一下自己的内心、检点一下自己平时的行为，看看自己所思所想的到底是什么，便可以知道答案了。

原文

以理听言，则中有主[①]；以道室欲[②]，则心自清。

注释

①主：主张，主意。

②室欲：熄灭心中的欲望。

译文

用理智的态度听取来自各方的意见和建议，那么心中自然就会有正确的主张；用道德规范来约束心中的欲望，那么心境自然就会变得清朗。

原文

先淡后浓，先疏后亲，先远后近[①]，交友道也。

注释

①远：这里指接触，了解。近：这里指亲近相知。

译文

感情先平淡而后浓厚，关系先疏远而后亲密，交往先接触而后相知，这是结交朋友的方法。

原文

苦恼世上，意气须温；嗜欲场中[①]，肝肠欲冷。

注　释

①嗜欲：嗜好和欲望。

译　文

在充满痛苦和烦恼的人世间，气性要平和；在充满嗜好和贪欲的名利场中，内心要保持淡漠。

原　文

形骸非亲[①]，何况形骸外之长物[②]；大地亦幻，何况大地内之微尘。

注　释

①形骸：躯体，身体。

②长物：多余的东西。《世说新语·德行》："丈人不悉（王）恭，恭作人无长物。"

译　文

连自己的身体都不愿意亲近，更何况是那些身体之外多余的东西；天地山川也只是幻象，更何况是生活在天地间细微得如同尘埃一般的人。

原　文

人当溷扰[①]，则心中之境界何堪[②]；人遇清宁，则眼前之气象自别。

注　释

①溷扰：烦扰，打扰。

②何堪：怎么能够承受。

译　文

一个人如果碰到了很多烦扰，那么内心就会不知要如何能够承受；一个人如果处在清静安宁的境况中，那么眼前的景象自然会出现很大的差别。

原　文

寂而常惺[①]，寂寂之境不扰；惺而常寂，惺惺之念不驰。

注　释

①惺：清醒，机警。

译文

一个人如果能够在孤独寂静之时常常保持清醒明白，寂静的心境就不会被扰乱；一个人如果能够在清醒明白之时常常让内心孤独寂静，这样清醒的心境就不会消失。

原文

童子智少，愈少而愈完；成人智多，愈多而愈散。

译文

小孩子懂得的知识很少，但他们懂得的知识越少，天性就越完整；成年人懂得的知识很多，但是他们懂得的知识越多，思维就越散乱。

原文

无事便思有闲杂念头否，有事便思有粗浮意气否[1]；得意便思有骄矜辞色否[2]，失意便思有怨望情怀否。时时检点得到，从多入少，从有入无，才是学问的真消息。

注释

①粗浮意气：浮躁的心气。形容做事不细心，不沉着。

②骄矜辞色：骄傲自满的言语和神色。

译文

闲暇无事的时候要反思自己是否有杂乱的念头，忙碌的时候要反思自己是否有浮躁的心气；得意的时候要反思自己是否有骄傲自满的言语和神色，失意的时候要反思自己是否有怨恨不满的情绪。能够时时刻刻这样反省自己，使不良的习气由多变少，由有到无，这才是做学问的真方法。

原文

笔之用以月计，墨之用以岁计，砚之用以世计。笔最锐，墨次之，砚钝者也，岂主非钝者寿而锐者夭耶？笔最动，墨次之，砚静者也，岂非静者寿而动者夭乎？于是得养生焉，以钝为体，以静为用，唯其然[1]，是以能永年。

注释

①唯其然：只有这样。

译文

毛笔使用的寿命要用月来计算，墨锭使用的寿命要用年来计算，砚台使用的寿命要用年代来计算。其中毛笔最锐利，墨锭次之，砚台则是最钝的，这难道不是最钝的东西容易长寿而锐利的东西反而容易夭折吗？毛笔动得最多，墨锭次之，砚台则是静止的，这难道不是静止的东西容易长寿而运动的东西容易夭折吗？因此我们懂得了养生的道理，要以钝为体，以静为用，只有这样才能得以长寿。

原文

贫贱之人，一无所有，及临命终时[①]，脱一厌字；富贵之人，无所不有，及临命终时，带一恋字。脱一厌字，如释重负[②]；带一恋字，如担枷锁。

注释

①及临命终时：等到生命快要终结的时候。

②如释重负：像放下重担那样。形容紧张心情过去以后的轻松愉快。《穀梁传•昭公二十九年》："昭公出奔；民如释重负。"释，释怀，放下。

译文

生活贫穷、地位低贱的人，本身就什么也没有，等到生命快要终结的时候，因为对贫穷和低贱感到厌倦而得到解脱；富裕而又有显贵地位的人，本身就什么都拥有了，等到生命将要终结的时候，因为对名利的牵挂而恋恋不舍。因为对贫贱厌倦而得到解脱的人，就仿佛放下重担一般轻松；因为对名利眷恋而恋恋不舍的人，就如同戴上了枷锁一般沉重。

原文

透得名利关[①]，方是小休歇[②]；透得生死关，方是大休歇。

注释

①透：看透，悟透，参透。

②方：才，刚刚。

译文

能够悟透名利这一关，心灵才可以得到片刻的安宁；能够悟透生死这一关，心灵才可以得到彻底的解脱。

原　文

人欲求道，须于功名上闹一闹方心死[①]，此是真实语。

注　释

①闹一闹：争一争，闯荡一下。

译　文

个人要想求仙得道，必须要在功名利禄中经过一番闯荡与争夺之后才会死心，这是真正的大实话。

原　文

病至，然后知无病之快；事来，然后知无事之乐。故御病不如却病[①]，完事不如省事。

注　释

①御病：治好病。却：了却，断绝。

译　文

得了病之后，才知道没有生病的幸福；麻烦事来了之后，才知道没有麻烦事的快乐。所以治好病不如在病没来之前就杜绝生病的可能，解决麻烦事不如在麻烦事还没发生之前就省去麻烦事。

原　文

讳贫者[①]，死于贫，胜心使之也；讳病者，死于病，畏心蔽之也；讳愚者，死于愚，痴心覆之也。

注　释

①讳：避忌，有顾忌不敢说或不愿说。

译　文

避讳谈及贫穷的人，最终却死于贫穷，这是被好胜之心驱使的结果；避讳谈及疾病的人，最终却死于疾病，这是被畏惧之心蒙蔽的结果；避讳谈及愚钝的人，最终却死于愚钝，这是被痴愚之心遮掩的结果。

原　文

古之人，如陈玉石于市肆[1]，瑕瑜不掩；今之人[2]，如货古玩于时贾[3]，真伪难知。

注　释

①陈：陈列。市肆：市井店铺。

②瑕瑜：玉的瑕疵和光彩。这里比喻人的过失与美德。

③货：买。

译　文

古时候的人，就好像陈列在市井店铺之中的玉石，身上的过失与美德都不加以掩饰；现今的人，就好像向商人购买的古玩，心中的真情与假意都很难分辨。

原　文

士大夫损德处[1]，多由立名心太急。

注　释

①士大夫：这里指还没有做官的读书人。

译　文

士大夫有使自身的德行受到损害的地方，大多是因为树立名声的心情太过急切了。

原　文

多躁者，必无沉潜之识[1]；多畏者，必无卓越之见；多欲者，必无慷慨之节；多言者，必无笃实之心[2]；多勇者，必无文学之雅。

注　释

①沉潜之识：深刻的认识。

②笃实之心：脚踏实地做事的心态。

译　文

内心太过浮躁的人，必定对事物没有深刻的认识；太过胆怯畏惧的人，必定对事物没有卓越的见解；欲望过多的人，必定不能有正直激昂的气节；言语过多的人，必定没有脚踏实地做事的心态；勇力过多的人，必定缺少文学辞章的风雅。

原 文

剖去胸中荆棘[①]，以便人我往来，是天下第一快活世界。

注 释

①荆棘：这里比喻忧思。唐元稹《苦乐相倚曲》："君心半夜猜恨生，荆棘满怀天未明。"

译 文

消除心中的忧思和诡计，为了方便与人们真诚交往，这是天底下最快意的事了。

原 文

古来大圣大贤，寸针相对；世上闲言闲语，一笔勾销。

译 文

对于那些自古以来的圣贤之人，一点一滴都要向他们比照学习；对于世上的闲言碎语，则要充耳不闻，统统抹掉。

原 文

挥洒以怡情[①]，与其应酬，何如兀坐[②]；书礼以达情，与其工巧，何若直陈；棋局以适情，与其竞胜[③]，何若促膝；笑谈以怡情，与其谑浪[④]，何若狂歌。

注 释

①挥洒：挥毫泼墨。

②兀坐：端坐，挺直身子而坐。

③竞胜：争夺胜负。

④谑浪：戏谑，放浪。

译 文

挥毫泼墨是为了怡养性情，与其被逼无奈地去应酬，还不如独自静坐；知书达理是为了传达情感，与其工于心计、善于取巧，还不如直抒胸臆；下棋布局是为了使心情舒畅，与其相互竞争，争夺胜负，还不如促膝交谈；谈笑风生是为了怡养性情，与其戏谑放浪，还不如开怀放歌。

原 文

"拙"之一字，免了无千罪过；"闲"之一字，讨了无万便宜[①]。

注 释

①讨：讨得，获取。便宜：好处。

译 文

做到了一个“拙”字，就能减免无数罪过；做到了一个“闲”字，就能收获无数好处。

原 文

斑竹半帘[1]，唯我道心清似水；黄粱一梦[2]，任他世事冷如冰。欲住世出世，须知机息机。

注 释

①斑竹：又称湘妃竹。因为叶子上有类似眼泪的斑点，因此称为“斑竹”。相传舜帝在出巡的途中去世了，舜帝的妃子娥皇和女英十分伤心，整天以泪洗面，泪水落在竹子上，竹子由此落下斑点。

②黄粱一梦：典出沈既济的传奇《枕中记》。卢生在邯郸客店里碰到道士吕翁，悲叹自己的生活辛酸，吕翁就给他一个枕头，声称枕上这个枕头就可以一切都如愿以偿。这个时候，客店正在蒸黄粱米饭。卢生枕上枕头，在梦中享尽了各种荣华富贵，一觉醒来，黄粱米饭还没有做好。因此常用来比喻富贵荣华皆为幻影，转瞬即逝。

译 文

透过半边门帘，看到苍翠的斑竹，只有我的悟道之心仍然清静如水；黄粱一梦，荣华富贵皆为幻影，转瞬即逝，任凭世态炎凉，人情冷漠。想要生活在尘世却又怀着出世之心，必须明白机巧之心而又不能够有机巧之心。

原 文

书画为柔翰[1]，故开卷张册，贵于从容；文酒为欢场[2]，故对酒论文，忌于寂寞。

注 释

①柔翰：即毛笔。西晋左思《咏史》：“弱冠弄柔翰卓荦观群书。”

②文酒：饮酒赋诗。

译 文

书法绘画是用毛笔创作的，十分高雅，因此展开卷轴，打开页册欣赏之时，贵在有着从容不迫的心态；谈诗论酒是一种欢乐的场面，因此饮酒赋诗之时，千万不要独自一人。

原　文

荣利造化[1]，特以戏人，一毫着意[2]，便属桎梏[3]。

注　释

①荣利造化：荣华、利禄、运气和福气。

②着意：留意，在意。

③桎梏：束缚。

译　文

荣华、利禄、运气和福气，这些都是上帝特意安排来戏弄人的，一旦对它们稍加留意，它们就会变成束缚人的枷锁。

原　文

士人不当以世事分读书，当以读书通世事。

译　文

读书人不应该因为尘世之间的一些俗事而使自己读书分心，而应当通过读书来懂得隐藏在世间俗事中的道理。

原　文

天下之事，利害常相半[1]；有全利，而无小害者，唯书。

注　释

①相半：各半，相等。

译　文

天底下的事情，好处与危害往往各占一半；全部都是好处，而没有一点危害的，只有读书这一件事情。

原　文

意在笔先，向庖羲细参易画[1]；慧生牙后，恍颜氏冷坐书斋[2]。

注　释

①庖羲：即伏羲氏。传说伏羲氏取天地之象而成先天八卦之图。东汉马融《长笛赋》："昔庖羲作琴，神农造瑟，女娲制簧，暴辛为埙。"

②颜氏：即颜回。孔子的门下弟子。孔子称他："贤哉回也！一箪食，一瓢饮，在陋巷，人不堪其忧，回也不改其乐。"

译　文

意念在动笔之前就已经形成，从前伏羲氏精心参悟天地之象从而画成先天八卦图，应该向他学习；蹈袭旧的言论，拾人牙慧，恍惚之间就看见颜回孤独地在书斋之中打坐。

原　文

明识红楼为无冢之丘垄，迷来认作舍身岩①；真知舞衣为暗动之兵戈，快去暂同试剑石②。

注　释

①舍身岩：又称舍身崖。在今泰山，佛教徒宣称从崖上跳下去可以摆脱罪孽。这里比喻可以卖身求道的地方。

②试剑石：这里比喻决然断绝。

译　文

即便十分清楚地明白青楼妓馆是看不见坟冢的墓地，可是到了痴迷的时候还是把它们当作卖身求道的地方；如果真正懂得娼妓的舞衣就是暗中挥动的兵刃这个道理，那么就应该赶快离开，就像试剑石那样决然断绝。

原　文

调性之法，须当似养花天①；居才之法，切莫如妒花雨②。

注　释

①养花天：牡丹花开的时节，轻云微雨的天气最适宜，阴晴各一半，因此称之为养花天。

②妒花雨：鲜花盛开的时候，最害怕骤雨突然降临，因此称此时的雨为妒花雨。

译　文

调情养性的方法，一定要像养花天时的天气那样温和；爱护、储备人才的方法，千万不要像妒花雨临空骤降那样无情。

原　文

事忌脱空①，人怕落套②。

注释

①脱空：脱离实际，没有着落。

②落套：落入俗套，因循守旧。

译文

做事最忌讳脱离实际，使事情最终没有着落；做人最害怕落入俗套，只懂得因循守旧。

原文

烟云堆里[1]，浪荡子逐日称仙；歌舞丛中，淫欲身几时得度[2]？

注释

①烟云堆里：烟雾缭绕的山林之中。

②度：超度。

译文

生活在烟雾缭绕的山林之中，那些放浪形骸的人每天都过着神仙一样的生活；沉醉于歌台舞榭之中，那些充满淫欲的人什么时候才能得到超度呢？

原文

山穷鸟道，纵藏花谷少流莺；路曲羊肠[1]，虽覆柳荫难放马。

注释

①路曲羊肠：像羊肠一样弯弯曲曲的小路。

译文

如果高山阻断了鸟儿飞行的所有去路，那么即使在开满鲜花的山谷里也不会有鸣声婉转的莺；如果山路像羊肠一样弯弯曲曲，那么即使遍地都是青翠嫩绿的柳荫，也很难任由马儿随意行走。

原文

能于热地思冷[1]，则一世不受凄凉；能于淡处求浓，则终身不落枯槁。

注释

①热地思冷：在炎热的地方会有思念寒冷的时候。这里比喻虽然身处荣华富贵之中，却还能记得卑微贫贱之时的窘态。

译文

身处荣华富贵之中仍然记得卑微贫贱之时的窘态，那么一生都不会落入凄凉的境地；能够在淡泊之处寻求到浓厚的感觉，那么一生都不会沦落到精神枯竭的地步。

原文

会心之语①，当以不解解之；无稽之言②，是在不听听耳。

注释

①会心：领悟，领会。《世说新语•言语》："简文入华林园，顾谓左右曰：'会心处不必在远，翳然林水，便自有濠濮间想也。"

②无稽：没有根据。

译文

能够让彼此心领神会的言语，不必用心领会便可以理解；没有根据的言谈，无论怎么流传也不要去听。

原文

佳思忽来①，书能下酒②；侠情一往③，云可赠人④。

注释

①佳思：美好的意趣，良好的心绪。

②书能下酒：宋龚明之《中吴纪闻•苏子美饮酒》载：苏舜钦读《汉书》时，常大杯饮酒，他的岳父杜衍听说后，笑道："有如此下物，一斗诚不为多也。"

③侠情：豪放的情怀。

④云可赠人：南朝梁陶弘景《诏问山中何所有赋诗以答》："山中何所有，岭山多白云。只可自怡悦，不堪持寄君。"

译文

美好的意趣和良好的心绪突然产生时，不需要任何美味佳肴，有书便能下酒；豪放的情怀一旦触发，即使手中什么东西也没有，白云也可以摘下来赠人。

原文

蔼然可亲①，乃自溢之冲和②，装不出温柔软款③；翘然难下④，乃生成之倨傲，假不得逊顺从容。

注释

①蔼然可亲：形容态度和善，使人愿意与之亲近。蔼然，对人和善的样子。

②溢：流露。

③温柔软款：十分温柔真挚的样子。

④翘然：高高在上的样子。

译文

为人和善可亲，这是自然而然流露出的善意与平和，这种温柔真挚的样子是假装不出来的；自认为高高在上，不与人亲近，这是自然而然生成的傲慢，谦逊从容的样子是假装不出来的。

原文

风流得意，则才鬼独胜顽仙①；孽债为烦，则芳魂毒于虐祟②。

注释

①才鬼：很有才气的鬼魂。顽仙：冥顽不灵的神仙。

②芳魂：美丽的女子。虐祟：凶恶的鬼怪。

译文

如果有才学而不拘礼法，志得意满，那么即使是有才气的鬼魂都要胜过冥顽不灵的神仙；要是罪孽深重，烦恼不断，那么即便是十分美丽的女子也比凶恶的鬼怪狠毒。

原文

极难处是书生落魄，最可怜是浪子白头。

译文

最困难的处境是读书人遭遇生活不济，落魄潦倒；最可怜的境遇是浪荡子弟虚度光阴，到了年老头白，一事无成。

原文

世路如冥，青天障蚩尤之雾①；人情若梦，白日蔽巫女之云②。

注释

①蚩尤之雾：相传蚩尤与黄帝大战于涿鹿之时，蚩尤为了制造障碍而造出雾境，烟雾弥漫四野，使人分辨不清东西南北，最后蚩尤取得胜利。

②巫女之云：语出宋玉《高唐赋序》。巫山神女与楚怀王告别之时曰："妾在巫山之阳，高丘之阻。旦为朝云，暮为行雨。朝朝暮暮，阳台之下。"

译文

世上的道路如同冥界中的一样晦暗不清，青天为蚩尤所造出的雾境遮掩；人情如同做梦一样虚幻，白日为巫女所化的云彩遮蔽。

原文

密交，定有夙缘①，非以鸡犬盟也；中断，知其缘尽，宁关萋菲间之②？

注释

①夙缘：前世的缘分。

②宁：怎能。萋菲：指小人。《诗经•小雅•巷伯》："萋兮斐兮，成是贝锦；彼谮人者，亦已大甚。"间：离间。

译文

彼此之间的交往十分密切，那么必定是因为他们有前世的缘分，不像狐朋狗友之间的滥交那样；彼此之间的交往中断，就知道是缘分已经走到尽头，哪里是因为小人的离间呢？

原文

堤防不筑，尚难支移壑之虞①；操存不严，岂能塞横流之性②？

注释

①支：应对，应付。虞：忧虑，担忧。

②塞：堵塞。横流：放纵恣肆。宋朱熹《答林择之》："人欲横流，天理几灭。今而思之，怛然震悚。"

译文

一条河如果不修筑堤坝，尚且很难应对河流改道的忧患；一个人如果不严守节操，又怎么能够堵塞住欲望横流的本性呢？

原文

发端无绪，归结还自支离①；入门一差，进步终成恍惚②。

注释

①归结：最终。

②恍惚：模糊。

译 文

一件事的开端要是毫无头绪，那么终究还是会导致支离破碎；入门的时候如果走错一步，那么再向前走也终究会模糊不清。

原 文

打诨随时之妙法[①]，休嫌终日昏昏[②]；精明当事之祸机，却恨一生了了。藏不得是拙，露不得是丑。

注 释

①打诨：以诙谐幽默的语言逗趣。《辽史·伶官传》："打诨底不是黄幡绰。"随时：顺应世情。

②昏昏：浑浑噩噩，不清醒的样子。

译 文

用诙谐幽默的语言逗趣是顺应世情的高妙方法，不要看不起整日浑浑噩噩的人；精明是处理事情时的祸根，最终只能悔恨一生，一无所成。对于人而言，隐藏不住的是笨拙，显露不得的是丑陋。

原 文

形同隽石，致胜冷云[①]，决非凡士；语学娇莺，态摹媚柳[②]，定是弄臣[③]。

注 释

①致：内在的情趣，意志。晋袁宏《三国名臣序赞》："名节殊涂，雅致同趣。"

②摹：模仿，模拟。

③弄臣：玩弄权术的奸佞小人。

译 文

外形就像山中隽美的石头，内在的情致胜过清冷的云彩，这样的人绝不是平凡的人；说话的声音学着娇滴滴的莺儿，走路的姿态模仿妩媚的杨柳，这样的人必定是玩弄权术的奸佞小人。

原 文

开口辄生雌黄月旦之言[①]，吾恐微言将绝[②]；捉笔便惊缤纷绮丽之饰[③]，当是妙处不传。

注释

①雌黄月旦日之言：指说话不负责任，信口雌黄。

②微言：精微却深藏大义的妙语。

③捉笔：提笔，拿起笔来。饰：藻饰，修饰。

译文

要是一开口就不负责任信口雌黄，我担心精微却深藏大义的妙语将要绝迹了；提笔就是缤纷绮丽的文采藻饰，一定传达不出真正的妙处。

原文

风波肆险[①]，以虚舟震撼，浪静风恬；矛盾相残，以柔指解分，兵销戈倒[②]。

注释

①肆险：肆虐惊险。

②兵销戈倒：这里指矛盾得到化解。

译文

在风波肆虐惊险的时刻，能够用一叶虚空的小船从容应对风波的摇撼，那么就会风平浪静；处在针锋相对、你争我夺的矛盾之中，能够用纤柔的手指轻轻地巧妙破解，就会化解纷争和矛盾。

原文

豪杰向简淡中求，神仙从忠孝上起。

译文

做豪杰勇士应从简单平淡中求得，修道成仙要从忠心孝顺上做起。

原文

人不得道，生死老病四字关，谁能透过？独美人名将[①]，老病之状[②]，尤为可怜。

注释

①独：尤其。

②状：情形，状态。《史记•魏公子列传》："行过夷门见侯生，具告所以欲死秦军状。"

译　文

一个人如果不能懂得人生的大道理，从容面对生、老、病、死这四个生命的难关，那么又有谁能够看得透呢？尤其是美丽的佳人和著名的将领，那种红颜年老色衰、名将年老力衰的悲惨境况，让人感到十分无奈和惋惜。

原　文

日月如惊丸①，可谓浮生矣②，唯静卧是小延年；人事如飞尘，可谓劳攘矣③，唯静坐是小自在。

注　释

①日月：光阴，时间。

②可谓：可以说是，可以称为。

③劳攘：纷扰，纷乱。《朱子语类》："某近看《易》，见得圣人本无许多劳攘，自是后世一向乱说，妄意增减，硬要作一说以强通其义。"

译　文

时间就像受到了惊吓而狂奔不止的弹丸，这就是人的一生了，只有静卧不动才可以稍微益寿延年；人生在世就像飘浮在空中的尘埃，可以说是一场纠纷，只有静坐的时候能得到片刻的自在。

原　文

平生不作皱眉事①，天下应无切齿人②。

注　释

①皱眉事：指让人仇恨的事。

②切齿：指十分憎恨，极端愤怒。

译　文

平生都不做让人仇恨的事情，天下就应该没有痛恨你的人了。

原　文

暗室之一灯，苦海之三老①，截疑网之宝剑②，抉盲眼之金针。

注　释

①苦海：佛教用以比喻世俗，谓人间烦恼，苦深如海。道家也沿用苦海之称。唐白居易《寓言赠僧》诗："劫风火起烧荒宅，苦海波生荡破船。"三老：古代设三老五更之位，

以示养老之意。《礼记•文王世子》："遂设三老五更，群老之席位礼焉。"这里泛指有名声和名望的老人。

②疑网：佛教语，指四恶之一。或谓众多疑念，致人困惑不能解脱，犹遭罗网。《法苑珠林》卷九十七："佛言菩萨布施，远离四恶：一破戒，二疑网，三邪见，四悭悋。"

译文

佛教是昏暗的房屋里的一盏明灯，尘世苦海中的老前辈，就如同斩断了疑虑之网的宝剑，治愈了盲人眼睛的金针。

原文

攻取之情化[①]，鱼鸟亦来相亲；悖戾之气销[②]，世途不见可畏。

注释

①化：解开，化解。

②悖戾：悖谬，乖戾。销：消除，排遣。唐李白《将进酒》诗："呼儿将出换美酒，与尔同销万古愁。"

译文

攻求、索取的气性解开了，那么即使是鱼儿、鸟儿也会来与你亲近；悖谬、乖戾的气性消除了，那么世间的道路也就都不足以畏惧了。

原文

吉人安祥，即梦寐神魂，无非和气[①]；凶人狠戾[②]，即声音笑语，浑是杀机[③]。

注释

①无非和气：没有不和气的。

②狠戾：凶狠暴戾。《北史•苏威传》："其性狠戾，不切世要。"

③浑：到。

译文

善良的人性格慈祥和善，即使是对梦中的神仙和鬼魂也没有不和气的；凶恶的人行为暴戾残忍，即使是谈笑的声音也充满着杀气。

原文

天下无难处之事，只要两个如之何[①]；天下无难处之人，只要三个必自反[②]。

注释

①两个如之何：指遇事多加分析，广纳谏言。

②三个必自反：指遇人要多反躬自省。《论语·学而》："曾子曰：'吾日三省吾身：为人谋而不忠乎？与朋友交而不信乎？传不习乎？'"

译文

天下没有很难处理的事情，只要遇到事情多加分析，广纳谏言就可以了；天下没有很难相处的人，只要与之交往时像曾子那样多反躬自省就可以了。

原文

能脱俗便是奇[①]，不合污便是清[②]。处巧若拙，处明若晦，处动若静。

注释

①脱俗：脱离世俗，超越世俗，不沾染庸俗之气。

②合污：合于污浊之世。

译文

能够超脱世俗便是与众不同，能够不同流合污便是清高。要想巧妙地处理事情，就要用笨拙的方法；身处容易暴露的地方反而可以方便隐蔽；身处动荡不安的环境里要像身处平静的环境中一样。

原文

参玄借以见性[①]，谈道借以修真[②]。

注释

①参玄：佛教术语。犹"参禅"。见性：洞察人性。

②修真：学道修行，求得真我。

译文

通过参悟禅道来洞察人性，通过谈论道学来学道修行，求得真我。

原文

世人皆醒时做浊事，安得睡时有清身；若欲睡时得清身，须于醒时有清意。

译文

世上的人都喜欢在清醒的时候做糊涂事，这样又怎么能够在睡着的时候保持清白之身呢？若是想在睡着的时候保持清白之身，就必须在清醒的时候有着清醒的意识。

原文

好读书非求身后之名，但异见异闻[1]，心之所愿。是以孜孜搜讨[2]，欲罢不能[3]，岂为声名劳七尺也[4]？

注释

①但异见异闻：只是为了获得独特的见解和见闻。

②孜孜搜讨：指非丰乍常勤奋地搜查知识、探讨问题。

③欲罢不能：想要停下来却不能。罢，罢手，停止。《论语•子罕》："夫子循循然善诱人，博我以文，约我以礼，欲罢不能。"

④劳七尺：使身体劳累。七尺，即七尺之躯。

译文

喜爱读书并不是为了谋求身后的名声，而只是为了获得独特的见解和见闻，这才是心中的愿望。因此非常勤奋地搜查知识、探讨问题，想要停下来都不能，又怎么会是为了赢得好名声而使身躯劳累呢？

原文

一间屋，六尺地，虽没庄严，却也精致；蒲作团，衣作被，日里可坐，夜里可睡；灯一盏，香一炷，石磬数声，木鱼几击；龛常关，门常闭，好人放来，恶人回避；发不除，荤不忌，道人心肠，儒者服制；不贪名，不图利，了清静缘，作解脱计；无挂碍，无拘系，闲便人来，忙便出去；省闲非，省闲气，也不游方，也不避世，在家出家，在世出世；佛何人，佛何处，此即上乘，此即三昧；日复日，岁复岁，毕我这生，任他后裔。

译文

一间房屋，六尺宽的地方，虽然看起来不是很庄严但也很精致；用蒲草做成垫子，把衣服当作被子，白天可以用来坐，晚上可以用来睡觉；点一盏灯，焚一炷香，击几下石磬，敲几下木鱼；佛龛常常是关着的，柴门常常是虚掩的，良善之人便让他进来，凶恶之人要尽量回避；不用削发出家，不用忌讳荤腥的食物，只要有着道人的心肠，身上穿着儒者的衣服；不贪虚名，不图实利，了却事由使自己清静，做好解脱的计策；没有烦恼牵挂，没有拘泥束缚，清闲的时候就进门来，忙碌的时候就出门去；省却多少无端的是非，免除多少无端的气恼，也不用云游四方，也不用逃避俗世，做一个在家的出家人、住世的出世客；佛是什么，佛又在什么地方，这就达到了佛教中的上乘境界，这就获得了佛的三昧真义；日复一日，年复一年，像这样度过我的余生，管他子孙后代会怎样。

原　文

草色花香，游人赏其真趣；桃开梅谢，达士悟其无常。

译　文

草色青翠，花香四溢，游览的人在观赏自然的情趣；桃花盛开，梅花凋谢，通达的人能够从中明白季节变换的无常。

原　文

招客留宾，为欢可喜，未断尘世之扳援[①]；浇花种树，嗜好虽清[②]，亦是道人之魔障[③]。

注　释

①扳援：攀附，依附。

②清：清雅。

③魔障：佛教术语。恶魔所设的障碍。也泛指波折。

译　文

招呼、款待宾客，虽然大家十分高兴，却无法了断尘缘的攀附；喜欢浇花、种树，这种嗜好虽然十分清雅，但也是修道的障碍。

原　文

人常想病时，则尘心便减；人常想死时，则道念自生[①]。

注　释

①道念：修道的信念。

译　文

一个人如果经常想到生病时的痛苦，那么就会减少人世竞争的心；一个人如果经常想到有死亡的那天，那么便会自然而然生出追求生命永恒的念头。

原　文

入道场而随喜[①]，则修行之念勃兴；登丘墓而徘徊[②]，则名利之心顿尽[3]。

注释

①道场：指道观、寺院等修道信佛的场所。

②丘墓：坟墓。宋张长耒《美哉》："昔人屯田成兵处，今人阡陌连丘墓。"

③顿尽：立刻消失。顿，立刻。

译文

进入寺院和道观并因此而欣喜，那么修行的念头就会很强烈；踏上坟墓而徘徊，那么争名夺利的想法就会立刻消失。

原文

铄金玷玉[1]，从来不乏乎谗人；洗垢索瘢[2]，尤好求多于佳士。止作秋风过耳[3]，何妨尺雾障天[4]。

注释

①铄金玷玉：这里比喻诽谤、诋毁的言辞十分激烈。铄金，融化金属。《国语•周语下》："众心成城，众口铄金。"

②洗垢索瘢：洗去污秽之后仍然索寻瘢痕。形容过分挑剔。

③秋风过耳：秋风从耳边吹过。比喻毫不在意，漠不关心。《吴越春秋•吴王寿梦传》："富贵之于我，如秋风之过耳。"

④雾障：指浓雾。障，遮蔽，遮挡。

译文

诽谤、诋毁他人的言辞十分激烈，自古以来就不缺少进谗言的人；过分挑剔，尤其喜欢对那些品行及才学优良的人吹毛求疵。就只当作是秋风吹过耳畔一样不留痕迹，不要放在心上，要知道一尺的雾又怎么能够遮住整片天呢？

原文

真放肆不在饮酒高歌，假矜持偏于大庭卖弄。看明世事透，自然不重功名；认得当下真，是以常寻乐地。

译文

真正毫无拘束的人并不一定要用饮酒高歌来证明，假装正经、拘谨的人则喜欢故意在大庭广众之下卖弄做作。把世间的俗事都看得透彻明白，那么就自然不会把功名看得很重；把眼前的现实都看得真真切切，因而常常要寻找使心情愉悦的地方。

原　文

富贵功名，荣枯得丧，人间惊见白头；风花雪月，诗酒琴书，世外喜逢青眼[①]。

注　释

①青眼：《晋书•阮籍传》载：阮籍的母亲去世，嵇喜前来凭吊，阮籍白眼相对。后来嵇喜的弟弟嵇康听闻之后也来凭吊，带着酒，挟着琴，阮籍见了嵇康十分高兴，青眼相待。正眼看人时露出眼青，所以称为“青眼”；斜眼看人时露出眼白，所以称为“白眼”。

译　文

追求富贵与功名，人生历尽荣耀与衰败，得到与失去，才惊讶地发现自己早已白了头发；花前月下，谈诗品酒，弹琴论书，欣喜地发现远离尘世的方外有追求同样境界的知己。

原　文

欲不除，似蛾扑灯[①]，焚身乃止；贪无了，如猩嗜酒[②]，鞭血方休。

注　释

①似蛾扑灯：这里指为了实现欲望不惜牺牲自己的生命。《梁书•到溉传》：“如飞蛾之赴火，岂焚身之可吝。”

②如猩嗜酒：意思与“飞蛾扑火”同。唐李肇《唐国史补》：“猩猩者好酒与屐，人有取之者，置二物以诱之。猩猩始见，必大骂曰：‘诱我也！’乃绝走远去，久而复来，稍稍相劝，俄顷俱醉，因遂获之。”

译　文

欲望得不到满足，就好像是飞蛾扑火，直到最后将自己焚烧了才能停止；贪念得不到了断，就好像猩猩嗜好饮酒，直到最终身体被鞭打出血才肯罢休。

原　文

涉江湖者[①]，然后知波涛之汹涌；登山岳者，然后知蹊径之崎岖[②]。

注　释

①涉：涉足，经历。

②蹊径：小路。

译文

闯荡过江湖的人，才知道江湖波涛汹涌的凶险；攀登过高山的人，才能明白山间小路的崎岖不平。

原文

人生待足[①]，何时足；未老得闲，始是闲[②]。

注释

①待足：等待得到满足。

②始：才。

译文

一个人活在世上，只等待着得到满足，那么什么时候才能真正满足呢？在还没有衰老的时候就已经有了闲适的心境，这才是真正的清闲。

原文

谈空反被空迷，耽静多为静缚[①]。

注释

①耽：沉溺。《诗经•卫风•氓》："于嗟女兮，无与士耽。"

译文

谈论空寂之道的人反而被空寂之道所迷惑；沉溺清心静修之术的人反而被清心静修之术所束缚。

原文

旧日无陶令酒巾[①]，新撇张颠书草[②]；何妨与世昏昏，只问吾心了了。

注释

①陶令酒巾：据《宋书•隐逸传•陶潜》记载，每当酒煮熟了的时候，陶潜就会取下头上的葛巾漉酒。

②张颠：唐代著名的书法家张旭，善于酒后书写狂草。《新唐书》有云："每大醉，呼叫狂走，乃下笔，或以头濡墨而书，既醒自视，以为神，不可复得也。世呼张颠。"

译文

以前我没有陶潜的酒巾漉酒，现在也开了张旭酒醉后的狂草书法；表面上与世俗之人一样浑浑噩噩，但又有什么关系呢？只要我的内心清楚明白就可以了。

原 文

以书史为园林，以歌咏为鼓吹，以理义为膏粱[①]，以著述为文绣[②]，以诵读为灾畲[③]，以记问为居积[④]，以前言往行为师友[⑤]，以忠信笃敬为修持，以作善降祥为因果[⑥]，以乐天知命为西方[⑦]。

注 释

①理义：公理与正义。膏粱：美味佳肴。

②文绣：刺绣华美的衣服。

③灾畲：耕作劳动。

④记问：意思是记诵诗书以待问或增加谈资。

⑤前言往行：以前圣贤之人的言行。

⑥因果：这里指佛教的因果报应说。

⑦西方：佛教指西天极乐世界。

译 文

把阅读经史文章当作游览园林，把唱歌咏怀当作鼓吹乐器，把公理与正义当作美味佳肴，把著书立说当作华美的衣服，把诵读诗书当作耕作劳动，把记诵与讨教当作囤积物品，把以前的圣贤之人的言行当作自己的良师益友，把忠实守信、笃学恭敬当作修身守道的方法，把行善积德当作因果循环，把安于自己的处境、听任上天的安排当作通往西天极乐世界。

原 文

云烟影里见真身[①]，始悟形骸为桎梏；禽鸟声中闻自性[②]，方知情识是戈矛[③]。

注 释

①云烟影里：像烟云一样飘浮不定、渺茫不清的尘世。这里比喻模糊不清，让人捉摸不透。

②自性：原本的性情。

③情识：才情和见识。

译 文

在像烟云一样渺茫不清的尘世中，展示真正的自我，才明白肉身原来是使人受到束缚的枷锁；在鸟鸣声中觉察到原本的性情，才知道才情和见识原来是攻击人的武器。

原　文

事理因人言而悟者[1]，有悟还有迷，总不如自悟之了了；意兴从外境而得者[2]，有得还有失，总不如自得之休休[3]。

注　释

①因：通过，从。

②意兴：意趣，兴致。

③休休：安闲，快乐。

译　文

如果对事物的道理要经过他人的提点才能领悟，那么即使当时明白了，一定还会有再次迷惑的时候，总不如自己真正领悟来得明白；意趣和兴致从外界环境中产生，那么即使暂时得到了，一定还会再次失去，总不如自得于心那样感到安闲快乐。

原　文

白日欺人，难逃清夜之愧赧[1]；红颜失志[2]，空遗皓首之悲伤[3]。

注　释

①愧赧：愧疚，羞赧。

②红颜：指青年时代。唐李白《赠孟浩然》诗："红颜弃轩冕，白首卧松云。"

③遗：留下。皓首：即白首，指老年。西汉李陵《答苏武书》："丁年奉使，皓首而归。"

译　文

如果在白天欺负人，那么在清静的晚上就难以逃脱内心的愧疚和羞赧；如果在青年时代就丧失了志气，那么年迈之时就会白白留下悲伤。

原　文

定云止水中[1]，有鸢飞鱼跃的景象[2]；风狂雨骤处，有波恬浪静的风光。

注　释

①定云止水：静止的白云和绿水。

②鸢：鸟名，鹰，俗名老鹰。《诗经·大雅·旱麓》："鸢飞戾天，鱼跃于渊。"

译文

即便是在静止的白云和绿水之中，也有鹰在云层之间穿飞、鱼在波浪之间跳跃的景象；即便是在狂风骤雨之中，也有风平浪静的恬静风光。

原文

平地坦途，车岂无蹶；巨浪洪涛，舟亦可渡。料无事必有事，恐有事必无事。

译文

在平坦的大路上，车子也有可能被翻覆；在巨浪滔天、波涛汹涌的江海中，小船也有可能安全渡过。由此可知，本来在预料之中会平安无事的反而会因麻痹大意而出事，本来担心会出事的反而因为提高了警惕而平安无事。

原文

富贵之家，常有穷亲戚来往，便是忠厚。

译文

已经拥有富贵的大户人家，如果还能常常保持与穷亲戚之间的来往，便可以称作是忠厚的人家。

原文

朝市山林俱有事，今人忙处古人闲。

译文

无论是官场、市井还是山林，大家都很忙碌，如今的人奔波劳碌的地方正是古代的人觉得安闲的处所。

原文

人生有书可读，有暇得读，有资能读，又涵养之如不识字人，是谓善读书者。享世间清福，未有过于此也。

译文

人生在世，有丰富的书可以读，有闲暇的时间可以读书，有足够的钱财可供读书，又十分有涵养，把自己当作不识字的人，这样的人才可以称得上是会读书的人。享尽人间的清闲之福，恐怕没有谁能胜过这样的人了。

原　文

世上人事无穷，越干越做不了；我辈光阴有限，越闲越见清高。

译　文

尘世间的事情总是无穷无尽，越做越觉得做不完；像我们这样的人时间是十分有限的，越是清闲就越显得清高。

原　文

两刃相迎俱伤，两强相敌俱败。

译　文

两件兵器如果锋刃相接，那么这两件兵器都会受到损伤；两个强敌如果彼此拼杀，那么这两个人都会受到伤害。

原　文

我不害人，人不我害；人之害我，由我害人①。

注　释

①由：由于，因为。

译　文

我不伤害别人，别人就不会伤害我；别人如果要伤害我，必定是因为我伤害了别人。

原　文

商贾不可与言义，彼溺于利；农工不可与言学，彼偏于业；俗儒不可与言道，彼谬于词。

译　文

不能与经商的人谈论道义，因为他们沉溺于财利之中；不能与农民与工匠谈论学问，因为他们只偏爱自己的本行；不可以与庸俗的儒生谈论事物的道理，因为他们对词句的使用十分不合情理。

原　文

博览广识见①，寡交少是非。

注　释

①广：增长，扩大。

译　文

广泛阅览可以增长见识，少与人交往可以减少是非。

原　文

明霞可爱，瞬眼而辄空[1]；流水堪听，过耳而不恋。人能以明霞视美色，则业障自轻；人能以流水听弦歌，则性灵何害。

注　释

①瞬眼：转眼之间。形容很快。

译　文

明艳的云霞十分讨人喜欢，可是转眼之间就消失得无影无踪了；流水潺潺的声音十分动听，但是听过以后也就不再留恋了。人们如果用观赏明艳的云霞的眼光去看待美人的姿色，那么贪恋美色的恶念自然会减轻；人们如果能以听流水声音的心情来听弦音和歌声，那么弦音和歌声对我们性情的怡养也将大有益处。

原　文

休怨我不如人[1]，不如我者常众[2]；休夸我能胜人[3]，胜如我者更多。

注　释

①休：莫，不要。

②常众：很多。

③胜：超过。

译　文

不要怪我不能和别人相比，比不上我的人还有很多；不要夸赞我能超过别人，比我厉害的人还有很多。

原　文

人心好胜，我以胜应必败；人情好谦，我以谦处反胜。

译文

人的内心都喜欢争强好胜，要是我用争强好胜之心来应对的话，最终必然会导致失败；人的内心都喜好谦虚，假如我用谦虚来应对的话，反而会取得胜利。

原文

人言天不禁人富贵①，而禁人清闲，人自不闲耳。若能随遇而安，不图将来，不追既往，不蔽目前②，何不清闲之有？

注释

①禁：禁止，制止。《论衡·本性》："长大之后，禁情欲割，勉厉为善矣。"

②蔽：遮蔽。

译文

人们常说上天不会阻拦人去追求和享受荣华富贵，却不会让人过上清闲的日子，这实际上是人们自己不愿意清闲下来罢了。如果一个人在任何境遇中都能满足，不对将来的发展悉心计划，不对过去的生活追悔不已，不为眼前的名利和俗念所蒙蔽，做到这样又怎么能不清闲呢？

原文

暗室贞邪谁见①，忽而万口喧传；自心善恶炯然②，凛于四王考校③。

注释

①贞邪：忠贞与奸邪。

②炯然：形容很清楚明白的样子。

③四王：佛教中执掌刑罚戒律的东、西、南、北四大天王。考校：审查，拷问。

译文

昏暗的房屋里的忠贞与奸邪被什么人看见了，忽然间大家就都在纷纷议论这件事；自己的内心是向善还是向恶自己就很清楚，所以能坦然接受执掌刑法戒律的四大天王的拷问和审查。

原文

寒山诗云①："有人来骂我，分明了了知。虽然不应对，却是得便宜。"此言宜深玩味。

注释

①寒山：这里指代唐代著名的诗僧，号“寒山子”。

译文

寒山子在诗中说：“有人来辱骂我，我听得十分清楚。我虽然不会去理睬，但已经得到了莫大的好处。”这句话很值得我们深入思考体会。

原文

恩爱吾之仇也，富贵身之累也[①]。

注释

①累：负担，累赘。

译文

恩情爱意是我修养路上的仇敌，荣华富贵是我身心的累赘。

原文

冯驩之铗[①]，弹老无鱼；荆轲之筑[②]，击来有泪。

注释

①冯驩之铗：冯驩是战国时期孟尝君田文门下的食客，起初没有受到孟尝君的重视，便弹铗而歌，曰：“长铗归来乎，食无鱼。”过了不久又弹铗而歌，曰：“长铗归来乎，出无舆。”孟尝君把这些都给了他。后来他为孟尝君在薛地收债，市义于民。等到孟尝君被黜，薛民迎之。因他建议孟尝君采取狡兔三窟，最后终于使孟尝君得以复位。铗，剑。

②荆轲之筑：荆轲，战国卫人，是燕太子丹的宾客，受命刺杀秦王嬴政。到临行分别的时候，太子丹和宾客穿戴白衣冠送至易水，好友高渐离击筑，荆轲和之，慷慨悲歌，人闻之皆坠泪。筑，弦乐器，形如琴，十三弦。

译文

像冯驩那样的长剑，即使弹到老也没有鱼吃；像荆轲和高渐离那样击筑，慷慨悲歌，让人听起来就潸然泪下。

原文

以患难心居安乐，以贫贱心居富贵，则无往不泰矣；以渊谷视康庄，以疾病视强健，则无往不安矣。

译　文

身处安乐的境遇里仍能够坚守患难之时的心境，身居富贵之位仍能够保持贫贱之时的心态，如果能够做到这样，那么无论何时何地都能够泰然处之；行走在康庄大道上，仍然能够有如临深渊、如履薄冰那样谨慎小心的心态，身强体健的时候，仍然能够像生病之时那样注意饮食起居，如果能够做到这样，那么无论何时何地都可以平安无事。

原　文

有誉于前①，不若无毁于后②；有乐于身，不若无忧于心。

注　释

①誉：美誉，赞美。

②毁：诋毁，诽谤。韩愈《原毁》："是故事修而谤兴，德高而毁来。"

译　文

得到别人当面的赞美，不如避免别人在背后对自己的诽谤；追求来自肉体上的愉悦感受，不如追求无忧无虑的心境。

原　文

富时不俭贫时悔，潜时不学用时悔①，醉后狂言醒时悔，安不将息病时悔②。

注　释

①潜时：潜藏还没有显露之时。这里指平时。

②安不将息：安稳、健康的时候不好好休息调养。

译　文

拥有财富的时候不懂得节俭，等到贫穷的时候就会后悔；平时不认真学习，等到用得着知识的时候就会后悔；喝醉酒之后说出狂妄的话，等到酒醒之后就会后悔；身体健康的时候不好好休息调养，等到生病的时候就会后悔。

原　文

寒灰内，半星之活火①；浊流中，一线之清泉。

注　释

①活火：没有熄灭、可以燃烧的火。

译 文

寒冷的灰烬之中，尚且还存有一星半点没有熄灭的火苗；污浊的河流之中，尚且还有一股清冽的泉水。

原 文

攻玉于石[①]，石尽而玉出；淘金于沙，沙尽而金露。

注 释

①攻：这里指雕琢，打磨。

译 文

为了得到玉而打磨玉石，等到玉石打磨尽了，玉也就雕琢出来了；为了得到金子而在沙中淘金，等到沙淘尽了，金子也就显露出来了。

原 文

乍交不可倾倒[①]，倾倒则交不终；久与不可隐匿[②]，隐匿则心必险。

注 释

①乍：刚刚，起初。倾倒：全部都倒出来。这里指把所有的话都说出来。

②隐匿：隐瞒。

译 文

刚开始与别人交往的时候不能什么话都说，一旦什么话都说了，那么交情就很难善始善终；交往的时间久了，说话就不能再有所隐瞒，而要畅所欲言，一旦说话有所隐瞒了，那么必然会心存险恶。

原 文

丹之所藏者赤，墨之所藏者黑。

译 文

保存丹砂的物品时间一长就会变红，保存墨汁的物品时间一长就会变黑。

原 文

懒可卧，不可风；静可坐，不可思；闷可对[①]，不可独；劳可酒，不可食；醉可睡，不可淫。

注释

①对：这里指与人相处，共处。

译文

慵懒的时候可以卧躺着，而不能到处奔走；内心平静的时候可以闲坐着，而不能胡思乱想；烦闷的时候可以与人共处，而不能独自一人；劳累的时候可以喝点小酒，而不能暴饮暴食；喝醉了的时候可以睡觉，而不能淫乐放纵。

原文

书生薄命原同妾①，丞相怜才不论官②。

注释

①原同妾：原本就和女子一样。

②丞相怜才不论官：出自《汉书•公孙弘传》。公孙弘出身十分贫寒低贱，数年之后官至丞相，“于是起客馆，开东阁以延贤人，与参谋议，弘身食一肉，脱粟饭，故人宾客仰衣食俸禄皆以给之，家无所余”。

译文

书生的命运不好，原本就是和女子一样；丞相爱惜人才，不管对方是否为官，也不管其官位高低。

原文

少年灵慧，知抱夙根；今生冥顽，可卜来世。

译文

年纪轻轻就机敏聪慧，可以得知这是因为带有前世因缘所修的慧根；此生就愚钝无知，冥顽不灵，可以预测到来世也不可能机敏聪慧。

原文

拨开世上尘氛①，胸中自无火炎冰兢②；消却心中鄙吝，眼前时有月到风来。

注释

①尘氛：尘世的氛围。

②火炎冰兢：火烤冰冻般的折磨。这里比喻强烈渴望得到和恐惧不安。

译文

如果能够推开世间凡俗纷扰的氛围，那么心中就不会有强烈渴望得到和恐惧不安；如果能够消除心中的卑鄙和吝啬，那么就可以感受到眼前仿佛有清风明月一般。

原文

尘缘割断①，烦恼从何处安身；世虑潜消，清虚向此中立脚。

注释

①尘缘：佛教称人心与尘世间的“六尘”(色、声、香、味、触、法)有缘分，受气牵累，叫“尘缘”。也泛指世俗的缘分。

译文

断却了尘世间的色、声、香、味、触、法六种根缘，烦恼能在什么地方安身呢？消除了世间的种种顾虑与杂念，清净虚无自然就会在此之中站稳脚跟。

原文

市争利，朝争名，盖棺日何物可殉蒿里①；春赏花，秋赏月，荷锸时此身常醉蓬莱②。

注释

①蒿里：山名。也泛指墓地。《汉书•广陵厉王传》有云：“蒿里召兮郭门阅，死不得取代庸，身自逝。”

②荷锸时：指死的时候。《晋书•刘伶传》载：刘伶经常乘坐一辆鹿车，身上带着一壶酒，让人带着铁锹跟随着他，并对拿铁锹的人说等自己死了就把他就地埋了。荷，扛着，带着；锸，类似于铁锹。蓬莱：传说中的海中仙山名。《史记•孝武本纪》：“安期生仙者，通蓬莱中，合则见人，不合则隐。”

译文

在市井之中争夺利益，在官场之中争夺名声，等到死去的那一天，这些名利中又有哪一件是可以陪同自己殉葬的呢？春天赏花，秋天赏月，等到死的时候，便会觉得自己以往时常陶醉于人间仙境之中。

原文

驷马难追，吾欲三缄其口①；隙驹易过②，人当寸惜乎阴。

注释

①三缄其口：西汉刘向《说苑·敬慎》："孔子之周，观于太庙，右阶之前有金人焉，三缄其口而铭其背曰古之慎言人也，戒之哉！戒之哉！无多言，多言多败。"

②隙驹易过：比喻时间过得很快。《庄子·知北游》："人生天地之间，若白驹之过隙，忽然而已。"

译文

君子一言既出，驷马难追，所以我说话要十分慎重，要深思熟虑之后再说；时间如同白驹过隙，转眼即逝，因此每个人都应该珍惜点点滴滴的时间。

原文

万分廉洁，止是小善[1]；一点贪污，便为大恶。

注释

①止：只是，仅仅。

译文

即便是非常廉洁，也只不过是一点小小的善行；只要有一丁点贪污，那么就是极大的罪恶。

原文

炫奇之疾[1]，医以平易；英发之疾[2]，医以深沉；阔大之疾，医以充实。

注释

①炫奇：炫耀奇特。明末清初周亮工《书影》卷三："且二人名同元(张元)、昊(吴昊)，更属可疑。彼岂不能自取一名，而兼此二人，非偶合以为异，即故分袭以炫奇。"

②英发：表露英气与才华。

译文

有喜欢炫耀奇特的毛病，要用简易平实来纠正；有喜欢表露英气与才华的毛病，要用深刻沉着来纠正；有言行迂阔、空大的毛病，要用充实来纠正。

原文

才舒放即当收敛，才言语便思简默。

译 文

才能够舒缓放松就应该注意收敛约束自己的言行，才开始说话就要想到要少说话，多沉默。

原 文

贫不足羞，可羞是贫而无志；贱不足恶，可恶是贱而无能；老不足叹，可叹是老而虚生①；死不足悲，可悲是死而无补②。

注 释

①虚生：白白度过一生。

②死而无补：死了（对社会）也没有什么贡献。

译 文

贫穷并不值得羞愧，值得羞愧的是贫穷而又没有志气；地位卑贱并不足以令人厌恶，令人厌恶的是卑贱而又无能；年老并不值得叹息，值得叹息的是年老发白之时发现只是白白度过了一生；死亡并不值得悲伤，可悲的是死了却对世人没有任何贡献。

原 文

身要严重，意要闲定，色要温雅，气要和平，语要简徐，心要光明，量要阔大，志要果毅，机要缜密，事要妥当。

译 文

身姿要严肃庄重，精神要安闲镇定，神态要温文尔雅，意气要心平气和，言语要简明舒缓，心地要光明磊落，度量要开阔宏大，意志要果断刚毅，谋划要谨慎周密，处事要妥善得当。

原 文

富贵家宜学宽，聪明人宜学厚。

译 文

富贵人家的子弟应当学会宽容，有智慧的人应当学会厚道。

原 文

休委罪于气化①，一切责之人事；休过望于世间②，一切求之我身。

注释

①委罪：推诿罪过。

②过望于世间：向世间寄托过多的希望。

译文

不要把罪责都推给所谓的气数和命运，所有的罪责都应该归于人们的分内之事没有做好；不要向世间寄托过多的希望，所有希望的实现都需要自己去追求，去努力。

原文

世人白昼寐语[1]，苟能寐中作白昼语，可谓常惺惺矣。

注释

①寐语：梦话。

译文

世上的人白日里尽说些梦话，如果能够做到在睡梦中也说清醒时该说的话，那么这个人可以说得上是能够常常保持警觉、清醒的状态了。

原文

观世态之极幻，则浮云转有常情；咀世味之昏空[1]，则流水翻多浓旨[2]。

注释

①昏空：昏沉而空洞。

②浓旨：深厚的意趣。

译文

看尽了种种人情世故的无常，就会觉得天上浮云的变动反而比人情世故的无常更有情理可循；体味到了世间人情的昏沉空洞，倒不如看潺潺流水的水花旋转，反而更能让人品味出其中深厚的意趣。

原文

大凡聪明之人，极是误事。何以故？唯聪明生意见，意见一生，便不忍舍割。往往溺于爱河欲海者，皆极聪明之人。

译文

一般而言，越是聪明的人越容易误事。这是什么原因呢？只是因为聪明的人会有很多自己的意见和见解，意见和见解一旦萌生，就不忍心割舍。所以往往沉溺于爱河欲海之中的人，都是极其聪明的人。

原 文

是非不到钓鱼处[1]，荣辱常随骑马人[2]。

注 释

①钓鱼处：指与世无争的隐逸之处。

②骑马人：指尘世中追名逐利的达官贵人。

译 文

是是非非不会散播到尘世之外那些与世无争的隐逸之处，荣辱纷争常常伴随着尘世中那些追名逐利的达官贵人。

原 文

名心未化，对妻孥亦自矜庄[1]；隐衷释然[2]，即梦寐皆成清楚。

注 释

①妻孥：指妻子与儿女。

②释然：高兴的样子。《庄子•齐物论》："南面而不释然，其何故也？"

译 文

如果争名好利之心还没有得到完全消除，那么即使是对妻子与儿女也要时刻保持矜持庄重；要是隐藏在内心深处的隐衷消逝了，心里就会十分平静，也十分高兴，那么即使是在梦中也会十分清醒。

原 文

观苏季子以贫穷得志[1]，则负郭二顷田[2]，误人实多；观苏季子以功名杀身，则武安六国印[3]，害人亦不浅。

注 释

①苏季子以贫穷得志：苏季子，即苏秦，战国时期著名的纵横家。苏秦游说六国合纵抗秦之时，被封为武安君，掌管六国合纵之印。而在此之前苏秦因为贫寒且不得志，家中亲人对他十分冷淡，甚至嫌弃他。富贵之后，兄嫂便对他前倨后恭，苏秦感叹道："此一人之身富贵则亲戚畏惧之，贫贱则轻易之，况众人乎且使我有洛阳负郭田二顷，吾岂能佩六国相印乎！"后来因为与人争夺权势被害。

②负郭：靠近城郭。

③武安六国印：武安君的爵位、六国的兵印。

译　文

从苏秦因为贫寒而努力实现自己的理想来看，靠近城郭的两顷良田，对人的耽误实在是太大了；从苏秦因为争夺功名而引来杀身之祸来看，武安君的爵位、六国的兵印，也是害人不浅啊。

原　文

名利场中，难容伶俐；生死路上，正要糊涂。

译　文

身处名利场之中，容不得聪明伶俐；通往生死的路上，正是需要糊里糊涂。

原　文

一杯酒留万世名，不如生前一杯酒①，身行乐耳，遑恤其他。百年人做千年调，至今谁是百年人？一棺戢身，万事都已。

注　释

①一杯酒留万世名，不如生前一杯酒：《世说新语•任诞》：“张季鹰纵任不拘，时人号为江东步兵。或谓之曰：‘卿乃可纵适一时，独不为身后名邪？’答曰：‘使我有身后名，不如即时一杯酒。’”此处化用其意。

译　文

要是通过一杯酒就可以留下千古名声，那么还不如在世之时喝一杯酒，自己独自消遣罢了，哪里还需要顾虑其他的事情呢？一个人的一生还不到一百年，却要做上千年的谋划，到目前为止有谁长命百岁了呢？终究不过是一口棺材藏身，世间万事都随之结束罢了。

原　文

郊野非葬人之处，楼台是为丘墓；边塞非杀人之场，歌舞是为刀兵。试观罗绮纷纷，何异旌旗密密；听管弦冗冗，何异松柏萧萧？葬王侯之骨，能消几处楼台？落壮士之头，经得几番歌舞？达者统为一观，愚人指为两地。

译　文

荒郊野外并不是埋葬人的地方，亭台楼阁才是埋葬人的坟墓；边关要塞并不是生死搏杀的战场，轻歌曼舞才是杀人的兵器。请看亭台楼阁上达官贵人们满身罗绮袖带飘飘，和战场上随处可见的旌旗又有什么区别呢？试听歌舞欢场上管弦交错的弹奏之声，与丘墓间松柏的萧萧之声又有什么两样呢？要埋葬王侯贵族的尸骨，需要几处楼台？要斩落壮士的头颅，禁得起几番歌舞？通达的人把这两种地方联系在一起，当作一处看待，而愚钝的人才会指出是两个不同的去处。

原　文

节义傲青云[①]，文章高白雪，若不以德性陶熔之，终为血气之私，技能之末。

注　释

①节义：节操与义行。

译　文

即使自身的节操与义行可以傲视青天白云，所作的文章可以高过阳春白雪，但是如果不以德行加以陶冶修养，那么所谓的节操与义行终会成为逞一时血气之勇的私心，所作的文章也终会成为最差的技能。

原　文

我有功于人，不可念，而过则不可不念；人有恩于我，不可忘，而怨则不可不忘。

译　文

我若是对别人有贡献，便不能时时刻刻都记在心里，而若是对别人犯有过错，则一刻都不能忘记；别人若是对我有恩惠，便一刻也不能忘记，而若是对自己有怨恨，则不能不忘记。

原　文

径路窄处，留一步与人行；滋味浓时，减三分让人嗜。此是涉世一极安乐法。

译　文

遇到道路狭窄的地方，就要留一步余地给别人行走；到了味道浓郁的时候，就要减去三分让别人来享受。这是关于处世的最好的一种安乐之法。

原文

己情不可纵，当用逆之法制之，其道在一忍字；人情不可拂[1]，当用顺之法调之，其道在一恕字。

注释

①拂：违逆，不顺。《韩非子·南面》："故虽拂于民，必立其志。"

译文

自己的欲念不能让它放纵，应当用抑制的办法来制止，其中方法的关键就在于一个"忍"字。他人所要求的事情不可以违逆，应当用顺应的办法来调节，其中方法的关键就在于一个"恕"字。

原文

昨日之非不可留，留之则根烬复萌，而尘情终累乎理趣；今日之是不可执，执之则渣滓未化，而理趣反转为欲根。

译文

以往的是非与过错都不能够让它们存留下来，一日存留下来就会像树根燃烧之后重新发芽一样，从而使得尘俗之情终会妨碍义理和情趣；现今一时是正确的也不能够对之偏执，一旦偏执就会像渣滓没有化解一样，从而使得义理和情趣反而转化为私欲的根源。

原文

文章不疗山水癖，身心每被野云羁[1]。

注释

①羁：停留。

译文

优美的文章治愈不了醉心山水的癖好，身体和心灵常常因为荒郊野外的云烟雾气而流连忘返。

卷二 情

原文

语云，当为情死，不当为情怨。明乎情者，原可死而不可怨者也。虽然，既云情矣，此身已为情有，又何忍死耶？然不死终不透彻耳。韩翃之柳①，崔护之花②，汉宫之流叶③，蜀女之飘梧④，令后世有情之人咨嗟想慕，托之语言，寄之歌咏，而奴无昆仑⑤，客无黄衫⑥，知己无押衙⑦，同志无虞候⑧，则虽盟在海棠⑨，终是陌路萧郎耳⑩。集情第二。

注释

①韩翃之柳：韩翃，字君平，南阳人，唐代诗人，大历十才子之一。安史之乱中韩翃与其爱妾柳氏失散，韩翃出为藩镇幕僚，柳氏出家做了尼姑。后来韩翃曾寄书信给柳氏，词曰："章台柳，章台柳，昔日青春今在否？纵使长条似旧垂，亦应攀折他人手。"柳氏回信，答曰："杨柳枝，芳菲节，所恨年年赠离别。一叶随风忽报秋，纵使君来岂堪折。"不久之后，番将沙吒和恃平反有功而强抢柳氏，柳氏拒不从命，最终虞侯许俊巧设计让韩翃与其爱妾柳氏团聚。

②崔护之花：崔护，字殷功，博陵人，贞元进士。其曾在清明之时独自到城南游赏，对一位女子一见钟情，第二年清明之时再次来到故地，桃花依旧，门墙如故，可是那位钟情的女子已经不在，因此题诗于门扉曰："去年今日此门中，人面桃花相映红。人面不知何处去，桃花依旧笑春风。"

③汉宫之流叶：唐宣宗之时书生卢渥前往京城应考，途中有一次在御沟中洗手时，在清洌的流水中发现了一片红叶，上面还留有墨印。他随手将叶子取出，发现红叶上竟然题着一首诗："流水何太急，深宫尽日闲。殷勤谢红叶，好去到人间。"后来唐宣宗将一部分宫女送出宫外，许配给百官司吏，卢渥碰巧得到的是那位在红叶之上题诗的女子。

④蜀女之飘梧：后蜀时，尚书侯继图有一次倚于大慈楼寺，忽然有一片桐叶翩然而坠下，上面写着一首诗，诗曰："拭翠敛双蛾，为郁心中事。搦管下庭除，书就相思字。此字不书古，此字不书纸。书向秋叶上，愿随秋风起。天下有心人，尽解相思死。天下负心人，不识相思意。有心与负心，不知落何地。"侯继图捡起来并珍藏着。五六年后，侯继图娶女子任氏为妻，任氏竟就是题诗者。

⑤奴无昆仑：唐代大历年间，崔生奉父命前去拜见一位一品勋臣，这位一品勋臣让穿着红绡的美姬为崔生奉上甘酪，临别的时候又让其相送。崔生对红绡女子一见钟情，之后就将此事告诉了昆仑奴摩勒，摩勒最终将红绡女子从勋臣府中偷出。

⑥客无黄衫：才女霍小玉与才子李益山盟海誓，互定终生，后来却被李益抛弃，霍小玉忧愤成疾。侠士黄衫客把李益挟持到霍小玉面前，霍小玉见到李益后恸极而亡。

⑦知己无押衙：唐代薛调《无双传》载：尚书刘震之女刘无双与贫寒书生王仙客相恋，后来泾原兵变，刘震夫妇惨遭杀害，无双流落为奴。仙客求助于押衙，押衙用茅山仙术救出无双，使得他们有情人终成眷属。

⑧虞候：即虞候许俊。

⑨盟在海棠：指彼此之间的感情十分深厚。唐玄宗和杨贵妃在七夕之夜的乞巧盟誓："愿生生世世，共为夫妇，永不分离。在天愿为比翼鸟，在地愿为连理枝……"唐玄宗将杨贵妃比喻为"娇滴滴海棠花"，因此有连理海棠之称。

⑩陌路萧郎：唐代范摅《云溪友议》载：书生崔郊与姑母家婢女相恋，后来姑母家道中落，将这位婢女卖给连帅。崔郊伤心欲绝，思慕不已，两人相见泣涕涟涟。崔郊作了一首《赠去婢》诗，其中"侯门一入深似海，从此萧郎是路人"两句千古流传。连帅知道此事后，就将婢女归还给崔郊，使得他们有情人终成眷属。萧郎，即女子对所爱的男子的称呼。

译　文

俗话说：应当为情而死，不应当为情而产生怨恨。真正懂得感情的人，本来就是可以为对方殉情，却不会因情而生出怨恨之心的。虽然如此，既然已经说到了感情，自身又已经深陷感情之中，那么又怎么忍心去死呢？然而，不到死这一步，终究难以体现情爱的深刻和彻底。古典文学中有很多这样的例子，如韩翃的章台柳，崔护的人面桃花，宫廷御沟的红叶题诗，蜀女题诗于飘飞的梧叶，这些故事都让后世的有情人羡慕和感叹，有的用文字记载下来，流传千古，有的写成诗歌吟咏，尽情抒发。然而，既没有能劫得佳人的昆仑奴，也没有身着黄衫的豪客，既没有像押衙那样的知己，又没有像虞候那样志同道合的人，那么，即使是有海棠花下的誓约，终究不免成为陌路萧郎。因此，我编纂了第二卷"情"。

原　文

家胜阳台[①]，为欢非梦；人惭萧史[②]，相偶成仙。轻扇初开，欣看笑靥；长眉始画[③]，愁对离妆。广摄金屏[④]，莫令愁拥；恒开锦幔，速望人归。镜台新去，应余落粉；熏炉未徙，定有余烟。泪滴芳衾，锦花长湿；愁随玉轸[⑤]，琴鹤恒惊。锦水丹鳞，素书稀远[⑥]；玉山青鸟[⑦]，仙使难通。彩笔使操，香笺遂满；行云可托，梦想还劳。九重千日，讵想倡家[⑧]；单枕一宵，便如浪子。当令照影双来，一鸾羞镜[⑨]；勿使推窗独坐，嫦娥笑人。

注　释

①阳台：出自宋玉《高唐赋》。后用"阳台"比喻男欢女爱的地方。

②萧史：又作"箫史"。相传为春秋秦穆公时期的人，很会吹箫，作凤鸣而引来百鸟。秦穆公把自己的女儿弄玉嫁给他，并筑凤台以居之，后来夫妻二人乘凤飞天仙去。

③长眉始画：指京兆尹张敞为妻子画眉的故事。《汉书•张敞传》："又为妇画眉，长安传张京兆眉抚。"

④广摄金屏：《旧唐书•后妃传上》载：高祖后窦氏为女儿求贤夫，"于门屏画二孔雀，诸公子有求婚者，辄与两箭射之，潜约中目者许之。"后世便以"金屏雀"作为被选中为婿的典故。

⑤玉轸：琴上的玉制弦柱。这里指代琴。

⑥锦水丹鳞，素书稀远：指来自远方的书信。有“鱼雁传书”之意。

⑦玉山青鸟：玉山，古代传说中的仙山。《山海经•西山经》：“又西三百五十里，曰玉山，是西王母所居也。”青鸟，神话传说中为西王母取食传信的神鸟。

⑧讵：岂，难道。

⑨照影双来，一鸾羞镜：南朝宋范泰《鸾鸟诗序》载：有一个王侯十分喜爱鸾鸟，将其关在金笼里每天都用美食供养，然而这只鸾鸟三年不鸣。王侯的妻子建议悬挂一面镜子在其面前，使其见同类而鸣。鸾鸟看见镜子中的自己，竟然哀响云霄，一奋而绝。

译　文

家中比阳台要好得多，夫妻欢爱并不是梦境；每个人面对箫史之时都要羞愧，箫史觅得佳偶，最后飞天成仙。当遮面的扇刚刚移开，欣喜地看到美人的笑脸；柳叶长眉才开始描画，转眼就要忧愁地面对离别的妆颜。设置广阔的金屏雀为女选婿，不要让愁绪拥裹美人；经常打开锦绣帐幔，盼望在外的人儿快快回来。刚刚离开梳妆的镜台，应当还有散落的香粉残留；焚香的熏炉还没有移开定还有余烟缭绕。思念的泪水滴落在衣衫上，连锦绣花被也经常被泪水浸湿；思亲的愁绪伴随着琴韵，连琴瑟和仙鹤也时常令人心惊。锦水丹鳞，来往的书信十分稀少；山河远隔，就连玉山青鸟也难以使音信得到通达。提起彩笔倾诉衷肠，香笺都被写满了，仍然觉得纸短情长；飘向远方的云彩似乎可以托付，捎去音信，睡梦里也没有停止思念。远在九重天外，离别千日之久，怎么能不让人想念？孤身一人整个晚上都难以入眠，就像是无家可归的浪子。应当让镜子照出双影来，像鸾鸟那样感慨悲鸣；千万不要推开窗子独坐伤神，让月中的嫦娥看到了嘲笑人。

原　文

几条杨柳①，沾来多少啼痕②；三叠阳关③，唱彻古今离恨。

注　释

①杨柳：古时杨柳是送别的象征。北宋秦观《江城子》词：“西城杨柳弄春柔，动离忧，泪难收，犹记多情，曾为系归舟。”

②啼痕：泪痕。北宋曾瑞《蝶恋花•闺怨》词：“别后身属新恨管，泥金翠袖啼痕满。”

③三叠阳关：即唐代诗人王维的《渭城曲》，又名《送元二使安西》，抒写离别之意。宋周邦彦《苏幕遮》词有“《三叠阳关》声渐杳，断雨残云，只怕巫山晓。”

译　文

几条送别之时折来的杨柳枝，沾染了多少离别之人的泪水；《三叠阳关》的曲调，唱尽了古往今来多少分别时的离恨。

原　文

世无花月美人，不愿生此世界。

译文

世上若是没有鲜花明月和娇美的人，那么人们就不愿生活在这个世界上。

原文

荀令君至人家[1]，坐处留香三日。

注释

①荀令君：即荀彧。字文若，东汉末年政治家、战略家，曾任尚书令，因此被称为“荀令君”。据《襄阳记》记载，他的衣带常常染有香气，所到之处香气经日不绝。

译文

荀令君去别人的家里，所坐的地方留下的香气常常经日不绝。

原文

罄南山之竹[1]，写意无穷；决东海之波，流情不尽；愁如云而长聚，泪若水以难干。

注释

①罄：完。

译文

用尽了终南山的竹子，将它们做成书简，也写不完心中的情意；决开东海的滔滔波浪，也流不完心中的感情；忧愁就像天空中的云彩一样，郁结于心，长久不散，眼泪就像川流不息的水，难以干涸。

原文

弄绿绮之琴[1]，焉得文君之听[2]；濡彩毫之笔，难描京兆之眉；瞻云望月，无非凄怆之声；弄柳拈花，尽是销魂之处。

注释

①绿绮之琴：古琴名。传说西汉司马相如作《玉如意赋》，梁王十分喜欢，赐给司马相如绿绮琴。后即用以指琴。

②文君：即卓文君。据《史记·司马相如列传》记载，司马相如在卓家抚琴，卓文君被琴声打动，夜奔相如，成就了一段才子佳人的爱情故事。

译文

即便是有像绿绮这样的名琴可以拨弄，又怎样才能得到像卓文君那样的女子来聆听？即便是画眉的彩笔蘸满浓墨，也难以描画出像张敞为妻子所绘的那种眉线；举头遥望天上的云彩和朗月，听到的无不是凄凉悲怆的声音；摆弄手中赠别的柳枝和花儿，想到的都是让人失魂落魄的场景。

原文

悲火常烧心曲，愁云频压眉尖。

译文

悲伤像火一样常常在内心深处灼烧，愁绪像云彩一样频频堆在眉梢。

原文

五更三四点①，点点生愁；一日十二时②，时时寄恨。

注释

①五更三四点：古时将一夜分为五更，一更又分为五点。

②一日十二时：古时将一天分为十二个时辰。

译文

五更天三四点的时候，每一点都让人产生愁绪；一天有十二个时辰，时时刻刻都寄生着离愁与别恨。

原文

燕约莺期，变作鸾悲凤泣；蜂媒蝶使，翻成绿惨红愁①。

注释

①翻：反而，反倒。

译文

燕子与黄莺约定时间幽会，最终变成了鸾鸟与凤凰的悲伤哀鸣；蜜蜂与蝴蝶作为信使，反而增添了红花绿叶的忧愁。

原文

花柳深藏淑女居，何殊弱水三千①；雨云不入襄王梦，空忆十二巫山②。

注 释

①何殊：犹“何异”，有什么差别。弱水三千：《十洲记》：“凤麟洲在西海之中央……洲四面有弱水绕之，鸿毛不浮，不可越也。”

②雨云不入襄王梦，空忆十二巫山：宋玉的《高唐赋》中有楚怀王与巫山神女相会之事。见前注。

译 文

深藏着淑女居所的花丛柳林，无异于蓬莱仙岛周围无法渡越的三千弱水；行云布雨的神女没有进入楚襄王的梦里，只能徒然追忆着巫山十二峰。

原 文

枕边梦去心亦去，醒后梦还心不还。

译 文

枕边入梦，心也随着进入梦境，醒来之后，心却还没有随着梦境而回。

原 文

万里关河，鸿雁来时悲信断[①]；满腔愁绪，子规啼处忆人归[②]。

注 释

①鸿雁：古代的人借鸿雁来传递书信。

②子规：杜鹃鸟。唐杜甫《元都坛歌寄元逸人》：“子规夜啼山竹裂，王母昼下云旗翻。”

译 文

中间隔着万里河山，每当鸿雁飞回来的时候，都会因为音信断绝而哀伤；满腔的离愁别绪，每当杜鹃啼叫的时候，都会幻想着离人的归来。

原 文

千叠云山千叠愁，一天明月一天恨。

译 文

层层叠叠的云彩遮映着高山，就像心中堆积的愁绪，随着天上的明月一天天变化，心中的离恨也在一天天增加。

原 文

豆蔻不消心上恨[①]，丁香空结雨中愁[②]。

注　释

①豆蔻：多年生常绿草本植物，又名草果，可入药。常用来比喻少女。唐杜牧《赠别诗》："娉娉袅袅十三余，豆蔻梢头二月初。"

②丁香：又名鸡舌香，它的果实由两片如同鸡舌的子叶合抱而成，就像同心结一样。因此"丁香"暗指忧愁。唐李商隐《代赠》："芭蕉不解丁香结，同向春风各自愁。"

译　文

正值豆蔻年华的少女心中的幽恨难以得到消除，似丁香花般雅致的女子独自在雨中结着愁怨。

原　文

月色悬空，皎皎明明，偏自照人孤另；蛩声泣露[1]，啾啾唧唧，都来助我愁思。

注　释

①蛩声：蟋蟀的叫声。北宋王安石《五更》诗："只听蛩声已无梦，五更桐叶强知秋。"

译　文

天空中悬挂着一轮明月，十分皎洁明朗，却偏偏照着孤零零的一个人；蟋蟀的叫声在露水中如同悲泣样，啾啾唧唧的声音，都加重了我的愁思。

原　文

慈悲筏，济人出相思海[1]；恩爱梯，接人下离恨天。

注　释

①济：帮助，救助。

译　文

把慈悲当作筏，可以助人渡出相思的苦海；把恩爱当作梯，可以帮人走出离恨天。

原　文

费长房[1]，缩不尽相思地；女娲氏[2]，补不完离恨天。

注　释

①费长房：东汉汝南人。相传费长房曾经跟随壶公学道修行，能够医治百病，还会缩地术，"公问所欲，曰'欲观尽世界'，公与之缩地鞭，欲至其处，缩之即在目前"。

②女娲氏：即女娲娘娘传说中的人类始祖之一，曾用五色石补天。

译　文

即使有像费长房那样厉害的缩地术，也无法将情人之间相互思念的距离拉近；即使有像女娲娘娘那样厉害的补天术，也补不了离恨天。

原　文

孤灯夜雨，空把青年误[①]，楼外青山无数，隔不断新愁来路。

注　释

①空：徒然，白白地。

译　文

在凄凉的夜雨中守着一盏孤灯，白白地耽误了大好的青春韶华，小楼之外虽然有无数的青山，却阻隔不了新生的愁绪前来的道路。

原　文

黄叶无风自落，秋云不雨长阴。天若有情天亦老，摇摇幽恨难禁[①]。惆怅旧人如梦，觉来无处追寻[②]。

注　释

①摇摇：心神不定的样子。

②觉：一觉醒来。

译　文

枯黄的树叶在没有风的时候也会自然飘落，秋天的天空虽然不下雨却总弥漫着阴云。如果天有情感，那么天也会因为情愁而衰老，那些让人心神不定的怨恨真是让人难以承受啊！寂寞哀怨地回想起往日的欢乐，仿佛在梦中，一觉醒来后却发现它们早已无处寻。

原　文

蛾眉未赎[①]，谩劳桐叶寄相思[②]；潮信难通[③]，空向桃花寻往迹[④]。

注　释

①蛾眉：美女的代称。赎：赎身。

②谩劳：徒劳。桐叶寄相思：据载后蜀时尚书侯继图的妻子曾在梧桐叶上写诗以寄托相思之情。见前注。

③潮信：音信。

④空向桃花寻往迹：化用崔护的典故。见前注。

译　文

美丽的女子如果还没有得到赎身，那么即使是用梧桐叶寄托相思之情也无济于事；音信如果难以通达，那么就只能徒然地在桃花中寻找往日的足迹。

原　文

野花艳目，不必牡丹；村酒酣人[①]，何须绿蚁[②]。

注　释

①酣：醉。

②绿蚁：新酿的酒还未滤清时，酒面浮起酒渣，色微绿，细如蚁，故称“绿蚁”。唐白居易《问刘十九》：“绿蚁新醅酒，红泥小火炉。”

译　文

野花就已经十分艳丽夺目了，不必一定要是牡丹；村里人自己酿的酒就已经很香醇了，足以使人喝醉，不一定非要绿蚁般的美酒。

原　文

琴罢辄举酒，酒罢辄吟诗。三友递相引[①]，循环无已时。

注　释

①递：交替。

译　文

弹奏完琴就开始举杯痛饮，喝完酒就开始吟诗作对。三位朋友接替相邀，循环往复没有停下来的时候。

原　文

阮籍邻家少妇[①]，有美色，当垆沽酒[②]，籍常诣饮[③]，醉便卧其侧。隔帘闻坠钗声，而不动念者，此人不痴则慧，我幸在不痴不慧中。

注　释

①阮籍：字嗣宗，魏晋时期的名士，竹林七贤之一。阮籍博览群书，崇奉老庄之学。

②当垆沽酒：古时酒店里为了安放酒瓮，就用泥土垒砌成垆，卖酒的人坐在垆边，因此称之为“当垆沽酒”。

③诣：到。

译文

阮籍家隔壁有个年轻的妇人，十分美貌，以卖酒为业，阮籍常到那里去喝酒，喝醉了便睡在她的身旁，隔着帘子就能听见玉钗落地时发出的声音。身处此种情境，心中却从来不起邪念的人，不是痴人便是智者，我所幸的是我是个既不痴傻也不聪慧的人。

原文

桃叶题情①，柳丝牵恨②。

注释

①题情：题写诗句，寄托别情。

②牵恨：牵动离恨。

译文

桃叶上题写的诗句寄托着别情，杨柳的丝条四处摇摆，牵动着离恨。

原文

胡天胡帝①，登徒于焉怡目②；为云为雨，宋玉因而荡心③。轻泉刀若土壤，居然翠袖之朱家④；重然诺如丘山，不忝红妆之季布⑤。

注释

①胡天胡帝：《诗经•鄘风•君子偕老》："胡然而天也，胡然而帝也。"形容卫夫人宣姜貌美。

②登徒：即登徒子。战国楚宋玉《登徒子好色赋》中的人物。登徒子的妻子十分丑陋，登徒子却仍然十分喜欢她，并和她生下了五个孩子。后来"登徒子"成为好色之徒的代称。

③宋玉：战国末期楚国辞赋家，曾为顷襄王大夫，有《九辩》《风赋》《高唐赋》《登徒子好色赋》等著名辞赋流传于世。

④朱家：秦末汉初鲁人，喜欢结交豪杰，因为为人侠义闻名。

⑤季布：秦末汉初楚人项羽的部将。季布为人十分重视诺言，也很侠义，当时的人称"得黄金百斤，不如得季一诺"。

译文

遇见貌若天仙的美女，好色之徒在这个时候会感到赏心悦目；遇到云雨欢会的时刻，宋玉正是因为如此而心荡神摇。轻视钱财犹如粪土，居然是一个女流的朱家；重视实现诺言如同丘山一样庄重，不愧为一个红妆的季布。

原文

蝴蝶长悬孤枕梦，凤凰不上断弦鸣。

译文

蝴蝶经常出现在孤枕幽梦之中，凤凰绝对不会在断弦之上鸣叫。

原文

吴妖小玉飞作烟[①]，越艳西施化为土[②]。

注释

①吴妖小玉飞作烟：东晋干宝《搜神记》载：吴王夫差之女紫玉与书生韩重两情相悦，情投意合，可夫差不同意他们来往，紫玉竟然气绝身亡。之后韩重前来凭吊，紫玉现出真身，其母见到之后，想要前去抱住女儿，可是紫玉化作一缕青烟飘走了。

②西施：中国古代四大美女之一，原是越国人，后来越国被吴国所灭，越王勾践将西施送给吴王夫差。

译文

吴国宫中妖艳的美女紫玉已经化作烟尘飘散，越国的美女西施已经化成黄土埋在地下。

原文

妙唱非关舌[①]，多情岂在腰？

注释

①妙唱：美妙的歌声。非关：没有关系，不是因为。

译文

美妙的歌声并不都是因为舌头的关系，妖娆多情的姿态难道全部体现在细腰之上？

原文

孤鸿翱翔以不去，浮云黯霨而荏苒[①]。

注释

①黯霨（duì）：云黑的样子。

译 文

孤独的大雁在空中翱翔盘旋，不忍离去，是因为有情感的牵挂；飘浮在空中的云朵昏暗密聚，好似愁苦连绵不绝。

原 文

楚王宫里，无不推其细腰①；魏国佳人，俱言讶其纤手②。

注 释

①楚王宫里，无不推其细腰：《墨子•兼爱》："昔者楚灵王好士细腰，灵王之臣，皆以一饭为节，胁息然后带，扶墙然后起。"《韩非子•二柄》："楚灵王好细腰，而国中多饿人。"

②魏国佳人，俱言讶其纤手：《诗经•卫风•硕人》中赞扬卫庄公夫人之美，云："手如柔荑，肤如凝脂，领如蝤蛴，齿如瓠犀，螓首蛾眉。"这里可能指的是卫国的美女。

译 文

在楚灵王的宫中，没有人不推举他以细腰为美的喜好；卫国的美女，人们都惊讶她们的手指多么纤细柔软。

原 文

传鼓瑟于杨家①，得吹箫于秦女②。

注 释

①传鼓瑟于杨家：典出南朝梁徐陵《玉台新咏序》。传说汉代杨恽和妻子的感情很好，其《报孙会宗书》："家本秦人，能为秦声；妇赵女也，雅善鼓瑟。"

②得吹箫于秦女：出自徐陵《玉台新咏序》中"萧史弄玉"的典故。见前注。

译 文

传承杨恽家琴瑟和鸣、夫妻恩爱的传统，得以像萧史弄玉乘凤飞仙而去。

原 文

春草碧色，春水绿波，送君南浦，伤如之何。①

注 释

①这一段出自江淹的《别赋》，是有名的离别之句。南浦，屈原《九歌》中曾有"子交手兮东行，送美人南浦"之句，后来用"南浦"泛指分离送别的地方。

译 文

春天的野草青翠，春天的河水碧波荡漾，在这样的景色中送君到南浦，我的内心是何等的悲伤。

原 文

玉树以珊瑚作枝，珠帘以玳瑁为柙。

译 文

玉石装饰的树木用珊瑚作为枝条，珍珠缀饰的帘子用玳瑁作为帘柙。

原 文

东邻巧笑[1]，来侍寝于更衣；西子微颦[2]，将横陈于甲帐[3]。

注 释

①东邻：这里指代美女。见战国楚宋玉《登徒子好色赋》、西汉司马相如《美人赋》。

②西子微颦：《庄子•天运》："故西施痛心而颦其里，其里之丑人见之而美之，归亦捧心而颦其里。"西子，即西施。

③甲帐：汉武帝曾经建造了两座幕帐，其中装饰得十分富丽堂皇的为甲帐，稍逊者为乙帐。

译 文

东邻的美女乖巧倩笑，最后却被任用为更衣殿侍寝的宫女；西施微微皱起眉头，却位列后妃，生活在富丽堂皇的幕帐之中。

原 文

骋纤腰于结风[1]，奏新声于度曲。妆鸣蝉之薄鬓，照坠马之垂鬟[2]。金星与婺女争华[3]，麝月共嫦娥竞爽[4]。惊鸾冶袖，时飘韩掾之香[5]；飞燕长裾[6]，宜结陈王之佩。轻身无力，怯南阳之捣衣[7]；生长深宫，笑扶风之织锦[8]。

注 释

①结风：古歌名。西汉司马相如《上林赋》："鄢郢缤纷，激楚结风。"

②坠马：古代妇女的发式。前一句中的"鸣蝉"亦为古代妇女的发式。

③婺女：即女宿。二十八宿之一，又名须女，共四星。

④麝月：月亮。

⑤韩掾：即西晋贾充手下的司空掾韩寿，贾充的女儿见到他后十分喜欢，让婢女帮忙暗通情意，以西域异香与之，后来贾充将女儿嫁给韩寿，成就了一段千古美谈。

⑥飞燕：汉成帝的宫人赵飞燕，长裾善舞。

⑦南阳之捣衣：南北朝庾信《夜听捣衣诗》："秋夜捣衣声，飞度长门城。"

⑧扶风之织锦：晋窦滔，扶风人，仕前秦为秦州刺史，被徙流沙，其妻苏氏织锦为回文璇玑图诗循环可读，词甚凄婉。

译　文

和着结风这样的古曲的旋律扭动细腰舞蹈，遵照曲谱编制、演奏新的歌曲；装扮出犹如鸣蝉的翅膀一样轻薄的鬓角，镜中照出坠马一般下垂的发髻。金星与女宿争着尽显光辉，月亮与嫦娥抢着显示潇洒。惊动神鸟的飘逸长袖，不时散发出"韩寿之香"；赵飞燕舞动长长的裙裾，应该系上"陈王之佩"。身体很轻柔，没有力气，最害怕听见南阳的捣衣声；生长在深宫之中，嘲笑扶风的织锦回文图。

原　文

青牛帐里①，余曲既终；朱鸟窗前②，新妆已竟③。

注　释

①青牛帐：画有青牛的幕帐。青牛在古代被认为是三煞神之一，幕帐上画有青牛能避邪。

②朱鸟窗：西晋张华《博物志》："王母将于九华殿，王母索七桃，以五枚以帝，母食二枚，时东方朔窃从殿南厢朱鸟牖中窥王母。"

③竟：完成。

译　文

画有青牛的幕帐中，剩下的曲子已经弹奏完了；朱雀站立的窗前，新人的装扮已经完成。

原　文

山河绵邈，粉黛若新。椒华承彩，竟虚待月之帘①；夸骨埋香②，谁作双鸾之雾。

注　释

①椒华承彩，竟虚待月之帘：东晋王嘉《拾遗记·周灵王》："越又有美女二人……贡于吴，吴处以椒华之房贯细珠为帘幌。"

②夸骨：指女子的尸骨。

译　文

山河辽阔，绵长悠远，美人的妆就像刚刚画上去一样。华美的房屋流光溢彩，竟然空挂着玉珠串成的帘子虚位以待。美人的尸骨已经香消玉殒，又有谁能作起双鸾齐飞的雾。

原　文

蜀纸麝煤添笔媚①，越瓯犀液发茶香②，风飘乱点更筹转，拍送繁弦曲破长。

注　释

①蜀纸：指蜀地所产的纸张。因为纸质很好，在古代颇有盛名。麝煤：古代研制墨的原料。

②越瓯：越地的瓷器。犀液：桂花水。

译　文

蜀纸和麝墨使得笔下的字体更为妩媚，越瓷和桂花水促使茶叶散发清香，风雨中的更筹似乎转动得更快，节拍伴随着急促的管弦声合成的曲子打破了幽静的长夜。

原　文

教移兰烬频羞影，自拭香汤更怕深①，初似染花难抑按②，终忧沃雪不胜任，岂知侍女帘帷外，剩取君王数饼金。

注　释

①香汤：指用于沐浴的水。

②抑按：抑制按捺。

译　文

让人移开蜡烛的余烬，对着自己的影子常常感到害羞，自己用沐浴的水擦拭身体，却又更害怕水深，沐浴之初就像露水滋润着花瓣一样让人难以自抑，最终却又担忧像沸水、浇雪一样让人难以忍受。哪里知道站在窗帷之外的侍女，已经赚取了君王的许多金子。

原　文

静中楼阁深春雨，远处帘栊半夜灯。

译　文

站在楼阁之中，静静地聆听春天淅淅沥沥的雨声；远处被如同玉帘一般的雨雾所笼罩，只能远远地望见漆黑夜色中的半夜灯火。

原　文

绿屏无睡秋分簟[①]，红叶伤时月午楼[②]。

注　释

①簟：竹席。

②月午：月半时分。

译　文

到了秋分时节，在冰凉的竹席绿屏边再也无法安然入睡，到了月半时分，因小楼旁的红叶触时感伤。

原　文

但觉夜深花有露，不知人静月当楼，何郎烛暗谁能咏[①]，韩寿香熏亦任偷。

注　释

①何郎：即何逊。字仲言，东海人，南朝梁诗人。有其诗“夜雨滴空阶，晓灯暗离室”之句流传，抒发离别之情。

译　文

只觉得夜深的时候花上会含有露珠，却不知道四周寂静之际皎洁的明月正照在小楼之上，在晦暗的烛光下何逊的诗歌有谁能够吟咏？韩寿身上的熏香也可以任由有情人偷走当作定情信物。

原　文

阆苑有书多附鹤[①]，女墙无树不栖鸾[②]，星沉海底当窗见，雨过河源隔座看。

注　释

①阆苑有书多附鹤：出自李商隐的诗歌《碧城》阆苑，传说中神仙居住的地方，因此多有仙鹤栖居。附，归附。

②女墙：城墙上的小矮墙。

译　文

阆苑之中有很多书，因而有许多仙鹤前来归附相伴，城墙的矮墙上没有高大的树木，因此没有鸾鸟前来筑巢栖息。靠着窗儿能够看到星星陨落沉入海底，隔着座位能看到飘洒的大雨掠过河源。

原　文

风阶拾叶，山人茶灶劳薪；月径聚花，素士吟坛绮席[1]。

注　释

①绮席：华美的筵席。唐太宗《帝京篇》："玉酒泛云罍，兰肴陈绮席。"

译　文

秋风将树叶吹落台阶，可以拾起当作山中隐士煮茶的柴薪；月光映照在小路上，菊花都盛开了，可以作为文人雅士吟诗聚会时华美的筵席。

原　文

当场笑语，尽如形骸外之好人；背地风波，谁是意气中之烈士。

译　文

当场都是欢声笑语，好像个个都是放荡不羁洒脱的人；背地里却制造风波，又有谁是意气风发、志趣相投的侠义忠烈之士呢？

原　文

山翠扑帘，卷不起青葱一片[1]；树阴流径，扫不开芳影几重。

注　释

①青葱：郁郁葱葱。

译　文

青山草木苍翠，扑帘而入，帘子无论如何都卷不起这一片郁郁葱葱的青色；树木繁茂，阳光透过树冠在小径上洒下稀疏的阴影，扫帚无论怎样也扫不走这层层的斑驳芳影。

原　文

珠帘蔽月，翻窥窈窕之花[1]；绮幔藏云[2]，恐碍扶疏之柳[3]。

注　释

①窥：从小孔、缝隙或隐蔽处偷看。《孟子•滕文公下》："不待父母之命，媒妁之言，钻穴隙相窥，逾墙相从，则父母国人皆贱之。"窈窕之花：借花来暗指贤良美好的女子。

②绮幔：华美的帷幔。

③扶疏之柳：借柳来暗指身姿曼妙的女子。

译文

用珠玉做成的布幕遮蔽了月光，以防止月光翻越过来窥探贤良美好的女子；华美的帷幔遮住了外面的浮云，唯恐云彩妨碍了屋内身姿曼妙的女子。

原文

幽堂昼深，清风忽来好伴；虚窗夜朗，明月不减故人。

译文

幽静的厅堂在白天显得格外深长，清风忽然一阵阵地吹来，仿佛是有良友来到身边相伴；推开虚掩的窗户，只见夜色清朗，月光皎洁似故人般情意绵长。

原文

亭前杨柳，送尽到处游人；山下蘼芜，知是何时归路。

译文

亭子前面的杨柳，送完了来自四面八方的游人；山底下的蘼芜，知道这些游人归去的时间和路径。

原文

天涯浩缈，风飘四海之魂；尘土流离，灰染半生之劫。

译文

天涯如此广阔无边，离家的游子就像是随风飘散在世间的幽魂；空中飘浮的尘土四处流离，正像是在外的游子在灰尘中度过了半生的劫难。

原文

蝶憩香风①，尚多芳梦；鸟沾红雨②，不任娇啼。

注释

①憩：休憩。

②红雨：鲜艳的花朵经过风吹雨打，花瓣就会凋零，此时花瓣纷纷飘落的景象称之为“红雨”。唐李贺《将进酒》诗：“况是青春日将暮，桃花乱落如红雨。”

译文

蝴蝶在散发着芳香的春风中翻飞，大多会有芬芳美好的梦境；当经过风吹雨打的落花无情地飘洒在鸟的羽毛上时，经不住发出娇柔哀婉的鸣叫。

原　文

幽情化而石立[1]，怨风结而冢青[2]；千古空闺之感，顿令薄幸惊魂[3]。

注　释

①幽情化而石立：南朝宋刘义庆《幽明录》："武昌北山有望夫石，状若人立。古传云：昔有贞妇，其夫从役，远赴国难，携幼子饯送北山，立望夫而化为立石。"

②怨风结而冢青：相传昭君出塞和亲之时，曾经弹奏琵琶诉说心中的衷情，听起来十分哀怨，死后"葬黑河岸，朝暮有愁云怨雾覆冢上"，故称之为青冢。

③顿：立刻，马上。薄幸：此处借指薄情寡义的负心男子。

译　文

一腔深情化为伫立的望夫石，愁云怨雾的幽情结成了坟上的青草；感受到了千古以来独守空闺的寂寞情怀，顿时令那些薄情寡义的负心男子心惊魂动。

原　文

一片秋山，能疗病客；半声春鸟，偏唤愁人。

译　文

一片美好的秋光山色，能够治好异乡游子的思乡之病；春天小鸟的半声啼叫，偏偏就能唤起游子隐藏在心底的愁思。

原　文

华堂今日绮筵开，谁唤分司御史来。忽发狂言惊满座，两行红粉一时回。[1]

注　释

①这一段出自唐代杜牧《兵部尚书席上作》。《古今诗话》记载："牧为御史，分务洛阳，时李司徒愿罢镇闲居，声伎豪侈，洛中名士咸谒之。李高会朝客，以杜持宪，不敢邀致。杜遣座客达意，愿与斯会，李不得已邀之。杜独坐南向，瞪目注视，引满三卮，问李云：'闻有紫云者孰是？'李指之。杜凝睇良久曰：'名不虚传，宜以见惠！'李俯而笑，诸伎亦回首破颜。杜又自饮三爵，朗吟此诗而起，意气闲逸，旁若无人。"

译　文

豪华的厅堂上现在正在举行盛大的筵席，有人把分司纠察百官的御史也请了来。御史突然发表了一番狂言让满座的宾客都震惊了，连前来以歌舞助兴的两队美女也在这时回过头来观看。

原　文

缘之所寄①，一往而深。故人恩重，来燕子于雕梁；逸士情深②，托凫雏于春水③。好梦难通，吹散巫山云气④；仙缘未合，空探游女珠光⑤。

注　释

①寄：寄托，托付。

②逸士：隐逸的人。

③凫雏：幼小的凫鸟。

④好梦难通，吹散巫山云气：出自战国楚宋玉《高唐赋》中楚怀王巫山云雨的典故。见前注。

⑤仙缘未合，空探游女珠光：《文选•郭璞<江赋>》引《韩诗内传》云："郑交甫遵彼汉皋台下，遇二女，与言曰：'愿请子之珮。'二女与交甫，交甫受而怀之，超然而去。十步循探之，即亡矣。回顾二女，亦即亡矣。"游女，汉水中的水神。

译　文

缘分所寄托的是一如既往的深情。老朋友之间的恩情深重，来年的燕子仍然会在雕梁搭窝筑巢；隐逸之士情深义重，把幼小的凫鸟托付给春水。缘分若是还没有到，好梦就难以实现，只能像楚怀王吹散了巫山云雨那样；仙缘若是尚且不合，想要探求水神的珠光，到头来也只能是像郑交甫那样落得一场空。

原　文

桃花水泛①，晓妆宫里腻胭脂②；杨柳风多③，堕马结中摇翡翠。

注　释

①桃花水：即春汛。《汉书•沟洫志》："来春桃华水盛，必羡溢，有填淤反壤之害。"故亦作"桃华水"。

②晓妆宫里腻胭脂：化用了唐杜牧《阿房宫赋》中的诗句："明星荧荧，开妆镜也；绿云扰扰，梳小鬟也；渭流涨腻，弃脂水也；烟余雾横，焚椒兰也。"晓，清晨。

③杨柳风：即春风。唐牛峤《更漏子》词："香阁掩，杏花红，月明杨柳风。"

译　文

春汛泛滥，是因为早晨宫里梳妆打扮用过的胭脂水猛地增多了；春风变大了，是因为宫女们堕马髻上的翡翠在摇晃。

原　文

对妆则色殊，比兰则香越①。泛明彩于宵波②，飞澄华于晓月。

注释

①越：超过。

②宵：夜晚。

译文

对着镜子梳妆，气色就会不同，与兰花比较香气就会更为清香。黑夜里泛起比波涛更为明亮的光彩，拂晓时散发出比明月更为皎洁的光华。

原文

纷弱叶而凝照，竞新藻而抽英[①]。

注释

①抽英：开花。

译文

纷乱而柔弱的叶子得到了阳光的照耀，竞相生长的新生水藻绽开了花。

原文

逶迤洞房[①]，半入宵梦；窈窕闲馆，方增客愁。

注释

①逶迤：从容自得的样子。

译文

从容自得地进入洞房，多半已经进入了云霄梦境；贤良美好的女子闲居于馆，正是增添了旅人的愁绪。

原文

悬媚子于搔头[①]，拭钗梁于粉絮[②]。

注释

①媚子：首饰名。

②钗梁：钗的主干部分。南北朝庾信《镜赋》：“悬媚子于搔头，拭钗梁于粉絮。”倪璠作注：“言钗梁用粉絮拭之，其色光明也。”

译文

在玉簪上挂上首饰，用粉扑擦拭钗子的主干部分。

原文

临风弄笛，栏杆上桂影一轮[①]；扫雪烹茶，篱落边梅花数点。

注释

①桂影：月影，月光。唐李咸用《山中夜坐寄故里友生》："虫声促促催乡梦，桂影高高挂旅情。"

译文

迎着风吹奏着手中的笛子，栏杆之上挂着一轮皎洁的月亮；将地上的积雪扫来烧水泡茶，篱笆旁边有着数朵梅花。

原文

银烛轻弹[①]，红妆笑倚[②]，人堪惜情更堪惜；困雨花心，垂阴柳耳，客堪怜春亦堪怜。

注释

①轻弹：这里指轻轻地弹去蜡烛燃烧后的余烬，挑亮灯芯。

②红妆：指代美女。唐李白《江夏行》诗："正见当垆女，红妆二八年。"

译文

轻轻地弹去蜡烛燃烧后的余烬，挑亮灯芯，美女含笑依偎在身旁，所以身边的人值得珍惜，深厚的情意更值得珍惜；花蕊为大雨所困，柳叶被厚厚的柳荫遮盖，所以独在异乡的人值得怜惜，如此春光更值得怜惜。

原文

肝胆谁怜，形影自为管鲍[①]；唇齿相济，天涯孰是穷交[②]。兴言及此，辄欲再广绝交之论[③]，重作署门之句[④]。

注释

①管鲍：即春秋时期齐国的管仲与鲍叔牙。二人志趣相投，交情甚笃。鲍叔牙辅佐齐桓公，后来向齐桓公举荐了原本辅佐公子纠的管仲，两个人共同辅佐齐桓公成就霸业，管仲也被称为一代名相。管仲曾说："生我者父母，知我者鲍子也。"

②穷交：贫穷与困苦之时的至交。

②绝交之论：断绝交往的言论。古代著名的绝交论有东汉朱穆《绝交论》、晋嵇康《与山巨源绝交书》等。

④署门之句：化用翟公的典故。根据《史记•汲郑列传》记载，起初翟公为廷尉，门庭若市，很多宾客前来拜访；等到翟公被罢官之后，门可罗雀，再也没有人拜访。后来，当翟公再次被起用为廷尉时，又有很多人想登门造访，翟公就在大门上写道："一生一死，乃知交情；一贫一富，乃知交态；一贵一贱，交情乃见。"

译 文

一身肝胆有谁会怜惜，形影相吊的贫困至交就像是管仲与鲍叔牙那样；唇齿相依，茫茫人海之中又有谁是我在穷困之时的至交？一时兴起将话说到了这个地步，就想再将绝交之论增广一下，重新写作署门之句。

原 文

燕市之醉泣[①]，楚帐之悲歌[②]，歧路之涕零[③]，穷途之恸哭[④]。每一退念及此，虽在千载之后，亦感慨而兴嗟。

注 释

①燕市之醉泣：指荆轲与高渐离相交的典故。《史记•荆轲列传》："荆轲嗜酒，且与狗屠及高渐离饮于燕市，酒酣以往，高渐离击筑，荆轲和而歌于市中，相乐也，已而相泣，旁若无人者。"

②楚帐之悲歌：化用霸王别姬的典故。项羽被围垓下，四面楚歌，"乃悲歌慷慨，自为诗曰：'力拔山兮气盖世，时不利兮骓不逝。骓不逝兮可奈何，虞兮虞兮奈若何！'"

③歧路之涕零：《文选•北山移文》李善注引《淮南子》："杨子见歧路而哭之，为其可以南，可以北。"

④穷途之恸哭：化用阮籍穷途恸哭的典故。《世说新语•栖逸》注引《魏氏春秋》："阮籍常率意独驾，不由径路，车迹所穷，辄痛哭而返。"

译 文

荆轲与高渐离喝醉酒之后在燕市中相对而泣，项羽在楚军营帐之下慷慨悲歌，杨子面对歧路茫然涕零，阮籍驾车至穷途之时痛哭而返。每次一想到这些，虽然现在已是千年之后，也不免因为感慨万千而兴叹不已。

原 文

陌上繁华[①]，两岸春风轻柳絮；闺中寂寞，一窗夜雨瘦梨花[②]。芳草归迟，青骢别易[③]，多情成恋，薄命何嗟？要亦人各有心，非关女德善怨[④]。

注　释

①繁华：即繁花。指鲜花开得十分繁茂。

②瘦梨花：雨后的梨花往往会显得十分娇弱动人，因此白居易有“梨花一枝春带雨”的诗句。这里是用雨后梨花的娇弱姿态来暗指闺中女子因寂寞的愁绪而变得十分瘦弱。

③青骢：青白色的马。这里指骑着青白色的马的情郎。

④女德善怨：女子天生就喜欢抱怨。

译　文

路旁的鲜花开得十分茂盛，河流两岸的春风吹起柳絮，深闺中的寂寞与愁绪，宛如一夜风雨后的梨花，使人迅速消瘦。心上人迟迟不归，马上的情郎轻易就别离，绵绵情意化为依依不舍的眷恋，嗟叹命运的捉弄和悲苦又有什么用呢？只是因为人各有心、情各有属罢了，并不是因为女人天生就喜欢抱怨啊！

原　文

山水花月之际，看美人更觉多韵。非美人借韵于山水花月也，山水花月直借美人生韵耳。

译　文

身处水光山色、花前月下的情境之中，欣赏美人会觉得更添了许多情韵。并不是因为美人借助了水光山色、花前月下的情韵，而是水光山色、花前月下借助了美人的风韵才显得十分具有情韵。

原　文

深花枝，浅花枝，深浅花枝相间时①，花枝难似伊②；巫山高，巫山低，暮雨潇潇郎不归，空房独守时。

注　释

①相间：相交错。

②伊：你。

译　文

不管是深色的花枝还是浅色的花枝都十分美丽，但即使是深色的花枝与浅色的花枝交相辉映的时候，所体现出来的美也无法与你相比。巫山高，巫山低，傍晚下起潇潇细雨，心上人始终没有归来，独守空房寂寞难耐。

原 文

青娥皓齿别吴倡[①]，梅粉妆成半额黄[②]；罗屏绣幔围寒玉，帐里吹笙学凤凰[③]。

注 释

①青娥：指少女。唐曹松《夜饮》："席上未知布幕晓，青娥低语指东方。"也指美好的容颜。

②梅粉妆：古代女子的一种妆式，在额头上画上梅花，即是梅粉妆。

③帐里吹笙学凤凰：出自南北朝徐陵《玉台新咏序》中"萧史弄玉"的典故。见前注。

译 文

美丽的少女有着明眸皓齿，告别了从前的歌舞生涯，额头上的梅粉妆变成了半额头的黄色；罗屏绣幔包裹着清丽的容颜，在绣帐中学着萧史和弄玉吹笙招引凤凰。

原 文

初弹如珠后如缕[①]，一声两声落花雨；诉尽平生云水心[②]，尽是春花秋月语。

注 释

①缕：麻线或丝线。

②云水心：如云似水般不定的心情。

译 文

刚刚弹奏的琴声就像珍珠落入玉盘，接着就像绵绵细线一样不断绝，一声、两声……如同落入花间；琴声似乎要将平生的似水柔情全部倾诉出来，仔细聆听又都是春天百花齐放或秋天月朗星稀下的寄情之语。

原 文

春娇满眼睡红绡，掠削云鬟施妆束[①]，飞上九天歌一声，二十五郎吹管逐[②]。

注 释

①云鬟：像云一样的发鬟。唐李白《久别离》诗："至此肠断彼心绝，云鬟绿鬓罢梳结。"

②二十五郎：指李宁，排行二十五，非常善于吹笛。

译文

睡在红色的绢帐之中的女子在娇艳美好的春色中醒来，轻轻地掠一掠鬓角如云一般的发鬟，开始梳妆打扮，清亮的歌声直上九天，二十五郎李承宁吹着笛子前来伴奏。

原文

琵琶新曲，无待石崇①；箜篌杂引②，非因曹植。

注释

①石崇：字季伦，西晋富豪，曾任散骑常侍、荆州刺史等。与潘岳、陆机、陆云等俱依附贾后、贾谧，时号“金谷二十四友”。石崇的父亲是西晋开国元勋，号称“娇无双”的美男子石苞。石苞临终，分财物与诸子，独不及崇，并曰：“此儿虽小，后自能得。”后石崇劫掠远使商客，积聚了无数财产，于河阳置办谷金园，奢靡成风与贵戚争富斗气。贵戚王恺虽能得到皇帝的支持，却仍比不过石崇之富。后八王之乱，永康元年，赵王伦废杀贾后等，石崇因是贾后党羽被免官，后又为孙秀所诬，被杀。所作《王昭君辞》，又称《琵琶引》。

②箜篌杂引：指陈思王曹植的《箜篌引》，抒发人生短暂、及时行乐之意。

译文

像《琵琶引》这样的新曲，并不一定要石崇谱写；像《箜篌引》这样的杂曲，并不一定要曹植谱就。

原文

休文腰瘦，羞惊罗带之频宽①；贾女容销②，懒照蛾眉之常锁。

注释

①休文腰瘦，羞惊罗带之频宽：南朝沈约，字休文，历仕宋、齐、梁，官至尚书令。其常与好友徐勉书，自称：“百日数旬，革带常应移孔；以手握臂，率计月小半分。”

②贾女：指贾充的女儿，韩韦寿之妻。见前注。

译文

沈约的身体日渐消瘦了，对于腰间的衣带频频变宽感到羞愧又惊奇；贾充的女儿容颜已经消瘦了，就懒得再对着镜子去看自己娥眉紧锁的模样。

原文

琉璃砚匣，终日随身；翡翠笔床①，无时离手。

注释

①笔床：毛笔架。

译文

琉璃做成的砚匣，终日随身携带着；翡翠做成的笔架，每时每刻都不离手。

原文

清文满箧[1]，非唯芍药之花；新制连篇[2]，宁止葡萄之树。

注释

①箧：小箱子，书匣。

②连篇：这里指文章。

译文

清丽文雅的文章堆满了箱子，这些文章并不仅仅是描写芍药花；刚刚写就的文章，哪里就都是关于葡萄树。

原文

西蜀豪家，托情穷于鲁殿[1]；东台甲馆[2]，流咏止于洞箫。

注释

①托情：这里指寄托情志的书籍。鲁殿：指山东的孔子旧宅，即后世所谓的孔府，里面藏有很多的书籍。

②东台甲馆：东台，官署名，唐高宗改门下省为东台，中书省为西台；甲馆，高等馆舍。南朝宋沈约《郊居赋》："筑甲馆于铜驼，并高门于北阙。"又指宫中藏书的书馆。《北齐书·樊逊传》："今所雠校，供拟极重，出自兰台，御诸甲馆。"

译文

西蜀富豪的家中，寄托情志的书籍已经超过了号称天下文章渊海的孔府；朝廷中的东台甲馆，吟诵歌咏却仍然仅仅限于洞箫。

原文

醉把杯酒，可以吞江南吴越之清风[1]；拂剑长啸，可以吸燕赵秦陇之劲气。

注　释

①江南吴：属于中国南部地区。一般而言，南部气势阴柔，北部强悍。

译　文

喝醉的时候手持酒杯畅怀而饮，可以吞进江南吴越之地的清爽之风；手持宝剑向天挥舞长啸一声，可以吸入燕赵秦陇之地的强劲之气。

原　文

林花翻洒，乍飘扬于兰皋；山禽啭响，时弄声于乔木。

译　文

林中鲜花的花絮随风翻飞轻舞，忽然间飘到长满兰草的岸边；深山之中的禽兽和鸟儿争着鸣叫，声音婉转动听，不时地从乔木之上发出声来。

原　文

长将姊妹丛中避，多爱湖山僻处行。

译　文

常常与姐妹们在花树丛中尽情嬉戏来躲避尘世，更偏爱在山水幽静的地方徘徊游离，徐徐行走。

原　文

未知枕上曾逢女[①]，可认眉尖与画郎。

注　释

①女：通“汝”，你。

译　文

不知道是否曾与你在梦中相逢，但从画郎的画作中还是可以认得出你的眉尖。

原　文

苹风未冷催鸳别[①]，沉檀合子留双结[②]；千缕愁丝只数围，一片香痕才半节。

注　释

①苹风：吹过水面的风。唐玄宗《同玉真公主过大哥山池》：“桂月先秋冷，苹风向

晚清。”

②沉檀：沉香和檀香。沉香，用沉香木受损后分泌出的油脂制成，凝结为块后入水能沉，故名。

译　文

吹过水面的风还没有冷却，就催促着鸳鸯分离，沉香和檀香合在一起，就能留下同心双结；无尽的愁思只有数围，一片香痕才刚刚燃烧半节。

原　文

那忍重看娃鬓绿，终期一遇客衫黄[①]。

注　释

①这两句的典故出自《霍小玉传》。见前注。那忍，即哪忍，怎么忍心；娃，方言，吴地对年轻貌美的女子的称呼；鬓绿，指乌黑发亮的头发。

译　文

怎么能够忍心在镜子前面反复地审视自己美丽的容颜和秀发，终究还是希望能遇到一位像黄衫客那样的侠义之士将那薄情寡义的负心人带回来。

原　文

金钱赐侍儿，暗嘱教休语。

译　文

赏赐给身边的贴身侍女一些钱财，暗中嘱托她千万不要把主人的秘密说出去。

原　文

薄雾几层推月出，好山无数渡江来；轮将秋动虫先觉，换得更深鸟越催[①]。

注　释

①更深：夜深。

译　文

天空中几层薄薄的轻雾将月亮渐渐地推了出来，隔江远望，无数的锦绣高山好像要渡江而来；时间的车轮不停地转动，秋天将要到来的时候是昆虫最先察觉到，夜色越深，鸟儿的鸣叫声越大，好像是在催促时间飞逝。

原文

花飞帘外凭笺讯[①]，雨到窗前滴梦寒。

注释

①笺讯：传递彼此之间信息的纸笺。

译文

花瓣飞到窗帘外面，可以把它当作传递信息的纸笺；雨点打落在窗前，一声声的滴落声使梦境显得更加凄凉。

原文

樯标远汉[①]，昔时鲁氏之戈[②]；帆影寒沙，此夜姜家之被[③]。

注释

①樯标：船上的桅杆。

②鲁氏之戈：《淮南子•冥览训》："鲁阳公与韩构难，战酣日暮，援戈而挥之，日为之反三舍。"

③姜家之被：出自《后汉书•姜肱传》："姜肱字伯淮，彭城广戚人也，家世名族，肱与二弟仲海、季江俱以孝行著闻。其友爱天至，常共卧起，及各娶妻，兄弟相恋，不能别寝，以系嗣当立，乃递往就室。"

译文

船上的桅杆已经渐渐远离了中原的土地，希望能够像昔日鲁阳公一样挥动手中的武器，力挽狂澜；船帆的影子已经慢慢接近了寒沙之地，在这样寒冷的夜晚希望能够得到像姜家那样的被子，共同取暖。

原文

填愁不满吴娃井，剪纸空题蜀女祠[①]。

注释

①空题：徒然地题诗。

译文

把无尽的愁思都填进吴娃井，依然填不满；在裁剪的纸张上写上诗句，也只是徒然地写于蜀女祠。

原文

良缘易合，红叶亦可为媒①；知己难投，白璧未能获主②。

注释

①良缘易合，红叶亦可为媒：化用红叶题诗的典故，见前注。

②知己难投，白璧未能获主：化用卞和献玉的典故。楚国人卞和得到一块美玉，想要进献给楚王，因此先后找到了厉王、武王，结果不仅没有得到他们的重用，反而因欺骗之罪被截去双脚。这块玉就是闻名于后世的和氏璧。白璧，洁白无瑕的美玉。

译文

美好的姻缘如果彼此容易投缘，那么红叶也可以成为中间的媒人；知己难以寻到之时，即使是利用白玉也换不来君王的赏识。

原文

填平湘岸都栽竹①，截住巫山不放云。

注释

①湘岸：湘江两岸。竹：这里指斑竹。借用舜帝之妻娥皇、女英的典故。见前注。

译文

把湘江的两岸都填平，都栽上各种各样的斑竹；把巫山的浮云都截住，不让它们飘走。

原文

鸭为怜香死，鸳因泥睡痴。

译文

鸭子因为怜惜柔和清淡的香气而丢掉性命，鸳鸯因为贪睡于暖泥中而变得痴傻。

原文

红印山痕春色微，珊瑚枕上见花飞。烟鬟缭乱香云湿，疑向襄王梦里归。

译文

晚霞从山影间渐渐消散，春色微明，女子闺房里用珊瑚做的枕头上但见鬓花飞动。如烟云一般的发髻被汗打湿变得凌乱不堪，仿佛是从楚襄王的高唐梦中刚刚醒来。

原　文

零乱如珠为点妆[1]，素辉乘月湿衣裳，只愁天酒倾如斗，醉却环姿傍玉床[2]。

注　释

①点妆：点额，梳妆。唐白居易《简简吟》诗："十一把镜学点妆，十二抽针能绣裳。"

②环姿：蜷缩着身。

译　文

眼前一片凌乱，如同珠串散开了一样，美人借着月亮的清辉精心化妆打扮，露水在不知不觉中已经打湿了衣裳；只担心他喝酒的时候就像倾尽漏斗一样豪饮，喝醉之后蜷缩着身子躺在玉床之下。

原　文

有魂落红叶，无骨锁青鬟[1]。

注　释

①青鬟：乌黑发亮的发鬟。

译　文

有心思的人可以将一腔的情意寄托于飘落的红叶之上，没有心思的人只能白白梳理自己乌黑发亮的发鬟，虚度青春。

原　文

书题蜀纸愁难浣[1]，雨歇巴山话亦陈[2]。

注　释

①浣：浣洗，洗涤。此处引申为消除。

②雨歇巴山话亦陈：化用唐李商隐《夜雨寄北》诗："君问归期未有期，巴山夜雨涨秋池。何当共剪西窗烛，却话巴山夜雨时。"

译　文

即使把诗写在蜀地所出的纸张上，也难以使心中的愁苦完全解除，即使巴山的夜雨停歇了，所说的话也都只是旧话。

原　文

盈盈相隔愁追随[①]，谁为解语来香帷[②]。

注　释

①盈盈：美好的样子。唐李白《宫中行乐词》诗："小小生金屋，盈盈在紫薇。"

②解语：解语花，这里指美人。《开元天宝遗事》："明皇秋八月，太液池有千叶白莲数枝盛开，帝与贵戚宴赏焉。左右皆叹美久之，帝指贵妃于左右曰：'争如我解语花！'"

译　文

与举止、仪态都美好的女子相隔遥远，相思之愁时时刻刻伴随着我，谁能懂得我的情思，来到我的香帐中呢？

原　文

斜看两鬟垂，俨似行云嫁。

译　文

斜看美女头上的两个发鬟高高地垂下，就如同飘浮在空中的云彩要出嫁。

原　文

欲与梅花斗宝妆，先开娇艳逼寒香；只愁冰骨藏珠屋，不似红衣待玉郎。

译　文

想要与梅花比较谁的装饰更美丽，就要先开出娇艳的花朵与梅花的幽寒之香相较量；只担心藏在华美的珠屋之中冰清玉洁的美女，不像红衣美女那样尽心款待心中的情郎。

原　文

纵教弄酒春衫浣，别有风流上眼波。

译　文

纵使饮酒时打湿了美丽的衣衫，在流转顾盼的眼波中也别有一番风流韵味。

原　文

听风声以兴思[①]，闻鹤唳以动怀[②]；企庄生之逍遥[③]，慕尚子之清旷[④]。

注　释

①听风声以兴思：《世说新语·识鉴》："张季鹰辟齐王东曹掾，在洛，见秋风起，因思吴

中莼羹莱羹、鲈鱼脍，曰：'人生贵得适意尔，何能羁宦数千里以要名爵。'遂命驾便归。"

②闻鹤唳以动怀：《世说新语•尤悔》："陆平原河桥败，为卢志所谗，被诛。临刑叹曰：'欲闻华亭鹤唳，可复得乎？'"

③庄生之逍遥：即庄周。战国时人，道家学派的代表人物，作《逍遥游》，追求绝对的自由。

④尚子：即尚长。字子平，东汉隐士。据载，其在子女婚嫁之后，独自远离家乡四处云游。

译文

秋风声引发了我的思乡之情，鹤鸣声触动了我的隐逸情怀；企盼能够像庄子那样自在逍遥，羡慕像尚子那样的清雅旷达。

原文

灯结细花成穗落[1]，泪题愁字带痕红。

注释

①成穗：成熟的谷穗。

译文

灯芯结成细细的灯花，就像是成熟的稻穗一样低垂着，就像是含着泪水题写的"愁"字带着红红的泪痕。

原文

无端饮却相思水，不信相思想煞人。

译文

平白无故地喝下了相思之水，因为不相信所产生的思慕之情真的会让人思念至死。

原文

渔舟唱晚，响穷彭蠡之滨；雁阵惊寒，声断衡阳之浦。[1]

注释

①这一段见唐王勃《滕王阁序》。响穷，响彻；彭蠡，指今江西境内的鄱阳湖；衡阳，在今湖南。相传此地有回雁峰，大雁飞到这里以后就不再继续往南飞了。

译文

傍晚的归船之上，渔夫荡着船桨放声高歌，歌声响彻了鄱阳湖的两岸；大雁为寒冷的天气所惊扰，因此排成阵形飞往南方，凄凉的叫声在衡阳之地断断续续地传来。

原　文

爽籁发而清风生，纤歌凝而白云遏[①]。

注　释

①这两句见唐王勃《滕王阁序》。爽籁，长短不齐的箫管声；凝，这里指声音不绝于耳，就好像凝结在耳边一样。

译　文

箫管发出抑扬顿挫的美妙音，清风都随之而生，轻柔的歌声就好像凝结在耳边一样回荡不绝，就连飘浮的白云也驻足倾听。

原　文

杏子轻衫初脱暖，梨花深院自多风[①]。

注　释

①梨花深院自多风：化用北宋晏殊《无题》诗："梨花院落溶溶月，柳絮池塘淡淡风。"

译　文

杏色的轻衫才因天气转暖而脱下，开满梨花的幽深院落自然多风。

卷三 峭

原文

今天下皆妇人矣！封疆缩其地[①]，而中庭之歌舞犹喧；战血枯其人，而满座之貂蝉之自若[②]。我辈书生既无诛乱讨贼之柄[③]，而一片报国之忱[④]，唯于寸楮尺字间见之[⑤]；使天下之须眉而妇人者[⑥]，亦耸然有起色。集峭第三。

注释

①封疆：分封土地的疆界。缩：缩减，减少。这里暗指被侵吞。

②貂蝉：指貂尾和附蝉。古代权贵之人常常用它们作为饰品，所以这里以貂蝉指代权贵之臣。

③柄：权力，权柄。《吕氏春秋·义赏》："赏罚之柄，此上之所以使也。"

④忱：忠诚。《尚书·汤诰》："尚克时忱，乃亦有终。"

⑤寸楮尺字间：在文章中。楮，指代纸。

⑥须眉：指代男子。

译文

如今天下的男儿都如同妇人一般！眼看着国土逐渐被侵占，然而庙堂之上仍是歌舞鼎盛，一片繁华景象；战场上的战士因为鲜血流尽而身体干枯，满朝的文武百官仍然熟视无睹。我们这些读书人，既然没有平息叛乱、征讨叛贼的权力，就只有将一片报效国家的赤忱寄托于文字上，使天下那些像女子般懦弱的人们，看到以后能够有所触动而意气振发。因此，我编纂了第三卷"峭"。

原文

忠孝吾家之宝，经史吾家之田。

译文

忠诚和孝道是我家的持家之宝，熟读经史就像是我家里的田地。

原文

闲到白头真是拙，醉逢青眼不知狂[①]。

注释

①醉逢青眼不知狂：化用阮籍见嵇喜、嵇康的典故。《晋书·阮籍传》："籍又能为青白眼。见礼俗之士，以白眼对之。常言：'礼岂为我设耶？'时有丧母，嵇喜来吊，阮作白眼，喜不怿而去；喜弟康闻之，乃备酒挟琴造焉，阮大悦，遂见青眼。"

译　文

人的一生如果悠闲散漫，无所事事，直到年老头白，这算得上是真正的笨拙，喝醉之后遇到别人青眼相看，也不知道自己当时狂妄的样子。

原　文

兴之所到，不妨呕出惊人，心故不然[1]，也须随场作戏[2]。

注　释

①不然：不认为是这样。

②随场作戏：即逢场作戏。指遇到机会，偶尔玩玩，凑凑热闹。

译　文

兴致来了的时候，不妨说出惊人之语，即使心中不认为是这样的，也要逢场作戏一番。

原　文

放得俗人心下，方可为丈夫；放得丈夫心下，方名为仙佛；放得仙佛心下，方名为得道。

译　文

能够将世俗之心放下，才可以成为大丈夫；能够将做大丈夫的雄心放下，才可以称为成仙成佛；能够将成仙成佛之心放下，才能称得上是彻悟了世间的真理。

原　文

吟诗劣于讲书，骂座恶于足恭。两而揆之，宁为薄幸狂夫，不作厚颜君子。

译　文

吟诗作赋不如讲解书中的道理收获大，在座位上破口大骂比过分恭敬待人更为恶劣。两者相比较之下，我宁愿做轻薄的狂人，也不愿做一个厚颜无耻的伪君子。

原　文

观人题壁，便识文章。

译　文

观看一个人在石壁上题写的诗句，就可以知道这个人的道德文章如何了。

原　文

宁为真士夫[①]，不为假道学；宁为兰摧玉折，不作萧敷艾荣[②]。

注　释

①真士夫：真正的读书人。

②宁为兰摧玉折，不作萧敷艾荣：《世说新语·言语》："毛伯成负其才气，常称宁为兰摧玉折，不作萧敷艾荣。"

译　文

宁愿做一个真正的读书人，也不做一个虚伪的假道学先生；宁愿洁身自好，即使是像兰花一样被摧残、像美玉一样被磨碎，也不愿像萧草和艾草这样的野草繁茂地生长着。

原　文

随口利牙，不顾天荒地老；翻肠倒肚[①]，那管鬼哭神愁。

注　释

①翻肠倒肚：搜索枯肠，苦思冥想。

译　文

信口开河讲话，不顾能否天荒地老；翻肠倒肚写文章，哪管什么鬼哭神号。

原　文

身世浮名，余以梦蝶视之[①]，断不受肉眼相看。

注　释

①余以梦蝶视之：化用庄周梦蝶的典故。《庄子·齐物论》："昔者庄周梦为胡蝶，栩栩然胡蝶也，自喻适志与！不知周也。俄然觉，则蘧蘧然周也。不知周之梦为胡蝶与，胡蝶之梦为周与？"

译　文

对于人的地位名声，我把它们当作是庄周梦蝶一般，只是事物变幻莫测，绝对不能用世俗的眼光去看待。

原　文

达人撒手悬崖[①]，俗子沉身苦海。

注　释

①达人：通达人情世故的人。悬崖：这里比喻极端危险的境地。

译　文

通达世理的人能够在极端危险的境地中撒手而去，凡夫俗子则深陷于人世间的苦海中得不到解脱。

原　文

销骨口中[①]，生出莲花九品[②]；铄金舌上，容他鹦鹉千言。

注　释

①销骨：销毁枯骨。《史记•张仪列传》："众口铄金，积毁销骨。"指谗言的影响十分大，比喻人言可畏。

②莲花九品：佛家术语，指佛家的极乐境界。修行圆满的人死后会到极乐世界，并且以莲花台为座，莲花台又分为九种，九品莲花代表其中的最高境界。

译　文

说出来的谗言积累多了可以销毁枯骨，但通过修行也能生出像莲花九品这样的佛家极乐境界；众口藉藉能够让金石熔化，就任它像鹦鹉学舌一样，在那里搬弄是非。

原　文

少言语以当贵，多著述以当富[①]，载清名以当车，咀英华以当肉[②]。

注　释

①著述：撰写，编著。古人常常著书立说，希望能够用这种方式将自己的名声流传后世。

②咀英华：品读精妙的诗文。

译　文

把少说话看作十分珍贵，把多著书立说当作十分富有，把留下高洁的清名当作行走车马，把品读精妙的诗文当作美味佳肴。

原　文

竹外窥莺，树外窥山，峰外窥云，难道我有意无意[①]；鹤来窥人，月来窥酒，雪来窥书，却看他有情无情。

注　释

①难道：难以说清楚。

译　文

在竹林之外看黄莺，在树林之外看山峰，在峰峦之外看白云，很难说清楚我是有意还是无意；仙鹤出来观察行人，月亮前来探查美酒，大雪飘来窥视书籍，却要看它是有情还是无情。

原　文

体裁如何，出月隐山；情景如何，落日映屿；气魄如何，收露敛色；议论如何，回飙拂渚①。

注　释

①回飙：回旋的狂风。渚：水中的小洲。

译　文

文章的体裁怎么样，要看月光渐渐升起以及青山慢慢隐去；情景怎么样，要看落日的余晖以及被余晖映照的岛屿；气魄怎么样，要看露水的蒸发和色彩的凝敛；议论怎么样，要看被回旋的狂风拂荡着的水中的小洲。

原　文

有大通必有大塞①，无奇遇必无奇穷。

注　释

①大塞：指大阻碍。塞，阻塞。

译　文

如果事情进行得极为顺利，那么就必然会有遇到大阻碍的时候；如果人的一生都没有很奇特的遭遇，那么必定也没有很奇特的穷困。

原　文

雾满杨溪，玄豹山间偕日月①；云飞翰苑，紫龙天外借风雷。

注　释

①玄豹：比喻隐居的人。南朝齐谢朓《之宣城出新林浦向板桥》："虽无玄豹姿，终隐南山雾。"

译　文

迷雾四处弥漫，笼罩着杨溪，隐居山间的人以日月为伴；白云飞过了翰苑，紫龙借着风雷之势从天外而来。

原　文

西山霁雪，东岳含烟；驾凤桥以高飞，登雁塔而远眺①。

注　释

①雁塔：即大雁塔。又名慈恩塔，位于今陕西西安境内。

译　文

西山大雪初霁，东岳烟雾迷蒙；架起凤桥以便高飞，登上大雁塔以便向远方眺望。

原　文

一失脚为千古恨，再回头是百年人①。

注　释

①百年人：年纪很大的老人。

译　文

不小心犯下的错误会造成终身的遗憾和悔恨，等到发现错误并想要改过自新之时，却已经年老体衰，难以挽回了。

原　文

居轩冕之中①，不可无山林的气味②；处林泉之下，须常怀廊庙的经纶③。

注　释

①轩冕：乘轩车，戴冕冠。这里指达官显贵。

②山林：指代隐居山林的人。

③廊庙：朝廷。经纶：治国的才能。

译　文

跻身官场的人，必须要有隐居山林之人的那种清高品格；浪迹于山林泉石之间的时候，也要常常怀有经世治国的韬略。

原　文

学者有段兢业的心思，又要有段潇洒的趣味。

译　文

做学问的人，既要有一些谨慎负责的心思，也要有一些清雅潇洒的趣味。

原　文

平民种德施惠，是无位之公卿；仕夫贪财好货，乃有爵的乞丐。

译　文

平民百姓要是能够多多积累好的德行、遍施恩惠，那么就相当于是没有爵位的公卿；做官的人要是贪财好利、聚敛无度，那么就相当于是有爵位的乞丐。

原　文

烦恼场空，身住清凉世界；营求念绝，心归自在乾坤。

译　文

一旦看破了充满烦恼的人世，那么就可安身于没有烦恼的清凉世界；一旦断绝了追求功名利禄的念头，那么此心就可以回归于自由自在的天地。

原　文

觑破兴衰究竟[1]，人我得失冰消；阅尽寂寞繁华，豪杰心肠灰冷。

注　释

①觑破：看破，识破。

译　文

识破了人世间兴盛衰败的根源，那么别人和自己的区别以及对得失的计较就会像冰一样消融；看尽了人世间的冷清寂寞和奢侈繁华，就会使想做英雄豪杰的心思如死灰一般冷却。

原　文

名衲谈禅[1]，必执经升座[2]，便减三分禅理[3]。

注　释

①衲：僧人。

②执经：手持经书。

③便减三分禅理：禅理讲究独自参悟，真正高深的禅理是不能都依靠别人讲解的。

译 文

有名望的高僧们谈论禅道，必定会手持经书，升座开讲，这些礼节本身就违背了禅的本义，自然也就减少了几分禅理。

原 文

穷通之境未遭，主持之局已定；老病之势未催，生死之关先破。求之今世，谁堪语此？

译 文

在还没有经历过困厄与通达的境遇时，就已经确定了自我主宰生命的方向；在还没有受到年老多病的折磨时，就提前看破了生与死的紧要关口。面对如今社会上的芸芸众生，还可以和谁谈论这些呢？

原 文

一纸八行①，不遇寒温之句；鱼腹雁足②，空有往来之烦。是以嵇康不作③，严光口传④，豫章掷之水中⑤，陈泰挂之壁上⑥。

注 释

①一纸八行：古时候的纸张大多都是一页八行。

②鱼腹雁足：指书信。鱼腹传书，东汉蔡邕《饮马长城窟行》："客从远方来，遗我双鲤鱼。呼儿烹鲤鱼，中有尺素书。"雁足传书，典故出自《汉书•苏武传》。苏武出使匈奴，被匈奴拘留，但他英勇不屈。后来促成了和亲，汉武帝想要苏武回来，匈奴诈言苏武已经死了。武帝司吏常惠夜见汉朝的使者，告诉他让汉武帝射上林苑，得到从北方飞来的雁，雁的脚上系着帛书，书上写着苏武在某泽中。使者因此责备单于，苏武才得以回来。

③嵇康不作：嵇康，魏晋时期"竹林七贤"之一，曾作《与山巨源绝交书》，宣称自己不愿放弃气节侍奉他人，其中有云："素不便书，又不喜作书，而人间多事。堆案盈几，不相酬答，则犯教伤义，欲自勉强，则不能久。"

④严光口传：严光，东汉隐士。据《后汉书•严光传》记载，严光曾与光武帝刘秀一同游学，刘秀即位，求之草泽，既至，司徒侯霸与之素善，遣使奉书，光不作复札，"乃投札与之，口授曰：君房足下位互鼎足，甚善。怀仁辅义天下悦，阿谀顺旨要领绝。"

⑤豫章掷之水中：典故出自《世说新语•任诞》：殷洪乔守豫章郡，"临去，都下人因附百许函书。既至石头，悉掷水中，因祝曰：'沉者自沉，浮者自浮，殷洪乔不能作致书郎。'"

⑥陈泰挂之壁上：据《三国志•魏书•陈泰传》载：泰为并州刺史，“京邑贵人多寄宝货，因泰市奴婢，泰皆挂之于壁，不发其封，及征为尚书，悉以还之”。

译　文

一封写着八行字的信上，不过都是些嘘寒问暖的话罢了；藏于鱼腹、雁足中的书信，只不过是白白地增添了往来的烦恼。因此嵇康不作书信，严光不作书信而只是使人口耳相传，殷洪乔把书信都掷于水中，陈泰还没有打开书信就把它们都挂在墙壁上了。

原　文

枝头秋叶，将落犹然恋树①；檐前野鸟，除死方得离笼②。人之处世，可怜如此。

注　释

①犹然：依旧，仍然。

②方得：才能得以。

译　文

秋天树枝上的黄叶将要落下之时，还眷恋着枝头不忍离去；屋檐下的野鸟直到死去之时，才能逃离关它的笼子。人生在世，也像这秋叶与野鸟一样可怜。

原　文

士人有百折不回之真心①，才有万变不穷之妙用。

注　释

①百折不回：遭遇到无数次挫折也不会轻易回心转意，比喻意志坚强。

译　文

士人只有真正具有百折不挠的坚强意志，才能在事情遇到任何变化时都能有应付自如的办法。

原　文

立业建功，事事要从实地着脚；若少慕声闻，便成伪果。讲道修德，念念要从虚处立基①；若稍计功效，便落尘情。

注　释

①立基：下功夫。

译文

创立事业，成就功名，每一件事都要脚踏实地去做；如果稍微有一丁点儿追求虚名的念头，就会使自己的成果变得虚华不实。探究事理，修炼心性，每一念头都要在立命之处下功夫；如果稍微有一丁点儿计较功利得失的想法，就会落入俗套。

原文

执拗者福轻[①]，而圆融之人其禄必厚；操切者寿夭[②]，而宽厚之士其年必长。故君子不言命，养性即所以立命；亦不言天，尽人自可以回天[③]。

注释

①执拗：固执，偏激，不听取别人的意见。

②操切者寿夭：对事情操之过急的人都很短命。切，急切、急躁。

③尽人：尽了人的力量。回天：改变天意。

译文

性情固执偏激的人往往福分浅薄，而性情灵活通融的人的禄名一定十分丰厚；对事情操之过急的人往往都很短命，而气性宽容敦厚的人则往往寿命较长。所以君子不谈论命运，而只是通过修养性情便足以安身立命；君子也不谈论天意，而是全力以赴便足以改变天意。

原文

才智英敏者，宜以学问摄其躁；气节激昂者，当以德性融其偏。

译文

才华和智慧都很出色的人，应该用学问来统摄其浮躁之气；志向和气节都很激烈昂扬的人，应当加强品性道德的修养来消融其偏激的性情。

原文

苍蝇附骥[①]，捷则捷矣，难辞处后之羞。茑萝依松[②]，高则高矣，未免仰攀之耻。所以君子宁以风霜自挟[③]，毋为鱼鸟亲人。

注释

①苍蝇附骥：《汉武帝与魏嚣书》："苍蝇之飞，不过数步，若附骥尾，可至千里。"

②茑萝：一种一年生蔓草，常常依附于松树而生。

③风霜自挟：以风霜傲骨进行自我砥砺。

译文

苍蝇依附在骏马的尾巴上，速度固然十分快，却难以避免依附在马屁股后面这样羞耻的事实；茑萝依附着松树生长，固然可以爬得很高，却免不了攀附依赖的坏名声。因此，君子宁愿以风霜傲骨来自我砥砺，也不愿像缸中的鱼儿、笼中的鸟儿那样依附于人。

原文

伺察以为明者，常因明而生暗，故君子以恬养智；奋迅以求速者，多因速而致迟，故君子以重持轻。

译文

依靠暗中观察别人才能明白事情原委的人，常常因为明白事情而偏听偏信，最终导致昏聩糊涂，所以君子要依靠静心修养来提高智慧和见识；做事急于求成的人，往往因为想要过快地达到目的，反而导致欲速而不达，因此君子做事应该举重若轻，根据实际情况来决定自己的下一个行动。

原文

有面前之誉易，无背后之毁难；有乍交之欢易，无久处之厌难。

译文

让别人当面夸赞自己容易，要让别人不在背后诋毁自己就很难了；让别人在与自己初次相交时就产生好感很容易，要让别人与自己长期相处而不产生厌烦情绪就很难了。

原文

宇宙内事，要担当，又要善摆脱。不担当，则无经世之事业；不摆脱，则无出世之襟期①。

注释

①襟期：志趣，襟怀。

译文

对于天下之事，既要能够勇于承担重任，又要善于解脱羁绊。要是不能承担重任，就不能从事经邦济世的事业；要是不善于解脱羁绊，就没有超脱世俗的胸怀。

原文

待人而留有余不尽之恩，可以维系无厌之人心①；御事而留有余不尽之智②，可以提防不测之事变。

注 释

①无厌：得不到满足。

②御事：处理事情。

译 文

待人接物要留有余地，要保持一份永远不会断绝的恩惠，才可以维系永远得不到满足的人心；处理事情要留有余地，要保持一种永远不会竭尽的智慧，才可以提防无法预测的变故。

原 文

无事如有事时提防，可以弭意外之变；有事如无事时镇定，可以销局中之危。

译 文

平安无事之时，要像随时都有可能发生危险一样时时提防，才能避免发生意外的变故；发生危机之时，要像没事的时候一样保持冷静，才能化解危机。

原 文

爱是万缘之根，当知割舍；识是众欲之本，要力扫除。

译 文

爱是人世间一切缘分的根本，应该懂得怎样割舍；见识是所有欲望的本源，应该尽力扫除。

原 文

舌存，常见齿亡，刚强终不胜柔弱；户朽[1]，未闻枢蠹[2]，偏执岂及圆融？

注 释

①户朽：门板腐烂。

②蠹：一种蛀蚀器物的小虫。

译 文

舌头还在，牙齿却掉光了，可见刚强终究胜不过柔弱。当门板已经腐朽了的时候，却没有听说门轴为虫所蛀蚀，可见偏执哪里能够比得上圆融呢？

原文

荣宠旁边辱等待，不必扬扬[①]；困穷背后福跟随，何须戚戚[②]？看破有尽身躯，万境之尘缘自息；悟入无怀境界，一轮之心月独明。

注释

①扬扬：形容非常自得的样子。

②戚戚：形容十分伤心的样子。

译文

荣华和宠幸的旁边常常就有耻辱在等待着，所以不必那么扬扬得意；困厄和贫穷的后面自然有福气紧紧跟随，因此何必如此伤心悲戚呢？看破了人生短暂的真谛，一切的尘世杂念自然也就都没有了；参悟了了无牵挂的超然境界，心中就好像有轮明月高照一般澄明。

原文

霜天闻鹤唳，雪夜听鸡鸣，得乾坤清绝之气[①]；晴空看鸟飞，活水观鱼戏，识宇宙活泼之机。

注释

①乾坤：指天地。东汉班固《东都赋》："俯仰乎乾坤，参象乎圣躬。"

译文

在霜降时节听到仙鹤鸣叫，在寒冷的雪夜听到金鸡报晓，由此可以获得天地间清绝的气息；仰望晴朗的天空看见鸟儿飞翔，俯看潺潺的流水看到鱼儿嬉戏，由此可以洞察天地间活泼的生机。

原文

斜阳树下，闲随老衲清谈；深雪堂中，戏与骚人白战[①]。

注释

①骚人：指文人墨客。白战：这里指作诗。

译文

夕阳斜照之时，和老和尚坐在树下闲适地清谈；大雪纷飞时节，与文人墨客在厅堂内作诗取乐。

原 文

山月江烟，铁笛数声，便成清赏；天风海涛，扁舟一叶，大是奇观[1]。

注 释

①大是：真是，的确是。

译 文

山中月色一片朦胧，烟雾笼罩江面，远处传来声声铁笛，这便是赏心悦目的时刻；天上狂风怒号，海里波涛汹涌，一叶扁舟在惊涛骇浪之中穿行，这的确是一大奇观。

原 文

秋风闭户，夜雨挑灯，卧读《离骚》泪下；霁日寻芳，春宵载酒，闲歌乐府神怡。

译 文

秋风在窗外呼啸，关上了门和窗户，外面夜雨绵绵，我在里面挑亮了油灯，躺在床上诵读《离骚》，不禁潸然泪下；雨过天晴，便四处寻芳赏花，春天的晚上无事可做，只有载酒畅饮，悠闲地唱着乐府古曲顿时觉得心旷神怡。

原 文

云水中载酒，松篁里煎茶，岂必銮坡侍宴[1]；山林下著书，花鸟间得句，何须凤沼挥毫[2]。

注 释

①銮坡：唐德宗时移学士院到銮坡，后来便作为翰林院的别称。

②凤沼：凤凰池。这里指代中书省。

译 文

在山水之间载酒游玩，在松竹之间汲水烹茶，这些都是人生中十分惬意的事情，难道非要在翰林院侍奉皇帝宴饮才是值得高兴的事吗？在山林之中著书立说，在鸟语花香之间吟诗联句，这是何等的快乐，何必非要在中书省挥毫草拟诏旨才让人羡慕呢？

原 文

人生不好古，象鼎牺樽[1]，变为瓦缶；世道不怜才，凤毛麟角[2]，化作灰尘。

注　释

①象鼎牺樽：指珍贵的文物。

②凤毛麟角：凤凰的羽毛，麒麟的角。比喻十分稀少珍贵。

译　文

人生在世，如果不喜好古玩的话，那么像象鼎、牺樽这样珍贵的文物就会变成普通的瓦器；世上之人，如果不爱惜人才，即使是像凤凰的羽毛、麒麟的角这样稀少的奇才，也终究将被视为尘土一般。

原　文

要做男子，须负刚肠；欲学古人，当坚苦志。

译　文

要想做一个真正的男子汉，就必须拥有一副刚直不屈的心肠；要想学习古人，就应当坚持磨炼自己的意志。

原　文

风尘善病，伏枕处一片青山；岁月长吟，操觚时千篇《白雪》[①]。

注　释

①操觚：指写诗行文。觚，古代用作书写的木简。《白雪》：古代曲名。

译　文

在旅途中奔波劳累容易使人生病，只要躺在床上好好休养一番，就会如同有一片青山出现在眼前；漫漫岁月只要能够坚持长期吟诵，等到将要写诗行文之时就可以下笔如有神，写就千篇像《白雪》这样的名作。

原　文

亲兄弟折箸[①]，璧合翻作瓜分；士大夫爱钱，书香化为铜臭。

注　释

①折箸：折断筷子。比喻兄弟之间不和睦，要分家拆户。

译　文

亲兄弟之间如果不和睦，就如同一组价值连城的美玉，分散开来便会失去原有的价值；读书人如果贪恋钱财，就会使浓郁的书香变成铜臭的气味。

原文

心为形役[①]，尘世马牛；身被名牵，樊笼鸡鹜[②]。

注释

①形役：被身体所拘束、役使。也指被功名利禄所牵制、支配。

②鹜：家鸭。《楚辞·卜居》："宁与黄鹄比翼乎？将与鸡鹜争食乎？"

译文

一个人的心灵如果为功名利禄所支配，那么这个人就会像牛马一样辛苦地生活在尘世之中；一个人的身体如果为名声所束缚，那么就会像关在樊笼之中的鸡鸭一样失去了自由。

原文

懒见俗人，权辞托病；怕逢尘事，诡迹逃禅[①]。

注释

①诡迹逃禅：隐藏行迹，逃遁世事，参禅悟道，皈依禅门。

译文

如果不想接见那些世俗之人，就暂时用生病了作为托词；假如担心遭逢尘世之间的无聊之事，就隐藏行迹，皈依佛门。

原文

人不通古今，襟裾马牛[①]；士不晓廉耻，衣冠狗彘。

注释

①襟裾：衣襟和裙裾。这里指代衣服。

译文

一个人如果不能通晓古今变化的道理，那么就像穿着长袍短衣的马牛一样；读书人如果鲜廉寡耻，那么就好像穿衣戴帽的猪狗一般。

原文

道院吹笙，松风袅袅；空门洗钵，花雨纷纷[①]。

注释

①空门洗钵，花雨纷纷：《续高僧传》载：一次高僧法云正在讲授《法华经》，忽然

鲜花漫天而坠，飘至堂内，却又升空不往下落了。空门，即佛门；洗钵，指传经授法。

译　文

在道士居住的地方吹笙，外面松林里的风声袅袅与之相应；在佛门中传经授法，突然看见鲜花漫天如同下雨一般飘落。

原　文

囊无阿堵①，岂便求人；盘有水晶②，犹堪留客。

注　释

①阿堵：阿堵物，即钱。《世说新语•规箴》："王夷甫雅尚玄远，常嫉其妇贪浊，口未尝言钱字。妇欲试之，令婢以钱绕床不得行。夷甫晨起，见钱阂行，呼婢曰：'举却阿堵物！'"

②水晶：即水晶人，虾的别称。北宋陶谷《清异录•水晶人》："二三友来访，买得蟹虾俱馔，语及唐士人逆风至长须国娶虾女事，坐客谢兼仲曰："虾女婿岂不好？白角衫里个水晶人。'满座无不大笑。"

译　文

口袋中没有钱，怎么能够开口求人？盘子中尚有虾米，还可以留着待客。

原　文

种两顷负郭田①，量晴较雨；寻几个知心友，弄月嘲风。

注　释

①负郭田：泛指良田。典故出自《史记•苏秦列传》。司马贞索隐："负者，背也，枕也。近城之地，沃润流泽，最为膏腴，故曰'负郭'也。"

译　文

耕种两顷城郊的良田，计算着天气的阴晴风雨和节令的变化；结交几位知心的朋友，共同赏玩明月清风。

原　文

着屐登山①，翠微中独逢老衲②；乘桴浮海③，雪浪里群傍闲鸥。才士不妨泛驾④，辕下驹吾弗愿也⑤；诤臣岂合模棱⑥，殿上虎君无尤焉⑦。

注　释

①着屐：穿上草鞋。屐，木屐，草鞋。

②翠微：这里指青山。

③桴：小木筏，小竹筏。

④泛驾：翻车。《汉书•武帝纪》："夫泛驾之马，跅弛之士，亦在御之而已。"这里指不受控制。

⑤辕下驹：车辕下的小马。《史记•魏其武安侯列传》："上怒内史曰：'公平生数言魏其武安长短，今日廷论，局趣效辕下驹，吾并斩若属矣。"这里指没见过世面、难成大器的人。

⑥模棱：《新唐书•苏味道传》载：苏味道做宰相时，曾言："决事不欲明白，误则有悔，模棱持两端可也。"因此苏味道被称作"模棱宰相"。

⑦殿上虎：指敢于诤谏的臣子。《宋史•刘安世传》："刘为谏官，敢于面折廷争，逢帝盛怒，则执简而立，伺怒稍解，复前抗辞，旁侍者目之为殿上虎。"尤：抱怨，指责。

译　文

穿上草鞋去攀登高山，在青翠的山色中独自行走时遇见了高僧；坐着小木筏在海上漂流，雪白的浪花里有成群的海鸥相伴在身边。有才能的人可以四处闲游，只是做没见过世面、难成大器的辕下之马是我所不愿意的；敢于诤谏的臣子怎么能说出模棱两可的话呢？像刘世安那样在殿上如老虎一般威风是君王所不会怪罪的。

原　文

荷钱榆荚[1]，飞来都作青蚨[2]；柔玉温香，观想可成白骨。

注　释

①荷钱榆荚：这里指代所有的金钱。荷钱，状如铜钱的初生小荷叶；榆荚，形状与古代串起来的麻钱儿十分相似。

②青蚨：虫名。东晋干宝《搜神记》："南方有虫……又名青蚨，形似蝉而稍大，味辛美可食。生子必依草叶，大如蚕子。取其子，母必飞来，不以远近虽潜取其子，母必知处。以母血涂钱八十一文，以子血涂钱八十一文。每市物，或先用母钱，或先用子钱，皆复飞归，轮转无已。"

译　文

所有的金钱得到之后都应当看作青蚨，来了自然还会飞去；所有温柔香艳的女子，在想象中也只不过是白骨一堆。

原　文

旅馆题蕉，一路留来魂梦谱；客途惊雁，半天寄落别离书。

译　文

在旅途中的馆舍里题诗于芭蕉叶之上，一路上留下许多让人魂牵梦萦的诗谱；在旅途中突然惊动了一群飞雁，从半空中落下一封从远方寄来的离别书信。

原　文

歌儿带烟霞之致[①]，舞女具丘壑之资；生成世外风姿，不惯尘中物色。

注　释

①烟霞：这里泛指山水、山林。《锦带书·十二月启·夹钟二月》："敬想足下，优游泉石，放旷烟霞丘壑之资。"这里泛指山水清秀的地方。

译　文

唱着歌的牧童带着超脱于尘世之外的山林之间的韵致，舞蹈的女子带着不同于世俗的山水清秀的方外姿态；他们生来就带着世俗之外的风度和仪态，对尘世中的风物景色很不习惯。

原　文

今古文章，只在苏东坡鼻端定优劣；一时人品，却从阮嗣宗眼内别雌黄。

译　文

自古至今的文章，只用在苏东坡的鼻端权衡优劣；一时之间的人品，却要从阮籍的眼中分出好坏和等次。

原　文

魑魅满前[①]，笑著阮家《无鬼论》[②]；炎嚣闯世[③]，愁披刘氏《北风图》[④]。气夺山川，色结烟霞。

注　释

①魑魅：泛指鬼怪。这里指代阴险狡诈之徒。

②阮家《无鬼论》：阮家，指阮瞻。《晋书》："永嘉中为太子舍人。瞻素执无鬼论，物莫能难，每自谓此理足可以辩证幽明。忽有一客通名诣瞻，寒温毕，聊谈名理。客甚有才辩，瞻与之言良久，及鬼神之事，反覆甚苦。客遂屈，乃作色曰：'鬼神，古今圣贤所共传，君何得独言无！即仆便是鬼，于是变为异形，须臾消灭。瞻默然，意色大恶。"

③炎嚣：指红尘的喧闹熙攘。

④刘氏《北风图》：东汉桓帝时画家刘褒，曾作《云汉图》，人们看过以后生出炎热之感；又作《北风图》，人们看过以后顿生凉意。

译文

看见鬼怪都站在眼前，却仍然能够保持微笑写下阮瞻的《无鬼论》；经历了纷乱攘攘的尘世之事，不禁满怀忧愁地观览刘褒的《北风图》。感觉它的气势盖过了山川，墨色凝结成了烟雾与云霞的绚烂。

原文

诗思在灞陵桥上[①]，微吟处林岫便已浩然；野趣在镜湖曲边[②]，独往时山川自相映发。

注释

①诗思在灞陵桥上：出自宋孙光宪《北梦琐言》。唐相国郑綮善诗，有人问他："相国近有新诗否？"答："诗思在灞桥风雪中驴子上，此处何以得之？"

②镜湖：即鉴湖。

译文

在灞陵桥上有作诗的思绪，轻声吟诵时，便觉得山林峰峦之间都充满了浩然之气；鉴湖水边有山野的幽趣，独自前往观赏时，便感到山水相互映衬，生机勃勃。

原文

至音不合众听[①]，故伯牙绝弦[②]；至宝不同众好，故卞和泣玉[③]。

注释

①至音：极为美妙的音乐。

②伯牙绝弦：俞伯牙、钟子期都视彼此为知己，《吕氏春秋•本味》："伯牙鼓琴，钟子期听之。方鼓琴而志在太山，钟子期曰：'善哉乎鼓琴！巍巍乎若太山。'少选之间而志在流水，钟子期又曰：'善哉乎鼓琴！汤汤乎若流水。'钟子期死，伯牙破琴绝弦，终身不复鼓琴，以为世无足复为鼓琴者。"

③卞和泣玉：引用卞和献玉的典故。见前注。

译文

极为美妙的音乐一般难以被众人理解和接受，所以伯牙在得知钟子期死后便摔断了琴弦，再也不弹琴了；最珍贵的宝物一般很难被众人认识并珍惜，因此卞和只有抱着宝玉在荆山之下痛哭。

原文

看文字[①]，须如猛将用兵，直是鏖战一阵；亦如酷吏治狱[②]，直是推勘到底[③]，决不恕他。

注释

①文字：文章。

②治狱：审理狱案。

③推勘到底：推查到底，探寻出个究竟。

译文

欣赏文章，要像勇猛的战将用兵打仗一样，必须鏖战一阵；又要像严酷的官吏审理狱案一样，必须探查得水落石出，坚决不能轻易放过有罪的人。

原文

名山乏侣，不解壁上芒鞋[①]；好景无诗，虚携囊中锦字[②]。

注释

①芒鞋：草鞋，用植物的叶或秆编织的鞋子。

②囊中锦字：唐李商隐《李贺小传》载：李贺常常骑驴外出，在路上偶尔得出好的句子，便立刻写下来并装在口袋里，等到傍晚归来的时候，再整理成篇。

译文

对于著名的山川胜地，如果没有知心的旅伴同游，那么就宁可将草鞋挂在墙上也不会出游；面对美好的景致，如果没有好诗助兴，那么即使怀中抱着收藏有好的文章的锦囊又有什么用呢？

原文

辽水无极[①]，雁山参云[②]；闺中风暖，陌上草薰[③]。

注释

①无极：没有边际，没有尽头。

②雁山：雁门山。

③陌：乡间小路。

译文

辽河的水面宽阔无边，雁门山高耸入云；闺房中的微风和煦温暖，乡间小路上的青草散发着清香。

原文

秋露如珠，秋月如珪；明月白露，光阴往来；与子之别，思心徘徊[①]。

译文

秋天的露水如珍珠般晶莹，秋天的月亮如同珪玉般皎洁；明亮的月光和洁白晶莹的露珠交相辉映，忽明忽暗；面对此情此景与你分别，心中十分思念，又无可奈何，只好来回徘徊。

原文

声应气求之夫[①]，决不在于寻行数墨之士；风行水上之文[②]，决不在于一字一句之奇。

注释

①声应气求之夫：指意气相投的朋友。声应气求，比喻志趣相投的人自然地在一起。

②风行水上之文：指没有雕琢痕迹的文章。风行水上，比喻自然天成，不矫揉造作。

译文

意气相投的好朋友，绝对不会存在于那些只会诵读诗文而不明义理的士人之中；没有雕琢痕迹的好文章，绝对不会存在于一字或一句的晦涩奇特上。

原文

借他人之酒杯，浇自己之块垒[①]。

注释

①浇：冲洗，熄灭。块垒：激愤，不平之气。

译文

借助别人的酒杯，来熄灭郁结在自己心中的激愤和不平之气。

原文

春至不知湘水深，日暮忘却巴陵道。

译文

春天来了，湘水碧绿，不知道湘水到底有多深；黄昏到来，暮色苍茫，忘记了巴陵道到底有多长。

原文

奇曲雅乐，所以禁淫也[①]；锦绣黼黻[②]，所以御暴也。缛则太过[③]，是以檀卿刺郑声[④]，周人伤北里[⑤]。

注 释

①淫：这里指低俗的音乐。

②黼黻：黼，古代礼服上黑白相间的花纹；黻，黑青相间的花纹。

③缛：繁密的花纹、彩饰。引申为繁密、繁琐。宋欧阳修《秋声赋》："丰草绿缛而争茂，佳木葱茏而可悦。"

④檀卿：即檀弓。春秋时期鲁国人。

⑤北里：古舞曲名。《史记》载，商纣王荒淫，"妲己之言是从，于是使师涓作新淫声，北里之舞，靡靡之乐。"

译 文

奇妙的舞曲和高雅的音乐本来是用来禁绝庸俗的音乐的，精美的丝织刺绣以及上面的花纹本来是用来防止奢侈的。然而要是太过繁琐就会超出了一定的限度，因此鲁人檀弓讥刺郑国的靡靡之音，周人抨击商纣王的北里舞曲。

原 文

静若清夜之列宿，动若流彗之互奔。

译 文

静的时候就要像寂静清凉的夜色中的那些星宿一样，动的时候就要像疾逝而去的流星一样。

原 文

振骏气以摆雷，飞雄光以倒电。

译 文

振奋意气以摆弄春雷，飞出雄光以压倒闪电。

原 文

停之如栖鹄，挥之如惊鸿；飘缨蕤于轩幌[1]，发晖曜于群龙。

注 释

①蕤：本指帽子上的饰物，这里指旗帜上的饰物。轩幌：门布或窗帷。

译 文

停下来的时候要像栖息的天鹅那般平静，挥舞的时候要像受惊的鸿雁那般充满力量；门帘上旗帜的饰物在随风飘动，旗帜上绣的群龙图案散发出耀眼的光芒。

原　文

始缘甍而冒栋[①]，终开帘而入隙；初便娟于墀庑[②]，末萦盈于帷席。

注　释

①缘：沿着。甍：屋脊，屋栋。

②墀庑：庭院。

译　文

刚开始的时候光芒沿着屋脊照射进来，进而冲破了屋脊照射进来，最终透过帘子的缝隙照射进来；最初阳光映照在院落之中，后来则充盈于帷幔和床席之间。

原　文

云气荫于丛蓍[①]，金精养于秋菊；落叶半床，狂花满屋。

注　释

①丛蓍：丛生的蓍草。蓍草，植物名，叶互生，长线状披针形，篦状羽裂，裂片有锐锯齿。

译　文

云气隐蔽于丛生的蓍草之中，金精生养于秋天的菊花之中；飘落的叶子铺满了半床，落花被狂风吹得满屋乱舞。

原　文

雨送添砚之水，竹供扫榻之风。

译　文

蒙蒙细雨送来了砚台中需要添加的水，苍翠的竹林吹来了打扫床榻的风。

原　文

血三年而藏碧[①]，魂一变而成红[②]。

注　释

①血三年而藏碧：《庄子•外物》："故伍员流于江，苌弘死于蜀。藏其血，三年化而为碧。"伍员、苌弘都是当时的忠义之臣。

②魂一变而成红：东晋常璩《华阳国志•蜀志》载：战国时蜀王杜宇称帝，号望帝，后禅位，退隐西山，死后的魂魄化为杜鹃，暮春时悲鸣，直至嘴角流血犹不止。

译　文

像伍员、苌弘这样的忠义之臣的鲜血珍藏三年而化成碧玉，望帝死后，他的魂魄化为杜鹃，日日悲鸣直至嘴角流血仍然不停歇。

原　文

举黄花而乘月艳，笼黛叶而卷云翘[1]。

注　释

①笼：通“拢”，用梳子整理头发。黛叶：这里指乌黑的头发。云翘：像云朵一样高高耸起的发髻。

译　文

手中高举着黄花，乘着明亮的月色将鲜艳的黄花扎在鬓角上；梳拢乌黑发亮的头发，将其绾成像云朵一样高高耸起的发髻。

原　文

垂纶帘外，疑钩势之重悬；透影窗中，若镜光之开照。

译　文

在帘外的池子中垂丝钓鱼，看到鱼钩下沉，怀疑鱼咬钩了；池水透过窗户反照过来的阳光，就像是一面明镜在照着人。

原　文

叠轻蕊而矜暖，布重泥而讶湿；迹似连珠，形如聚粒。

译　文

雨滴滴落，重重叠叠地轻轻包裹着花蕊，显得很温暖，雨滴落在厚厚的泥土上，惊讶地发现它沾湿了土地；雨滴下落时的行迹就像是串起来的连珠一样，落到地上则形如聚在一起的沙粒。

原　文

霄光分晓[1]，出虚窦以双飞；微阴合暝[2]，舞低檐而并入。

注　释

①霄光：月光。唐陈子昂《酬晖上人秋夜山亭有赠》：“风泉夜声杂，月露霄光冷。多谢忘机人，尘忧未能整。”

②黻阴合暝：天色将要变得昏暗的时候，即夜晚即将来临之时。

译　文

月光刚刚破晓的时候，鸟儿就从虚掩的鸟巢中成双成对地飞出；夜晚即将来临的时候，鸟儿又在屋檐下飞舞徘徊着，一同回巢。

原　文

任他极有见识，看得假认不得真；随你极有聪明，卖得巧藏不得拙。

译　文

无论一个人对事物的见识有多么高深，也往往只能看到假象而无法看到真相；无论你多么聪明有智慧，也往往只能表现出巧妙之处，而掩藏不住笨拙的一面。

原　文

伤心之事，即懦夫亦动怒发；快心之举，虽愁人亦开笑颜。

译　文

遇到令人伤心的事，即便是懦弱无能的人也会怒发冲冠；遇到大快人心的事，即便是正处在忧愁之中的人也会开颜一笑。

原　文

论官府不如论帝王，以佐史臣之不逮；谈闺阃不如谈艳丽，以补风人之见遗。

译　文

谈论官府的事情不如谈论帝王的事情，以此来补充修史之人的不足；谈论闺阁的事情不如谈论才子佳人的故事，以此来补充采风诗人的遗漏。

原　文

是技皆可成名天下，唯无技之人最苦；片技即足自立天下，唯多技之人最劳。

译　文

只要身怀专门的技艺，就都可以在天下获得好名声，世上只有那些没有一技之长的人活得最艰苦；只要能够对一门技艺足够精通，便足以自立于天下，世上只有那些掌握多种技能的人活得最辛劳。

原 文

傲骨、侠骨、媚骨，即枯骨可致千金[①]；冷语、隽语、韵语，即片语亦重九鼎[②]。

注 释

①枯骨可致千金：《战国策•燕策一》载：古代的君王想用千金求得千里马，三年也没有能够得到，又过了三年，寻得一匹死去的千里马，君王以五百金买其首，于是不到一年就求得三匹千里马。

②片语亦重九鼎：《史记•平原君虞卿列传》载：秦昭王十五年的时候，秦兵围赵都邯郸，毛遂向赵国平原君推荐自己，希望让自己前往楚国求救，并顺利获得援助。平原君称赞曰："毛先生一至楚而使赵重于九鼎大吕。"

译 文

狂傲之骨也好，侠义之骨也好，谄媚之骨也好，即使是死去的枯骨也可以价值千金；冷漠的言语也罢，隽秀的言语也罢，韵致的言语也罢，即使是只言片语也可以抵过九鼎。

原 文

议生草莽无轻重，论到家庭无是非。

译 文

军国大事之间的议论若是来自于民间，就会显得无足轻重；世道人情的辩论若是进入家庭事务，就不会有什么是非。

原 文

圣贤不白之衷，托之日月；天地不平之气，托之风雷。

译 文

圣贤无法表露自己的心迹之时，就将其托付于日月；天地之间因为不公正而产生的怒气，却寄托在风啸雷鸣之中。

原 文

风流易荡，佯狂易颠[①]。

注 释

①颠：精神失常。后作"癫"。

译　文

风流不羁容易导致放荡不堪，假装狂放容易导致疯疯癫癫。

原　文

书载茂先三十乘[1]，便可移家；囊无子美一文钱[2]，尽堪结客。

注　释

①书载茂先三十乘：《晋书•张华传》："雅爱书籍，身死之日，家无余财，唯有文史溢于几箧。尝徙居，载书三十乘。"茂先，即晋代文学家张华。

②囊无子美一文钱：化用杜甫囊中羞涩的典故。唐代大诗人杜甫，虽然穷困潦倒，但始终不忘关心国家民生之事，结交了很多诗人朋友，曾自作《空囊》诗咏道："囊空恐羞涩，留得一钱看。"

译　文

像文学家张华那样所藏的书可以装满三十辆车子，便可以搬家了；像大诗人杜甫那样囊中一文钱也没有的人，仍然可以广交朋友。

原　文

有作用者，器宇定是不凡；有受用者，才情决然不露。夫人有短，所以见长。

译　文

有所作为的人，其言行举止必定不同于常人；名利有所受用的人，所怀有的才情必然深藏不露。每个人都有自己的短处，也必定有自己的长处。

原　文

松枝自是幽人笔[1]，竹叶常浮野客杯。

注　释

①幽人：隐士。

译　文

松枝自然会充当隐士手中写字的笔，竹叶则常常飘荡在山野之人的杯中。

原　文

且与少年饮美酒，往来射猎西山头。

译文

姑且与少年一起畅饮美酒，再到西山头去打猎。

原文

瑶草与芳兰而并茂，苍松齐古柏以增龄。

译文

珍稀的瑶草与芬芳的兰草竞相繁茂，苍劲的松树与古老的柏树共增年轮。

原文

好山当户天呈画[①]，古寺为邻僧报钟。

注释

①当户：正对门前。

译文

美丽的山景正对着门前，这是大自然呈现出的一幅天然图画；与清幽的古寺做邻居，每天都能听到僧人敲钟报时。

原文

群鸿戏海，野鹤游天。

译文

成群的大雁在大海的海面上尽情嬉戏，成群的仙鹤在蓝天中展翅翱翔。

卷四　灵

原　文

天下有一言之微，而千古如新；一字之义，而百世如见者，安可泯灭之？故风、雷、雨、露，天之灵；山、川、民、物，地之灵；语、言、文、字，人之灵。罢三才之用①，无非一灵以神其间，而又何可泯灭之？集灵第四。

注　释

①三才：天、地、人。《周易·说卦》：“立天之道曰阴与阳，立地之道曰柔与刚，立人之道曰仁与义，兼三才而两之，故易六爻而成卦。”

译　文

天底下有的一句话十分精微奥妙，流传千百年之后读来仍觉得有新意；有的一个字的意义十分宽广，流传百世之后读来仍像亲眼所见一般真实，怎么能够让这些言语消失呢？风、雷、雨、露是天的灵气，山、川、民、物是地的灵气，语、言、文、字是人的灵气。仔细视察天、地、人三才所呈现出来的种种现象，无非是灵气在其中发挥了神奇的作用，而我们又怎么能让这种灵性消失呢？因此，我编纂了第四卷“灵”。

原　文

投刺空劳①，原非生计；曳裾自屈②，岂是交游？

注　释

①刺：即名刺，又称名帖，拜访时互通姓名的名片。

②曳裾：提着裙子的边角。裾，指衣服的前襟，这里指裙子的边角。

译　文

递上自己的名片前去拜访求见也是徒劳，这本来就不是谋生之道；提着裙裾卑躬屈膝，难道是真正的交友之道吗？

原　文

事遇快意处当转，言遇快意处当住。

译　文

做事遇到了舒心快乐的地方就应当及时调整转移，说话说到了舒心快意的地方就应该立刻打住。

原　文

俭为贤德，不可着意求贤；贫是美称，只在难居其美。

译　文

节俭是一种贤德，但不能因此就去刻意追求这种好名声；清贫是一种美称，只是这种安贫乐道的好名誉很难保持。

原　文

志要高华，趣要淡泊。

译　文

志向应该远大光辉，志趣应该淡泊恬静。

原　文

眼里无点灰尘，方可读书千卷；胸中没些渣滓，才能处世一番。

译　文

眼中没有任何成见，才可以博览群书；胸中没有无端的糟粕，才可以处世圆融练达。

原　文

眉上几分愁，且去观棋酌酒；心中多少乐，只来种竹浇花。

译　文

眉梢若是带有几分忧愁，姑且去看别人下棋或者去和别人酌酒对饮；心中若是有很多快乐，只可以去种竹浇花来加以保持。

原　文

茅屋竹窗，贫中之趣，何须脚到李侯门①；草帖画谱，闲里所需，直凭心游扬子宅②。

注　释

①李侯：即东汉名士李膺。字元礼，颍川襄城(今属河南)人，桓帝时官至司隶校尉。《后汉书·李膺传》："是时朝廷日乱，纲纪颓弛，膺独特风裁，以声名自高。士有被其容接者，名为登龙门。"

②扬子：即西汉文学家扬雄。字子云，蜀郡成都(今四川成都)人。《汉书·杨雄传》称其"不汲汲于富贵，不戚戚于贫贱，人希至其门"。

译文

茅屋和竹窗是清贫生活中的情趣，何必要去高攀像李膺那样的高等龙门；草书法帖和画谱是清闲生活中所需要的，只有凭心神去遨游像扬雄那样的书香门第。

原文

好香用以熏德，好纸用以垂世，好笔用以生花，好墨用以焕彩，好茶用以涤烦[1]，好酒用以消忧。

注释

①涤烦：消除烦恼。

译文

好香用来熏陶自己的德行，好纸用来写下传世不朽的文字，好笔用来写出精美的文章，好墨用来描绘光彩夺目的图画，好茶用来消除心中的烦闷，好酒用来化解心中的忧愁。

原文

声色娱情，何若净几明窗，一生息顷[1]；利荣驰念，何若名山胜景，一登临时。

注释

①息顷：顷刻，一会儿。《晋书•刘聪载记》："刘琨去此咫尺之间，狂狷刺客息顷而至。"

译文

通过妙音和美色去求得心灵上的愉悦，哪里比得上在洁净的书桌和明亮的窗前休息一会儿呢？为了追求荣华富贵而使自己的意念纷杂驰骋，哪里比得上登高望远、赏名山美景的时候呢？

原文

竹篱茅舍，石屋花轩；松柏群吟，藤萝翳景；流水绕户，飞泉挂檐；烟霞欲栖，林壑将暝。中处野叟山翁四五，予以闲身，做此中主人。坐沉红烛，看遍青山，消我情肠，任他冷眼。

译文

竹子做成的篱笆，茅草做就的屋舍，石头堆砌的墙壁，开满鲜花的长廊，松柏因为风吹而发出呼啸之声，藤萝密密麻麻遮蔽了日月，留下斑斑阴影；潺潺的流水绕过门前，如同飞泉挂在屋檐一般；烟霞好像要在此地栖息一样，林壑将要笼罩在昏暗之中。居住在山野之间的老山翁，四五个人聚在一起，而我则悠闲无事，做此山中的主人。坐看红烛燃烧殆尽，赏遍青山美景如画，排遣我心中的情怀，不管别人是否冷眼相看。

原 文

问妇索酿[1]，瓮有新刍；呼童煮茶，门临好客。

注 释

①酿：这里指酒。

译 文

向妇人索要酿好的酒喝，瓮中正好有刚刚酿好的美酒；叫来童子煮水烹茶，因为家里有好友来访。

原 文

花前解佩，湖上停桡；弄月放歌，采莲高醉；晴云微袅，渔笛沧浪；华勾一垂，江山共峙。

译 文

在花间幽会，解下玉佩作为定情信物相赠，在湖上泛舟，停下船桨徜徉其间；观赏月色，放声高歌，从江上采莲归来，喝得酩酊大醉；晴朗的天空飘着白云，微风习习，渔笛吹来悠扬的乐声，江水澄碧；华美的鱼钩正在垂钓，江水与青山都峙立在眼前。

原 文

胸中有灵丹一粒，方能点化俗情，摆脱世故。

译 文

胸中怀有一颗明净的心，才能点化世俗之情，摆脱世故之事。

原 文

独坐丹房，潇然无事，烹茶一壶，烧香一炷，看《达摩面壁图》。垂帘少顷，不觉心静神清，气柔息定，蒙蒙然如混沌境界，意者揖达摩与之乘槎而见麻姑也。

译 文

独自一个人在炼丹房里打坐，身心清爽，无事可做只好煮一壶茶，燃一炷香，观看

《达摩面壁图》。刚刚闭上一会儿眼睛，不知不觉之间内心已经变得十分平静，神智也异常清醒，气息柔和而稳定，恍惚之中仿佛回到了天地初开的混沌境界，甚至想拱手拜上达摩祖师，然后一起乘着木筏渡过水去拜见仙女麻姑。

原　文

无端妖冶，终成泉下骷髅；有分功名，自是梦中蝴蝶。

译　文

那些无缘无故打扮得十分妖艳妩媚的美人，终将成为九泉之下的一堆白骨；那些即便是分内的功名，也无非是庄周梦中的蝴蝶，到头来不过是一场空。

原　文

累月独处，一室萧条，取云霞为伴侣，引青松为心知；或稚子老翁①，闲中来过，浊酒一壶，蹲鸱一盂②，相共开笑口，所谈浮生闲话，绝不及市朝③。客去关门，了无报谢，如是毕余生足矣。

注　释

①稚子：儿童，孩童。

②蹲鸱：即大芋。因其形状与蹲伏的鸱相似，故又称“蹲鸱”。《史记·货殖列传》：“吾闻汶山之下沃野，下有蹲鸱，至死不饥。”

③市朝：市井朝廷，即追逐名利的场所。市，买卖交易之地；朝，官府治事之所。

译　文

长期独居生活，虽然满屋萧条冷清，但常将浮云与彩霞当作伴侣，将青松视为知己；偶尔有老翁带着孩童过来拜访，这时取一壶浊酒，蒸一盘大芋招待客人，把酒对饮，遇到会心的事情便开怀大笑，所谈的都是一些家常闲话，绝不谈及有关名利的世俗之事。等到客人尽兴而去，便关起房门，不需要起身相送或表达谢意。如果能这样过完余生，我就很心满意足了。

原　文

半坞白云耕不尽，一潭明月钓无痕。

译　文

半个山坞之间白云缭绕，即使把整个山田都耕种完了，也耕种不尽这片片白云；一潭静水倒映着明月，即使是在这样的月夜来垂钓，水面也平静无痕。

原 文

茅檐外，忽闻犬吠鸡鸣，恍如云中世界；竹窗下，唯有蝉吟鹊噪，方知静里乾坤。

译 文

茅草编织的门帘外，忽然听到几声鸡叫和狗叫，恍惚之间仿佛生活在远离尘世的世界之中；竹窗外的蝉和喜鹊在欢快地鸣叫，这才令人觉察到静谧中的天地如此宽广无边。

原 文

如今休去便休去，若觅了时了无时[1]。若能行乐，即今便好快活。身上无病，心上无事，春鸟是笙歌，春花是粉黛。闲得一刻，即为一刻之乐，何必情欲乃为乐耶？

注 释

①了时：了结之时。

译 文

现在能够休息隐退，就应当及时休息隐退；若是想要等到事情都有了结的时候，事情反而永远都没有了结的时候。若是能够做到及时行乐，那么此时此刻就可以获得快乐。身体没有病，心中也没有什么事情可以牵挂，春天的鸟鸣听起来就像是动听的乐曲，春天的花朵看起来就像是盛装的美女。能够得到片刻的空闲，就能享受片刻的闲适和乐趣，为什么一定要在情欲中寻求刺激才算是快乐呢？

原 文

开眼便觉天地阔，挝鼓非狂[1]；林卧不知寒暑更，上床空算[2]。

注 释

①挝鼓非狂：化用汉末名士祢衡击鼓辱骂曹操的典故，说明祢衡十分恃才傲物，其当面辱骂曹操的举动并没有过分轻狂。

②上床空算：化用陈登的典故。陈登，字元龙，三国时期人。据《三国志·魏书·陈登传》记载，许汜去拜见陈登，陈登也不和许汜说话，自己睡在大床上，让许汜睡在床下。许汜把这些告诉刘备，刘备说："君有国士之名，今天下大乱，帝主失所。望君忧国忘家，有救世之意，而君求田问舍，言无可采，是元龙所讳也，何缘当与君语？如小人，欲卧百尺楼上，卧君于地，何但上下床之间邪？"

译 文

睁开眼睛看世界，就会觉得天地之间十分宽广，即使是像祢衡击鼓、当面辱骂曹操这样的举动也不能算作过分轻狂；隐居山林之中而不知道天气时节，即使是像陈登那样忧国忘家、怀有救世之意的人也只能是白算。

原 文

唯俭可以助廉，唯恕可以成德。

注 释

只有节俭可以促成廉洁，只有宽恕可以成就德行。

原 文

山泽未必有异士，异士未必在山泽。

译 文

山林和川泽之中不一定就住着才智超凡的奇异的人才，才智超凡的奇异的人才也不一定住在山林和川泽之中。

原 文

业静六根成慧眼①，身无一物到茅庵。

注 释

①六根：佛教以眼为视根、耳为听根、鼻为嗅根、舌为味根、身为触根、意为虑根，以此六根为联系尘世、遮掩佛性的业障。慧眼：佛教以肉眼、天眼、慧眼、法眼、佛眼为五眼，慧眼和法眼能洞悉事物实相，肉眼和天眼仅能洞悉幻相，佛眼则为如来之眼，无所不见。

译 文

遮掩佛性的业障一旦彻底清除干净了，就能拥有洞悉世间万相的慧眼；身心没有任何牵绊，就如同到深山的茅庵中去修行一般。

原 文

人生莫如闲，太闲反生恶业；人生莫如清，太清反类俗情。

译 文

人生在世没有比清闲更重要的了，但是太过清闲反而会生出罪孽；人生在世没有比清高更好的了，但是过分清高反而会与世俗之情一样令人难以忍受。

原　文

不是一番寒彻骨，怎得梅花扑鼻香？念头稍缓时，便庄诵一遍。

译　文

若是没有一番彻骨的寒冷，又怎么能有梅花扑鼻而来的清香呢？每当念头稍有迟缓的时候，就应该把它拿出来庄重地朗诵一遍。

原　文

梦以昨日为前身，可以今夕为来世。

译　文

若是在梦境中把昨天当作自己的前身的话，那么也可以把今晚当作自己的来世。

原　文

读史要耐讹字，正如登山耐仄路①，踏雪耐危桥，闲居耐俗汉，看花耐恶酒，此方得力。

注　释

①仄路：狭窄弯曲的小路。

译　文

阅读史书之时要能忍受错别字，就像登山之时要能忍耐山间狭窄的小路，踏雪赏景之时要能忍耐危险的小桥，闲暇生活中要能忍耐俗人，赏花之时要能忍耐劣酒一样，这样才能进入史书的佳境，领悟其中的妙处。

原　文

世外交情，唯山而已。须有大观眼①，济胜具②，久住缘，方许与之莫逆。

注　释

①大观眼：洞察万物的慧眼。

②济胜具：能够登临山川名胜的强健躯体。《世说新语·栖逸》："许掾好游山水，而体便登陟。时人云：'许非徒有胜情，实有济胜之具。'"具，躯体。

译　文

俗世之外的交情，只有青山罢了。必须要有一双能够洞察万物的慧眼，能够周游山川名胜的强健体魄，能够长期居住在山中的缘分，只有这样才可以与青山成为莫逆之交。

原　文

九山散樵迹[1]，俗间徜徉自肆，遇佳山水处，盘礴箕踞[2]，四顾无人，则划然长啸，声振林木；有客造榻与语，对曰："余方游华胥、接羲皇[3]，未暇理君语。"客之去留，萧然不以为意。

注　释

①九山：泛指九州的名山。

②盘礴箕踞：随意地盘地而坐，这种坐姿在古代被视为不庄重、很轻慢。这里以这种坐姿表明其行为很随意、不受拘束。

③游华胥：据《列子》记载，黄帝"昼寝，梦游华胥之国"。这里泛指做梦。羲皇：即上古时期的部落首领伏羲氏，相传其曾作八卦图。

译　文

九州的名山都留下了采樵的踪迹，在俗世间肆意徜徉，毫无拘束，遇到有好山好水的地方，就随意地盘地而坐，张目四望，要是没有人就仰天长啸，声音在树林间回荡；每当有客人登门拜访，想要与我谈论，我就会说："我正在梦中游历华胥之国，与伏羲氏交游，没有时间理会你的话。"至于客人是离去还是留下来，则完全不放在心上。

原　文

择池纳凉，不若先除热恼[1]；执鞭求富[2]，何如急遣穷愁。

注　释

①热恼：焦灼苦恼。《法华经•信解品》："我等以三苦故，于生死中，受诸热恼，迷惑无知。"

②执鞭求富：《论语•述而》："富而可求也，虽执鞭之士，吾亦为之。"

译　文

选择在池塘旁边的树荫之下纳凉，还不如先消除心中的焦灼和苦恼；驾车奔走四面八方，以求经商致富的方法，怎么比得上先排遣因穷困而产生的愁绪。

原　文

万壑疏风清，两耳闻世语，急须敲玉磬三声；九天凉月净，初心诵其经，胜似撞金钟百下。

译文

千山万壑之中吹来疏朗而清爽的微风，双耳听到来自人世间的言论，这时迫切需要敲几声玉磬，让自己的心神镇定；九天之上悬挂着清凉而洁净的明月，这时怀着最初的本心诵读佛经，胜似敲一百下金钟。

原文

无事而忧，对景不乐，即自家亦不知是何缘故，这便是一座活地狱，更说什么铜床铁柱、剑树刀山也。

译文

悠闲无事却又烦忧不已，面对美景却怎么也快乐不起来，就连自己也不知道这是什么缘故，这就像是活在地狱中，更不必说那些地狱中的热铜床、烧铁柱以及插满剑的树和插满刀的山等可怕的景象了。

原文

烦恼之场，何种不有，以法眼照之，奚啻蝎蹈空花[①]。

注释

①奚啻：何止，岂但。宋叶适《太学博士王君墓志铭》："或言'宰相方知君，奚啻一博士而止'，不幸不及见，命也。"亦作"奚翅"。

译文

在人世间这个烦恼之地，各种各样的烦恼都有，但如果用佛家的法眼来观察和洞悉，这些都只不过像蝎子投靠在虚幻的鲜花之上罢了。

原文

上高山，入深林，穷回溪，幽泉怪石，无远不到，到则拂草而坐，倾壶而醉，醉则更相枕藉以卧，意亦甚适，梦亦同趣。

译文

登临巍峨的山峰，进入深密的丛林，穷尽弯曲的溪流，还有幽静清凉的泉水、奇形怪状的岩石，无论多远的地方都到了，到达目的地以后就拨开草丛席地而坐，倾尽壶中的美酒，开怀畅饮，直到喝醉了，喝醉之后就互相把身体当作枕头纵横而卧。能够做到这般境界，可见好友们是多么惬意啊，连做梦都有着相同的意趣。

原　文

闭门阅佛书，开门接佳客，出门寻山水，此人生三乐。

译　文

关起门来诵读佛经，打开门来迎接好友宾客，出门游览山川美景，这是人生的三大乐事。

原　文

客散门扃，风微日落，碧月皎皎当空，花阴徐徐满地；近檐鸟宿，远寺钟鸣，茶铛初熟，酒瓮乍开；不成八韵新诗，毕竟一团俗气。

译　文

宾客散了以后就关紧大门，微风习习，落日余晖，晴朗的天空中悬挂着一轮皎洁的明月，映照在花丛之上，花儿的影子在庭院中徐徐地撒了一地；近处屋檐下的鸟儿已经栖息，远处传来寺院的钟声，茶炉中刚刚煮好清茶，酒瓮中的美酒刚刚启封；面对此情此景，不能吟出八韵新诗，毕竟还是充满世俗之气。

原　文

不做风波于世上①，自无冰炭到胸中。

注　释

①风波：这里指代对尘世间各种欲望的追求。

译　文

不对尘世间的各种欲望做无止境的追求，胸中就自然不会有寒冷如冰或焦灼如火的感觉。

原　文

秋月当天，纤云都净，露坐空阔去处，清光冷浸，此身如在水晶宫里，令人心胆澄澈。

译　文

清冷的秋月悬挂在天空中，天空中没有一丝云彩，十分澄净，迎着露水坐在空旷的地方，清凉的月色侵入骨髓，带来阵阵寒意，就好像整个身体都在水晶宫中，使人的心和胆都变得十分澄澈。

原文

遗子黄金满籯[①]，不如教子一经。

注释

①遗：给……留下。籯（yíng）：箱、笼一类的竹器。

译文

给子孙后代留下满筐的黄金，还不如教授给子孙后代一部经书里的道理。

原文

凡醉各有所宜。醉花宜昼，袭其光也；醉雪宜夜，清其思也；醉得意宜唱，宣其和也；醉将离宜击钵，壮其神也；醉文人宜谨节奏，畏其侮也；醉俊人宜益觥盂加旗帜，助其烈也；醉楼宜暑，资其清也；醉水宜秋，泛其爽也。此皆审其宜，考其景，反此则失饮矣。

译文

大凡喝酒喝到大醉，都需要有具体的情景与之相适宜。比如赏花醉酒适宜在白天，可以借助白天的光线观赏花的颜色；赏雪醉酒适宜在黑夜，可以静心整理思绪；因得意而醉酒时适宜放声高歌，可以宣泄兴奋之情，从而调和精神；因即将离别而醉酒适宜击钵，可以增强离别的神色；文人吟诗醉酒要对节奏格外谨慎，以免招致不必要的羞辱；才智非凡的人醉酒应增加酒杯和旗帜，以增加豪放而热烈的气氛；登楼远望而醉酒适宜在酷暑，使清爽之感更强烈；观赏江水而醉酒适宜在秋季，以此增加秋高气爽的感觉。这些都需要审时度势，根据实际的情况，考虑到具体情景，如果不这样做，就会失去喝酒的乐趣。

原文

竹风一阵，飘扬茶灶疏烟；梅月半湾，掩映书窗残雪。

译文

竹林中吹来了一阵凉爽的清风，飘来了几缕从茶灶升腾而起的疏烟；梅花竞相开放，明月映照着半湾村落，与书屋窗前的残雪相掩映。

原文

厨冷分山翠，楼空入水烟。

译文

厨房里冷冷清清，平添了青山的苍翠；楼阁中空空荡荡，映在水面升腾起的烟雾中。

原　文

闲疏滞叶通邻水，拟典荒居作小山。

译　文

闲暇的时候就疏通阻滞水流的堆积着的树叶，使得附近的溪流都畅通无阻；打算典当了这座荒凉的住宅，建成一座专供游玩的小山。

原　文

聪明而修洁①，上帝固录清虚；文墨而贪残，冥官不受辞赋②。

注　释

①修洁：修行高洁。

②冥官：阴间的官员。

译　文

一个人若是既聪慧又有高洁的操行，那么上天自然就会录用他到清虚之所；一个人若是擅长行诗作文却又贪婪凶残，那么即使是阴曹地府的判官也不会接受他的辞赋文章。

原　文

破除烦恼，二更山寺木鱼声①；见彻性灵，一点云堂优钵影②。

注　释

①木鱼：佛教的法器。常常在念经时敲击，用来警诫自己。

②云堂：禅宗僧侣们坐禅修行的地方。优钵：梵语音译，指青莲花。

译　文

要想彻底清除心中的烦恼，就要去聆听二更时分山中寺庙里传来的木鱼声；要想对人性和智慧都领悟得十分透彻，只要看佛堂里的青莲花就可以了。

原　文

兴来醉倒落花前，天地即为衾枕①；机息坐忘磐石上②，古今尽属蜉蝣③。

注　释

①衾枕：棉被和枕头。

②机息：平息机心，使心情平静。

③蜉蝣：一种生存期很短的昆虫。《诗经·曹风·蜉蝣》："蜉蝣之羽，衣裳楚楚。"又比喻生命十分短促。亦作"浮蝣""蜉蝤"。

译　文

兴致来了的时候，醉倒在落花之前，天与地分别是我的棉被和枕头；心情平静，坐在巨大的石头之上将一切世事都忘怀，古往今来的一切纷扰看起来都像蜉蝣的生命一般短促。

原　文

老树着花，更觉生机郁勃；秋禽弄舌①，转令幽兴萧疏。

注　释

①弄舌：这里指鸣叫。

译　文

老树开花了，更显得富有勃勃生机；秋天的禽鸟鼓舌鸣叫，反而使幽静的意趣减少了。

原　文

完得心上之本来，方可言了心；尽得世间之常道①，才堪论出世。

注　释

①常道：一定的法则、规律，不发生改变的道理。

译　文

完全看清了自己内心本来的面目，才算是知道了的本体；完全领悟了世间不变的道理，才能够谈论出世之道，归隐山林。

原　文

雪后寻梅，霜前访菊，雨际护兰，风外听竹。固野客之闲情，实文人之深趣。

译　文

大雪之后寻赏梅花，霜降之前寻访菊花，大雨来临之际呵护兰花，大风之外聆听风吹竹叶的声音。这些原本都是山野之人闲适的情趣，实际上也是文人墨客的雅趣。

原　文

结一草堂①，南洞庭月，北峨眉雪，东泰岱松，西潇湘竹；中具晋高僧支法②，八尺沉香床。浴罢温泉，投床鼾睡，以此避暑，讵不乐乎？

注　释

①结：搭建。

②支法：晋高僧支法虔。

译　文

搭建一间草堂，南面可以观赏洞庭水中的月色，北面可以赏峨眉山上的雪景，东面种有泰山的青松，西面种有潇湘的竹子；中间摆上晋代高僧支法虔八尺长的沉香床。在温泉中洗浴过后，躺在床上酣睡。用这样的方法避暑，怎么能够不快乐呢？

原　文

人有一字不识，而多诗意；一偈不参①，而多禅意；一勺不濡，而多酒意；一石不晓，而多画意。淡宕故也。

注　释

①偈：佛教术语。即佛偈。

译　文

有的人一个字都不认识，却富有诗意；一句佛偈都不能参悟，却很有禅意；一滴酒也不沾，却满怀酒趣；一块石头也没有用心观摩过，却满眼画意。这些都是这样的人淡泊而无所拘束的缘故。

原　文

以看世人青白眼转而看书，则圣贤之真见识；以议论人雌黄口转而论史，则左狐之真是非①。

注　释

①左狐：即春秋时期著名的史官左丘明和董狐。左丘明为鲁国史官，有《春秋左氏传》(《左传》)、《国语》传世，因为其眼盲，故后人称之为盲左。董狐为晋国史官，晋灵公无道，想要杀了赵盾，赵盾逃走后，其人弑杀了晋灵公。赵盾回来后，董狐直书“赵盾弑其君”。孔子称其为古之良史，认为其书法不隐。因此后世便把左、狐当作良史的代称。

译　文

如果用看待世人的青眼与白眼去看书，那么就会具有像圣人贤士们那样的真知灼见；如果用议论他人是非的雌黄之口来评论历史，那么就会具有像左丘明、董狐这样秉笔直书的良史的是非观。

原　文

事到全美处，怨我者不能开指摘之端；行到至污处，爱我者不能施掩护之法。

译　文

做事如果做到了尽善尽美的程度，那么即使是怨恨我的人也找不到指责我的借口；行为如果达到了极为污秽的地步，那么即使是喜爱我的人也不能使用方法掩护我。

原　文

必出世者，方能入世，不则世缘易堕；必入世者，方能出世，不则空趣难持。

译　文

只有那些有出世之心的人，才能够入世成就一番惊天动地的事业，否则就容易受到尘世中各种孽缘的诱惑和牵绊，最终走向堕落；只有那些拥有入世阅历和经验的人，才能够做到出世，否则就难以保持空灵的心境。

原　文

调性之法，急则佩韦①，缓则佩弦②；谐情之法，水则从舟，陆则从车。

注　释

①急则佩韦：《韩非子•观行》："西门豹性急，佩韦以自缓。"韦，即熟皮。性柔韧。

②缓则佩弦：《韩非子•观行》："董安于性缓，佩弦以自急。"弦，即弓弦。常绷紧。

译　文

调整性情的方法有很多种，性子急躁的人就佩带熟皮来提醒自己不可过于急躁；性子缓慢的人就佩带弓弦来警告自己要行动积极；调适性情的方法，则要像水上乘船、陆地乘车一样自然。

原　文

才子之行多放，当以正敛之；正人之行多板，当以趣通之。

译　文

有才气的人的行为大多狂放不羁，应当用端庄正直来加以收敛；正直的人的行为大多死板，应当用情理意趣来加以融通。

原文

人有不及，可以情恕；非义相干，可以理遣。佩此两言，足以游世。

译文

一个人如果有做得不好的地方，还可以从情理上原谅他；如果不是关系到义理这样大是大非的问题，就可以用道理来教导他。明白了这两句话，便足以在人世间立足了。

原文

冬起欲迟，夏起欲早，春睡欲足，午睡欲少。

译文

冬天的早晨起床要晚，夏天的早晨起床要早；春天的睡眠要充足，午间的睡眠则要尽量少一些。

原文

无事当学白乐天之嗒然[①]，有客宜仿李建勋之击磬[②]。

注释

①乐天之嗒然：指白居易那种物我两忘的心境。唐白居易《隐几赠客》："有时犹隐几，嗒然无所偶。"乐天，即白居易。

②李建勋：字致尧，南唐大臣，好学，能诗文。《玉壶清话》记载："（李建勋）尝畜一玉磬，尺余，以沉香节安柄，叩之，声极清越。客有谈及猥俗之语者，则击玉磬数声于耳。客或问之，对曰：'聊代洗耳。'"

译文

没有事做的时候应该学学白居易那种物我两忘的心境，有客人来访的时候应该效仿李建勋以击磬声洗耳。

原文

郊居，诛茅结屋，云霞栖梁栋之间，竹树在汀洲之外；与二三之同调[①]，望衡对宇，联接巷陌；风天雪夜，买酒相呼。此时觉曲生气味[②]，十倍市饮。

注释

①同调：志趣相投。

②曲生：酒的别称。出自《开元传信记》。唐代道士叶法善在玄真观会见朝客数十人时想要喝酒，忽然有一人傲睨而入，自称是曲秀才，与在场的人论难，词锋甚健。法善有些怀疑，偷偷用小剑击之，递坠阶下，才发现是盈瓶浓酝。喝的时候感觉味道十分醇厚，因此对其瓶作揖而曰："曲生风味，不可忘也。"后人因用曲生、曲秀才指代酒。

译　文

居住在山郊野外，修剪茅草，搭建茅屋，云霞在栋梁之间缭绕，竹树在汀洲之外相互掩映；与两三个志趣相投的朋友，门户房屋相对，小道巷陌相连；在狂风或大雪的天气里买来美酒，叫来朋友一起对坐畅饮。此时就会感觉喝酒的趣味要比市井酒肆里的好上十倍。

原　文

万事皆易满足，唯读书终身无尽；人何不以不知足一念加之书？又云：读书如服药，药多力自行。

译　文

世间万事都容易让人得到满足，只有读书求学这件事一生都没有止境；人们为什么不把不能得到满足的念头用来读书呢？又有人说：读书就像是吃药，药服用得多了，药力自然就增强了。

原　文

醉后辄作草书十数行，便觉酒气拂拂[①]，从十指出也。

注　释

①拂拂：上涌升腾的样子。

译　文

喝醉酒之后就举笔写下数十行草书，于是感到酒气在胸中上涌升腾，从双手的十指中渗出，贯注到书法之中。

原　文

书引藤为架，人将薜作衣[①]。

注　释

①薜：即薜萝，薜荔与女萝两种植物的简称。战国楚屈原《九歌·山鬼》："若有人兮山之阿，被薜荔兮带女萝。"后来就用此作为隐者的装束或住处。

译文

书应该放在用藤条编织而成的书架之中，隐士应该穿着用薜荔与女萝制成的衣服。

原文

从江干溪畔，箕踞石上，听水声浩浩潺潺，粼粼冷冷，恰似一部天然之乐韵，疑有湘灵在水中鼓瑟也①。

注释

①湘灵：传说中的湘水之神，又称为湘君。战国楚屈原《楚辞•远游》中有“使湘灵鼓瑟兮，令海若舞冯夷”等诗句。

译文

在大江岸边或小溪畔的石上随意盘腿打坐，静心聆听着水声，或浩大或潺潺，时而响亮时而低沉，恰似一段大自然的美妙旋律。因此我不禁怀疑是否有湘水女神在水中抚琴。

原文

鸿中叠石，未论高下，但有木阴水气，便自超绝。

译文

在洪水之中堆垒石头，不论其高低上下，只要有树荫和水的雾气，便自然能够超凡绝伦。

原文

段由夫携瑟就松风涧响之间，曰三者皆自然之声，正合类聚。高卧闲窗，绿阴清昼，天地何其寥廓也。

译文

段由夫带着瑟来到松风呼啸、涧水潺潺的地方弹奏，他说：瑟、松风和涧水这三样所发出的都是大自然的声音，正符合物以类聚的原理。悠闲地卧在窗下，绿树相互掩映成荫，白天也感到很清凉，这时候的天地是多么宽广啊！

原文

少学琴书，偶爱清净，开卷有得，便欣然忘食；见树木交映，时鸟变声，亦复欢然有喜。常言：五六月，卧北窗下，遇凉风暂至，自谓羲皇上人。

译 文

年少的时候学习弹琴，练习书法，偶尔喜欢清净，每当读书有了心得，便高兴得废寝忘食；看到青山绿树、蓝天红花交相辉映，应时的鸟儿在其间穿行，变换着声音不断鸣叫，也不禁欣喜异常。常说：五六月份的盛夏高温难耐，躺在北窗之下，正好遇到凉风吹来，沁人肺腑，这真是生平最快乐的事，自以为可以比得上无忧无虑的上古时代的人们了。

原 文

空山听雨，是人生如意事。听雨必于空山破寺中，寒雨围炉，可以烧败叶，烹鲜笋。

译 文

在幽静的深山之中聆听雨声，这是生平最舒心畅意的事。聆听雨声一定要在幽静的深山之中，并且要在荒凉破旧的寺院里，在寒冷的雨天围着火炉，燃烧地上的枯叶，烹煮鲜嫩的竹笋。

原 文

鸟啼花落，欣然有会于心，遣小奴，挈瘿樽[①]，酤白酒，釂一梨花瓷盏[②]，急取诗卷，快读一过以咽之，萧然不知其在尘埃间也。

注 释

①瘿樽：有瘿瘤的木雕酒杯。唐李益《与宣供术园瘿樽归杏溪园联句》："千畦抱瓮园，一酌瘿樽酒。"

②釂（jiào）：喝尽。

译 文

听到鸟儿在啼叫，看到花儿在飘落，心中有所领悟并由衷欣喜，便让身边的家童带着酒瓮去买白酒，用画着梨花的瓷盏斟上一饮而尽，并急忙取来诗卷，快读一遍以助酒兴，这时胸中便会十分清爽快意，仿佛离开了尘世一样。

原 文

闭门即是深山，读书随处净土[①]。

注 释

①净土：佛教术语。指没有五浊（即劫、见、烦恼、众生、命）污染的清净世界。

译　文

关起房门，使自己的心灵不受尘世的污染，就如同住在幽静的深山之中一样；饱读诗书，使自己的心灵纯洁，就觉得世间处处都是净土。

原　文

千岩竞秀，万壑争流，草木蒙笼其上，若云兴霞蔚。

译　文

成千上万的高峰和山岩争奇竞秀，无数条沟壑和溪流竞相奔流，山上草木郁郁葱葱，就好像白云、彩霞在升腾飘荡一样，景色十分秀丽。

原　文

从山阴道上行，山川自相映发，使人应接不暇；若秋冬之际，犹难为怀。

译　文

在树木成荫的山间小路上行走，自然就会发现青山与河流相映生辉，让人感到应接不暇，美不胜收；若是在秋天或者冬天游览此地，恐怕更让人难以忘怀。

原　文

欲见圣人气象，须于自己胸中洁净时观之。

译　文

要想见识圣贤的气象风采，一定要在自己的内心没有丝毫杂念、极为纯洁的时候，观察圣贤的言语和行为，用心领悟。

原　文

执笔唯凭于手熟，为诗每事于口占。

译　文

执笔为文只是凭借着手头熟练，作诗为文往往要通过口头经常吟咏。

原　文

箕踞于斑竹林中，徙倚于青矶石上[①]；所有道笈梵书[②]，或校雠四五字[③]，或参讽一两章[④]。茶不甚精，壶亦不燥，香不甚良，灰亦不死；短琴无曲而有弦，长讴无腔而有音。激气发于林樾，好风逆之水涯。若非羲皇以上，定亦嵇阮之间。

注 释

①徙：徘徊，流连不去。

②道笈梵书：道家和佛家的经书。

③校雠：校对文字。

④参讽：参悟评议。

译 文

随意张开两腿盘坐在斑竹林中，又流连不去，靠在青矶石上；翻阅所有道家和佛家的经书或者校对四五个错字，或者参悟评议其中的一两章经文。所品的茶不需要是精品，茶壶也不一定要很烫，焚烧的香不需要太好，只要香灰不冷就行；弹奏短琴不需要按照固定的曲调，只要优美动听就行，放声高歌不需要规范的腔调，只要是来自心灵的声音就行。树林中激荡起自身的意气，和煦的清风吹拂着水面，这样的生活，如果不是像伏羲氏这样的上古圣人所拥有的，就必定是像嵇康、阮籍这样的魏晋贤人所拥有的。

原 文

闻人善，则疑之；闻人恶，则信之。此满腔杀机也。

译 文

听说别人做了好事，就怀疑；听说别人做了坏事，就深信不疑。这是心中充满敌意和恶念的表现。

原 文

士君子尽心利济，使海内少他不得，则天亦自然少他不得，即此便是立命。

译 文

读书仕进的君子一定会尽自己的心意和能力去帮助和造福别人，使天下的人都需要他，那么上天自然也就需要他，这样便确立了自己存在的意义和价值。

原 文

读书不独变气质，且能养精神，盖理义收摄故也。

译 文

读书不仅可以改变人的气质，还可以培养人的精神涵养，这大概是名理和经义收摄心志、消除杂念的缘故。

原　文

周旋人事后，当诵一部《清静经》；吊丧问疾后[1]，当念一通"扯淡歌"。

注　释

①吊丧问疾：吊唁死者，探问病人。

译　文

周旋人事之后，应当诵读一部《清静经》；吊唁死者、探问病人之后，应当念一通"扯淡歌"。

原　文

卧石不嫌于斜，立石不嫌于细，倚石不嫌于薄，盆石不嫌于巧，山石不嫌于拙。

译　文

横卧着的石头不嫌倾斜，竖立着的石头不嫌细小，倚靠着的石头不嫌轻薄，盆中的石头不嫌小巧，山中的石头不嫌笨拙。

原　文

雨过生凉境闲情，适邻家笛韵[1]，与晴云断雨逐听之，声声入肺肠。

注　释

①适：适逢，刚好遇上。

译　文

大雨过后，空气中生出丝丝凉意，环境清幽闲适，情趣盎然，刚好遇上邻近牧童的笛声悠悠传来，与初晴的天空中飘浮的云彩以及断断续续的雨声相应和，细细听来，声声悦耳，让人感到心旷神怡。

原　文

不惜费，必至于空乏而求人；不受享，无怪乎守财而遗诮[1]。

注　释

①诮：责备。这里引申为讥讽。南北朝孔稚珪《北山移文》："列壑争讥，攒峰竦诮。"

译　文

如果生活不节省花费，就必定会沦落到穷困潦倒、求人施舍的地步；如果家中富裕却舍不得享受，就理所当然会被别人看作守财奴而留下让别人讥讽的话柄。

原　文

园亭若无一段山林景况，只以壮丽相炫，便觉俗气扑人。

译　文

园林和亭台中如果没有一点山林泉石这样的自然景物，而只是建造一些雄伟壮丽的建筑来炫耀，就会使人感到俗气逼人。

原　文

餐霞吸露，聊驻红颜；弄月嘲风，开销白日。

译　文

把云霞当作饭吃，把甘露当作水喝，以此来保持容貌的艳丽；品玩月色，嘲弄清风，以此来打发一天又一天的白日时光。

原　文

清之品有五：睹标致，发厌俗之心，见精洁，动出尘之想，名曰清兴；知蓄书史，能亲笔砚，布景物有趣，种花木有方，名曰清致；纸裹中窥钱，瓦瓶中藏粟，困顿于荒野，摈弃乎血属，名曰清苦；指幽僻之耽，夸以为高，好言动之异，标以为放，名曰清狂；博极今古，适情泉石，文词带烟霞，行事绝尘俗，名曰清奇。

译　文

"清"这种精神境界所包含的类型有五种：看到标致完美的事物，就会产生厌恶世俗的想法，看到景致简洁的处所，就会萌生出世的想法，这就叫作"清兴"；知道收藏经卷史书可以亲近笔砚，布置景物的时候更富有情趣，栽种花木的时候有更好的方法，这就叫作"清致"；在废纸之中寻找钱币，在碎瓦旧瓶之中储藏米粟，穷困潦倒地生活在荒野之中，被亲人抛弃，这就叫作"清苦"；把爱好清幽僻静夸作性情高雅，把说话做事喜欢标新立异，标榜为狂放不羁，这就叫作"清狂"；博古通今，见多识广，适情于泉水幽石，诗词中带有烟霞的韵致，做事超凡脱俗，这就叫作"清奇"。

原　文

对棋不若观棋，观棋不若弹瑟，弹瑟不若听琴。古云："但识琴中趣，何劳弦上音。"斯言信然。

译　文

与人下棋不如在旁边看别人下棋，在旁边看别人下棋又不如自己弹瑟，自己弹瑟又不如听人弹琴。古人说："只要能领会琴中情趣，又何必劳烦自己弹琴发出声音呢？"这样的话说得很对。

原　文

奕秋往矣[1]，伯牙往矣，千百世之下，止存遗谱，似不能尽有益于人。唯诗文字画，足为传世之珍，垂名不朽。总之身后名，不若生前酒耳。

注　释

①奕秋：古代传说中的下棋高手。《孟子·告子上》载："弈秋，通国之善弈者也。"

译　文

奕秋这样的下棋高手早已成为过去，伯牙这样技艺高妙的琴师也去世已久，千百年后的今天，只留下残缺的棋谱和琴曲，似乎也不能对世人有很大的益处了。只有诗文、字画才足以作为传世的珍宝，留下不朽的名声。所以总的说来，死后的浮名不如生前的美酒。

原　文

君子虽不过信人，君子断不过疑人。

译　文

正人君子虽然不会过分地听信他人，但也绝对不会过分地怀疑他人。

原　文

人只把不如我者较量，则自知足。

译　文

人们只要和不如自己的人相比，就自然会感到满足了。

原　文

折胶铄石[1]，虽累变于岁时；热恼清凉，原只在于心境。所以佛国都无寒暑，仙都长似三春。

注释

①折胶：指代秋冬时节。胶，古代制作弓弩的材料之一，喜燥恶湿，秋冬时节强劲可折，故用“折胶”指代秋冬时节。铄石：指代炎热的夏天。《淮南子•诠言训》：“大热铄石流金，火弗为益其烈。”

译文

秋冬时节的胶劲可以折断，夏天的坚石可以熔化，虽然会受到气候时节变化的影响，但是是否焦灼烦恼或者清静凉爽，本来就只受心情好坏的支配。所以说佛的国度没有寒冷和暑热之分，仙人居住的地方也常年像春天一样。

原文

鸟栖高枝，弹射难加；鱼潜深渊，网钓不及；士隐岩穴，祸患焉至？

译文

鸟儿若是栖息在高高的树枝上，弹弓就很难射得到；鱼儿若是潜入深水之中，渔网和鱼钩就很难捕捉得到；士大夫若是隐居在山林岩穴之间，祸患又怎么会从天而降呢？

原文

于射而得揖让[①]，于棋而得征诛，于忙而得伊周[②]，于闲而得巢许[③]，于醉而得瞿昙[④]，于病而得老庄，于饮食衣服、出作入息而得孔子。

注释

①射：指古代的射礼。射礼有四种：将祭择士而射为大射，诸侯来朝或诸侯相朝而射为宾射，宴饮之射为燕射，卿大夫举士后所行之射为乡射。

②伊周：指伊尹和周公。

③巢许：指巢父和许由。上古时代的两位隐士，当时尧帝想要让位给他们，二人皆不接受。

④瞿昙：梵语音译。即佛祖释迦牟尼。

译文

从射礼中学会揖让之礼，从下棋中学会征讨诛伐，从繁忙中懂得伊尹、周公的想法，从闲适中理解巢父、许由的行为，从醉酒中理解释迦牟尼佛祖的戒律，从疾病中通晓老庄的道家学说，从吃饭穿衣、日出而作、日落而息的平常生活中理解孔子的儒家学说。

原文

前人云：“昼短苦夜长，何不秉烛游？”不当草草看过。

译　文

以前的人说过："白昼十分短暂，夜晚又十分漫长难熬，为什么不持着点燃的蜡烛夜游呢？"这句话不能只草率地看一眼，而要用心仔细品鉴体会。

原　文

优人代古人语，代古人笑，代古人愤，今文人为文似之。优人登台肖古人，下台还优人，今文人为文又似之。假令古人见今文人，当何如愤，何如笑，何如语！

译　文

演员装扮成古人的时候，代表古人说话，代表古人欢笑，代表古人忧愤，如今的文人写文章也与此相似。演员虽然登上舞台打扮得很像古人，但是到了台下仍然是演员的本来面目，如今的文人写文章也与此相似。假如让古人看到如今的文人的言行，不知道他们会不会忧愤，会不会欢笑，又会如何评说呢。

原　文

看书只要理路通透，不可拘泥旧说，更不可附会新说。

译　文

读书时只要通透彻悟其中的基本思路和内在意蕴就可以了，不能拘泥于陈旧传统的说法，更不能附会标新立异的言论。

原　文

简傲不可谓高，谄谀不可谓谦，刻薄不可谓严明，阘茸不可谓宽大。

译　文

恃才傲物不能称作清雅高贵，谄媚奉承不能称作谦逊恭顺，刻薄寡义不能称作严明无私，庸碌无为不能称作宽容大度。

原　文

作诗能把眼前光景，胸中情趣，一笔写出，便是作手，不必说唐说宋。

译　文

写诗的时候，只要把眼前的自然景色和胸中的情趣都抒发得淋漓尽致，就可以称得上是写诗的高手，没必要拘泥于唐诗宋词的传统。

原　文

少年休笑老年颠，及得老年颠一般。只怕不到颠时老，老年何暇笑少年？

译　文

年轻人不要嘲笑老年人糊涂，等自己到了年老的时候也一样会糊涂。只怕还不到糊涂之时就已经老态龙钟了，老年人哪里还顾得上去取笑年轻人呢？

原　文

饥寒困苦，福将至已；饱饫宴游，祸将生焉。

译　文

饱受饥寒交迫和艰难贫苦的困境，这是福气即将到来的先兆；身处饱食终日、安逸游乐的环境中，这是灾祸即将降临的征兆。

原　文

打透生死关，生来也罢，死来也罢；参破名利场，得了也好，失了也好。

译　文

如果能够看透生与死的界限，那么就不会有精神上的顾虑，活着的时候逍遥自在，死了也逍遥自在；如果能够看破名利争逐之间的虚妄，那么就可以得到超脱，得到了固然好，失去了也无所谓。

原　文

混迹尘中，高视物外；陶情杯酒，寄兴篇咏；藏名一时，尚友千古。

译　文

混迹于俗世之中，眼光和见识都超出了世间万事万物，从而能够置身事外；通过酒杯来陶冶自己的情趣，通过吟咏诗篇来寄托自己的情怀；暂时先把自己的名声隐藏起来，尚且能够在精神上与古代圣贤做朋友。

原　文

痴矣狂客，酷好宾朋[①]；贤哉细君[②]，无违夫子[③]。醉人盈座，簪裾半尽[④]；酒家食客满堂，瓶瓮不离米肆。灯烛荧荧[⑤]，且耽夜酌；爨烟寂寂[⑥]，安问晨炊？生来不解攒眉[⑦]，老去弥堪鼓腹[⑧]。

注释

①酷：甚，很。《吕氏春秋·本味》：“酸而不酷。”

②细君：本为古时候诸侯对自己妻子的称呼，后泛指妻子。

③夫子：丈夫。

④簪裾：头饰和衣衫。簪，指代头饰。

⑤荧荧：小火。《六韬·守土》：“涓涓不塞，将为江河；荧荧不救，炎炎奈何？”

⑥爨烟：炊烟。唐李商隐《行次西郊作一百韵》：“山东望河北，爨烟犹相联。”

⑦攒眉：皱眉头，表示不愉快，正在发愁。

⑧鼓腹：鼓起肚子，表示生活很安逸。《庄子·马蹄》“夫赫胥氏之时，民居不知所为，行不知所之，含哺而熙，鼓腹而游。”

译文

这个狂放不羁的人痴于性情，特别喜欢结交宾客；他的妻子很是贤良淑德，从不违背丈夫的意愿。满座都是喝醉酒的人，头饰和衣襟歪斜不整；酒店客人满堂，装米的瓶瓮没有离开过米肆。在昏暗微弱的烛光下，暂且沉湎于夜饮之中。一丝炊烟都没有，为何还要询问早餐呢？生来就不懂得发愁是什么滋味，老了更应该过着悠闲舒适的生活。

原文

皮囊速坏①，神识常存②，杀万命以养皮囊，罪卒归于神识。佛性无边，经书有限，穷万卷以求佛性，得不属于经书。

注释

①皮囊：身体。

②神识：众生的心和识。一般认为是指八识(眼、耳、鼻、舌、身、意、末那、阿赖耶)。

译文

人们的肉体在生命结束之后很快就会朽坏，但是神识却永远存在，杀死各种生命来供养自己的身体，罪行和业障终究会归纳到神识中；人的觉悟之性是宽广无边的，而经书中只是一些有限的文字而已，穷究万卷经书以便获得觉悟之性，所得来的觉悟之性却不属于经书本身。

原文

人胜我无害，彼无蓄怨之心；我胜人非福，恐有不测之祸。

译文

别人胜过我，对我而言并没有什么害处，因为这样别人就不会在心中积下对我的忌恨；我胜过别人，对我而言不见得是什么福气，因为恐怕将有难以预测的灾祸发生。

原 文

书屋前，列曲槛栽花[1]，凿方池浸月，引活水养鱼；小窗下，焚清香读书，设净几鼓琴，卷疏帘看鹤，登高楼饮酒。

注 释

①曲槛：即曲栏，曲折的栏杆。晚唐李珣《菩萨蛮》：“曲槛日初斜，杜鹃啼落花。”

译 文

在书房的前面建造曲折的栏杆来栽种花草，开凿出方形的池塘让月亮的倒影可以映照其中，引来流动的泉水养些小鱼；静坐在小窗之下，在焚烧着清香房子里阅读经书，摆好洁净的几案以便弹琴，卷起稀疏的帘子可以观看窗外的野鹤，登上高楼畅饮美酒佳酿。

原 文

人人爱睡，知其味者甚鲜；睡则双眼一合，百事俱忘，肢体皆适，尘劳尽消，即黄粱南柯特余事已耳[1]。静修诗云[2]：“书外论交睡最贤。”旨哉言也。

注 释

①黄粱南柯：分别出自李泌的《枕中记》和李公佐的《南柯记》。见前注。

②静修：即刘因。号静修，元代诗人、思想家。

译 文

每个人都喜欢睡觉，懂得其中绝妙的韵味的人却很少；睡觉的时候就闭上双眼，忘记世间的一切烦心事，四肢和躯体都很舒适，尘世的所有疲劳都消除干净，至于做不做像黄粱、南柯这样的美梦，那倒是其次。静修先生有诗写道：“除了书本，就数与睡觉的交情最好了。”这样的话真是高论。

原 文

过分求福，适以速祸；安分速祸，将自得福。

译 文

过分追求福分，恰恰很容易加速祸事的降临；坦然面对突如其来的祸事，自然能转祸得福。

原　文

倚势而凌人者，势败而人凌[1]；恃财而侮人者，财散而人侮。此循环之道。

注　释

①势败：失去权势。

译　文

倚仗权势欺凌别人的人，一旦失去权势必定同样被别人欺凌；倚仗自己的钱财而凌辱别人的人，一旦钱财散尽必定同样被别人凌辱。这是因果循环的自然规律。

原　文

我争者，人必争，虽极力争之，未必得；我让者，人必让，虽极力让之，未必失。

译　文

我努力争取的东西，别人必定也会想要争取，虽然竭尽全力来争取它，最终却不一定能够得到；我对别人谦让，别人必定也会对我谦让，虽然尽量谦让，却不一定就会真的失去。

原　文

贫不能享客，而好结客；老不能徇世[1]，而好维世；穷不能买书，而好读奇书。

注　释

①徇：顺从，遵从。《左传•文公十一年》："国人弗徇。"

译　文

已经贫困得不能款待客人，却喜好结交朋友；老年人不能顺应世间潮流，却往往喜欢维持世间原本的秩序；穷人买不起书，却特别喜欢读奇书。

原　文

沧海日[1]，赤城霞，峨眉雪，巫峡云，洞庭月，潇湘雨，彭蠡烟[2]，广陵涛[3]，庐山瀑布，合宇宙奇观，绘吾斋壁。少陵诗[4]，摩诘画[5]，左传文，马迁史，薛涛笺[6]，右军帖[7]，南华经[8]，相如赋，屈子离骚，收古今绝艺，置我山窗。

注释

①沧海：古代东海的别称。

②彭蠡：即鄱阳湖。

③广陵：即扬州。

④少陵：即唐代诗人杜甫。人称诗圣，因其自号少陵野老，故世人又称其为杜少陵。

⑤摩诘：即唐代著名诗人王维，字摩诘，号摩诘居士，擅长行诗作画。

⑥薛涛：唐代女诗人。曾让匠人造出彩色的纸笺，因此世人称之为薛涛笺。

⑦右军：晋代大书法家王羲之，曾做过右军将军，故又称其为王右军。

⑧南华经：即《庄子》，又名《南华经》。《新唐书•艺文志》："天宝年，诏号《庄子》为《南华真经》。"

译文

沧海的日出，赤城的红霞，峨眉山的积雪，巫峡的白云，洞庭湖的明月，潇湘的细雨，彭蠡的烟雾，广陵的波涛，庐山的瀑布，汇集天地间所有的美景奇观来描绘自己书斋中的墙壁。杜甫的诗，王维的画，左丘明的《左传》，司马迁的《史记》，薛涛的诗笺，王羲之的书帖，庄子的《南华经》，司马相如的赋，屈原的《离骚》，搜罗古今绝妙的艺术珍品，放置在自己山中居处的窗前。

原文

偶饭淮阴①，定万古英雄之眼，自有一段真趣，纷扰不宁者，何能得此？醉题便殿②，生千秋风雅之光，自有一番奇特，踟蹰牖下者，岂易获诸？

注释

①偶饭淮阴：《史记•淮阴侯列传》："信钓于城下，诸母漂，有一母见信饥，饭信，竟漂数十日。信喜，谓漂母曰：'吾必有以重报母。'"后韩信封侯拜将，找到此人，赐予千金。

②醉题便殿：《开元天宝遗事》："李白于便殿对明皇撰诏诰，时十月大寒，笔冻莫能书字。帝敕宫嫔十人，侍于李白左右，令各执牙笔呵之，遂取而书其诏，其受圣眷如此。"便殿，正殿以外的别殿，帝王休息游宴的地方。

译文

在河边洗衣服的妇人偶然间施舍饭食给淮阴侯的那一刻，就已经具备了识别万古英雄的慧眼，其中自然有一段天真纯朴的趣味，那些纷纷扰扰追求名利的人，哪里能得此真趣？李白喝醉酒以后在偏殿题写诗文，生成了流传千古的风流儒雅的光彩，自然有其奇特的际遇，那些在家不肯用功的人，哪里能得到这样的机会？

原文

清闲无事，坐卧随心，虽粗衣淡食，但觉一尘不染；忧患缠身，繁扰奔忙，虽锦衣厚味，只觉万状愁苦。

译文

清闲无事的时候，坐着或者躺着都顺从自己的心意，虽然穿的是用粗布做的衣服，吃的是没有佐料的粗茶淡饭，却觉得一尘不染；至于那些忧愁烦恼缠身，为了名利奔忙的人，虽然穿的是锦绣衣裳，吃的是美味佳肴，却仍然觉得世间之事都让人愁苦万分。

原文

我如为善，虽一介寒士，有人服其德；我如为恶，纵位极人臣，有人议其过。

译文

我若是去做善事，那么即便我只是一个贫寒的读书人，也会有人敬佩和称颂我的德行；我若是去做坏事，那么纵使我是位极人臣的将相，也会有人议论和指责我的过错。

原文

读理义书，学法帖字，澄心静坐，益友清谈，小酌半醺，浇花种竹，听琴玩鹤，焚香煮茶，泛舟观山，寓意弈棋，虽有他乐，吾不易矣。

译文

阅读理义之书，临摹字帖练字，放空心思安静地打坐，与好朋友清谈，稍微喝几杯至半醉，然后去浇灌花卉栽种翠竹，听人弹琴，观赏鹤舞，焚烧名香，烹煮好茶，摇着小船观看两岸的山色，专心致志地与人下棋，这些都是难得的幽趣，虽然还有别的值得快乐的事情，我也不愿意与之交换。

原文

成名每在穷苦日，败事多因得志时。

译文

一个人的成名往往是在他穷困潦倒的时候，一个人的失败却大多发生在其志得意满的时候。

原　文

宠辱不惊，肝木自宁[1]；动静以敬，心火自定；饮食有节，脾土不泄；调息寡言，肺金自全；怡神寡欲，肾水自足。

注　释

①肝木：指肝。按照中医的学说，五脏合五行，肝属木，故名。《素问•气交变大论》："岁金太过，燥气流行，肝木受邪。"心火、脾土、肺金、肾水同理。

译　文

遇到恩宠或遭到侮辱都不惊慌失措，那么属木之肝自然就会安宁；无论做事还是静处都以恭敬的心态对待，那么属火之心自然就会平和安定；饮食起居注意一定的节制，那么属土之脾自然就不会泄露；调养气息，沉默寡言，那么属金之肺自然就能得以保全；怡情悦性，清心寡欲，那么属水之肾自然就会充足。

原　文

让利精于取利，逃名巧于邀名。

译　文

让利于人比争取利益更为明智，逃避名声比争夺名声更为聪明。

原　文

彩笔描空，笔不落色，而空亦不受染；利刀割水，刀不损锷，而水亦不留痕。

译　文

用彩色的画笔在空中描画，画笔没有着色，空气也不会染上颜色；用锋利的刀子割断水面，刀刃不会受到任何磨损，水面也不会留下任何痕迹。

原　文

唾面自干，娄师德不失为雅量[1]；睚眦必报，郭象玄未免为祸胎[2]。

注　释

①唾面自干，娄师德不失为雅量：《新唐书•娄师德传》："其弟守代州，辞之官，教之耐事，弟曰：'人有唾面，洁之乃已。'师德曰：'未也，洁之，是违其怒；正使自干耳。'"睚眦必报，郭象玄未免为祸胎：典故来自汉末时期董卓的部将郭汜与李傕相互攻

伐之事，《后汉书·赵典传》称其“争睚眦之隙，成千古之仇。”

译 文

别人把唾沫吐到自己的脸上也不擦掉，任其自然风干，像娄师德这样做的人很有雅量；一点点嫌隙都必定报复，像郭象玄这样的做法不免为日后种下祸根。

原 文

天下可爱的人，都是可怜人；天下可恶的人，都是可惜人。

译 文

天下那些可以去爱的人，往往都是十分令人感到同情的人；天下那些人人都厌恶的人，往往都是令人感到惋惜的人。

原 文

事业文章，随身销毁，而精神万古如新；功名富贵，逐世转移，而气节千载一日。

译 文

事业和文章随着生命的结束都会销毁，但是人的精神可以万古如新；功名利禄、荣华富贵都会随着时势的变化而转移，但是人的气节可以千年如一日，永垂不朽。

原 文

读书到快目处，起一切沉沦之色；说话到洞心处，破一切暧昧之私。

译 文

读书如果读到心领神会的地方，就能扫除满脸抑郁、消沉的神色；说话如果说到敞开心扉的地步，就能消除内心深处的一切暧昧和私念。

原 文

谐臣媚子，极天下聪颖之人；秉正嫉邪，作世间忠直之气。

译 文

俳优艺人或贤能之臣都是天下极聪明的人；只有始终坚持正义、嫉恶如仇的人，才能够养成人世间忠厚刚直的习气。

原 文

隐逸林中无荣辱，道义路上无炎凉。

译 文

隐居在山林之中，便可以远离世间的荣宠和屈辱；坚持正义的大道，就不会有世态人情的炎凉冷暖。

原 文

名心未化，对妻孥亦自矜庄；隐衷释然，即梦寐会成清楚。

译 文

功名之心如果没有消除，那么即使是对妻子和儿女也会表现出矜持和庄严的神色；心中的隐衷如果得到了化解，那么即便是梦中的境界也会变得异常清晰。

原 文

闻谤而怒者，谗之囮①；见誉而喜者，佞之媒。

注 释

①囮（é）：鸟媒。用经过训练的活鸟引诱其他鸟前来，伺机捕捉。

译 文

听到诽谤的言语就要发怒，这种做法往往会成为遭受谗言诬陷的诱因；得到荣誉就很高兴，这种做法往往会成为产生奸佞之人的途径。

原 文

滩浊作画，正如隔布看月，隔水看花，意在远近之间，亦文章法也。

译 文

在滩头上用浊水画画，就如同隔着竹帘看月亮，隔着水流赏花，朦朦胧胧，意境在于远近之间，这也是写文章的一种方法。

原 文

藏锦于心，藏绣于口；藏珠玉于咳唾，藏珍奇于笔墨。得时则藏于册府①，不得则藏于名山。

注释

①册府：古时候帝王的藏书之所。《晋书•葛洪传》："细奇册府，总百代之遗编；纪化仙都，穷九丹之秘术。"

译文

把锦绣文章藏于口头心间，把珠玉珍奇般的语句藏于吟咏之间、笔墨之端。如果能够得到世人的认可，就写出来收藏在册府之中；如果得不到世人的认可，就写出来藏于名山石室之中。

原文

读一篇轩快之书，宛见山青水白；听几句透彻之语，如看岳立川行。

译文

阅读一篇晓畅快心的文章，就如同见到青山绿水一样让人感到赏心悦目；听到几句通透精辟的言论，就如同看到岿然不动的山岳、奔流不息的溪水一样让人感到心旷神怡啊。

原文

读书如竹外溪流，洒然而往；咏诗如蘋末风起，勃焉而扬。

译文

读书时就好像是竹林外的溪流，连续不断地潇洒而去；吟咏诗歌时就好像是青蘋之末被风吹起，瞬间勃发而激扬飘荡于空中。

原文

子弟排场[①]，有举止而谢飞扬，难博缠头之锦[②]；主宾御席，务廉隅而少蕴藉[③]，终成泥塑之人。

注释

①子弟：这里指梨园子弟，唱戏的人。

②缠头之锦：古代的歌舞演员表演完毕，宾客往往会以罗锦相赠，缠在头上，称之为"缠头之锦"。

③廉隅：棱角。这里比喻神情庄重，行为端庄。

译文

唱戏的人登台演出，要行为举止得体而不张扬夸张，否则就很难赢得缠头的罗锦；

重要的宾客入席定要神情庄重，行为端庄，而不能含蓄宽容，否则终会成为像泥偶一样的人。

原　文

取凉于箑[1]，不若清风之徐来；激水于槔，不若甘雨之时降。

注　释

①箑（shà）：扇子。西汉扬雄《方言》卷五：“扇，自关而东谓之箑，自关而西谓之扇。”

译　文

用扇子扇风纳凉，不如阵阵清风徐徐吹来凉爽；用桔槔汲水灌溉土地，不如上天的甘霖及时降临畅快。

原　文

有快捷之才而无所建用，势必乘愤激之处，一逞雄风；有纵横之论而无所发明[1]，势必乘簧鼓之场[2]，一恣余力。

注　释

①纵横之论：本指战国时期的合纵连横学说，后泛指经世治国的宏论。

②簧鼓：这里比喻巧言惑人。古代笙竽之类的乐器都有簧，吹奏之时鼓动发声，常常用其喻指搬弄是非。

译　文

胸中怀有灵动敏捷的才能，却没有什么用武之地，势必会借助能够发泄愤激情绪的时候，一逞雄风；胸中怀有经世治国的才能，却没有施展的机会，势必会借助时机场合，竭尽全力地搬弄是非。

原　文

月榭凭栏[1]，飞凌缥缈；云房启户[2]，坐看氤氲。

注　释

①月榭：赏月的露天平台上所建筑的高屋。

②云房：僧人、道士或者隐士所居住的房舍。

译　文

倚靠着供赏月用的亭榭的栏杆，天上的云朵浮动凌空缥缈；推开僧人、道士或者隐士所居住的房舍的门扉，坐着观看山间云烟弥漫，变幻莫测。

原　文

发端无绪，归结还自支离；入门一差，进步终成恍惚。

译　文

做事情如果一开始就没有头绪，那么到最后还是会支离破碎；做学问如果入门一步没有走好，那么再向前走终究会迷茫不清。

原　文

李纳性辨急[①]，酷尚弈棋，每下子，安详极于宽缓。有时躁怒，家人辈则密以棋具陈于前，纳睹便欣然改容，取子布算，都忘其恚[②]。

注　释

①李纳：唐朝时高丽人，曾为检校右仆射、司空、同中书门下平章事，并被封为陇西郡王，酷爱下棋。此事见《南部新书》。

②恚：发怒，怨恨。

译　文

李纳性情非常偏激且急躁，又十分喜爱下棋，下棋时每次落子时神态都很安详舒缓。有时他急躁得想要发怒，家里人就赶快悄悄地把下棋的用具放在他面前，李纳看到棋后就会变得高兴起来，脸色也会渐渐舒缓，拿着棋子布局谋划，把一切烦恼愤怒都抛到九霄云外。

原　文

竹里登楼，远窥韵士，聆其谈名理于坐上，而人我之相可忘；花间扫石，时候棋师，观其应危劫于枰间，而胜负之机早决。

译　文

在翠竹林中登上高楼，远远地看到风雅的士人，聆听他们在座间畅谈，辩析事物的道理，投入得忘记了别人和自己的存在；在万花丛中打扫石板，时常会等到棋师的到来，观看他们在棋盘之上从容地应对危险，而胜败的关键早已决出来了。

原　文

六经为庖厨[①]，白家为异馔，三坟为瑚琏[②]，诸子为鼓吹，自奉得无大奢，请客未必能享。

注　释

①六经：儒家的六部经典，即《诗经》《尚书》《礼记》《易经》《春秋》《乐经》。

②三坟：东晋孔安国《尚书序》："伏羲、神农、黄帝之书，谓之'三坟'。"瑚琏：古代宗庙祭祀时盛放黍稷的重器。

译　文

把儒家的六经当作厨师，把百家争鸣的学说当作珍异的菜肴，把上古时代伏羲、神农、黄帝之书当作礼仪重器，把先秦诸子各大学派当作器乐合奏，所有的这些让自己独自享用未免太过奢侈，就算是以此待客，客人也未必能够全部享用得了。

原　文

说得一句好言，此怀庶几才好；揽了一分闲事，此身永不得闲。

译　文

说了一句好话，或许内心才会安宁一些；招揽了一件闲事，自身将永远不得安闲。

原　文

古人特爱松风，庭院皆植松，每闻其响，欣然往其下，曰："此可浣尽十年尘胃。"

译　文

古时的人们特别喜欢听松风，因此都会在庭院中种植松树，每当听到风吹松树发出声响，便高兴地来到树下聆听，并感叹道："这松风简直可以彻底洗净被尘俗污染将近十年的脾胃了！"

原　文

凡名易居，只有清名难居；凡福易享，只有清福难享。

译　文

世俗的名声很容易获得，只有清雅的名声很难获得；世间的福气很容易享受得到，只有清闲的福气很难享受得到。

原　文

贺兰山外虚兮怨，无定河边破镜愁[①]。

注　释

①无定河：即今永定河。因其河道迁徙无常，故有此名。唐陈陶《陇西行》："可怜

无定河边骨，犹是春闺梦里人。"

译文

到贺兰山外戍边，归期甚至生死往往都很难预测，空留无限幽怨；出征前往无定河边，夫妻离别，有着无尽的像破镜难重圆那样的愁绪。

原文

有书癖而无剪裁，徒号书橱；唯名饮而少蕴藉，终非书名饮。

译文

心中虽然有爱书的癖好，却不加选择，这样的人只能被称作书橱；虽然号称饮酒的行家，却缺乏知识与涵养，这样的人终究不是喝酒的高手。

原文

飞泉数点雨非雨，空翠几重山又山。

译文

数点水雾飞流直下，似雨非雨；放眼望去，几重苍翠的高山外还有山。

原文

夜者日之余，雨者月之余，冬者岁之余。当此三余①，人事稍疏，正可一意问学。

注释

①三余：古代的人教自己的学生利用三种余暇时间读书，具体说法有异。《三国志•王肃传》裴松之注："冬者岁之余，夜者日之余，阴雨者时之余。"

译文

黑夜是一天中的空余时间，阴雨天是一个月中的空余时间，冬季是一年中的空余时间，在这三种空余的时间里，人情世事的干扰都比较少，正是可以利用这样的时间一心钻研学问。

原文

树影横床，诗思平凌枕上；云华满纸，字意隐跃行间。

译文

树影纵横交错，倒映在床上，诗兴在枕上升起；满纸都是精妙的奇文，字里行间处处闪耀着雅意韵致。

原　文

耳目宽则天地窄，争务短则日月长。

译　文

耳听、眼见的事情多了，反而会觉得天地都很狭隘；争名逐利的事情少了，时光就会变得悠长。

原　文

秋老洞庭，霜清彭泽。

译　文

清寒的秋天使得灵秀的洞庭湖呈现出一派衰老肃杀之气，严寒的霜雪使得鄱阳湖显得清幽而寒冷。

原　文

听静夜之钟声，唤醒梦中之梦；观澄潭之月影，窥见身外之身。

译　文

聆听寂静的夜晚从远方传来阵阵钟声，唤醒了人们的梦中之梦；观看澄澈的水潭中倒映着的月影，能看到自己映在水中的身外之身。

原　文

事有急之不白者，宽之或自明，毋躁急以速其忿；人有操之不从者，纵之或自化，毋操切以益其顽。

译　文

有的事情往往因为太过急躁而处理得不清不楚，宽缓从容行事反而会使事情清楚明白，所以凡事不能操之过急，否则会加速对方的愤恨；有的人如果遭到强制胁迫，他会坚决不从，如果对他宽容放纵，便有可能会使他受到感化，所以不能鲁莽急躁行事，从而增强他顽强对抗的决心。

原　文

士君子贫不能济物者，遇人痴迷处，出一言提醒之；遇人急难处，出一言解救之，亦是无量功德。

译文

士君子虽然因为贫穷而不能对别人有所周济，但只要在遇到别人执迷不悟的时候，就会说一句话警醒他，在遇到别人危急困难的时候就会说一句话解救他，也是功德无量的善行。

原文

处父兄骨肉之变，宜从容，不宜激烈；遇朋友交游之失，宜剀切，不宜优游。

译文

在处理父亲、兄弟这样的亲人的变故时，应当从容应对，不能过分激动；遇到朋友在与自己的交往过程中出现的过失举动，应当委婉劝导，不能犹豫不定。

原文

问祖宗之德泽，吾身所享者是，当念其积累之难；问子孙之福祉，吾身所贻者是，要思其倾覆之易。

译文

若要问列祖列宗的阴德、恩泽在哪里，我现在所享用的一切都是，所以需要时时感念列祖列宗创业积累的艰难；若要问子孙后代的福分如何，我为他们遗留的就是，所以要想到毁败家业是极其容易的。

原文

韶光去矣，叹眼前岁月无多，可惜年华如疾马；长啸归与，知身外功名是假，好将姓字任呼牛①。

注释

①呼牛：《庄子•天道》：“昔者子呼我牛也，而谓之牛；呼我马也，而谓之马。”比喻毁誉随人。

译文

青春年华已经逝去，感慨眼前时光已经所剩无几，叹息光阴就像快马一样飞驰而去；长啸一声归去，才知道身外的功名富贵都是虚幻，于是竭力寻求超脱，任凭别人将自己的姓名呼作牛马。

原　文

意摹古[①]，先存古，未敢反古；心持世，外厌世，未能离世。

注　释

①摹：效仿。

译　文

刻意去效仿古人，就应先保存古人的风度，不敢反对古人的风度；心中想要维持当世之道，外表却表现出对现世十分厌弃，就不能称作是超凡脱俗。

原　文

苦恼世上，度不尽许多痴迷汉，人对之肠热，我对之心冷；嗜欲场中，唤不醒许多伶俐人，人对之心冷，我对之肠热。

译　文

在这苦海无边的世界上，普度不完那么多执迷不悟的人，别人用一副热心肠相待，我却毫不在意；在充满利欲的名利场中，唤不醒那么多心怀小聪明的糊涂人，别人毫不在意，我却用热心肠相待。

原　文

自古及今山之胜[①]，多妙于天成，每坏于人造[②]。

注　释

①胜：美景。

②每：往往。

译　文

自古至今的名山美景，其绝妙之处大多在于自然天成，却往往被人造的景观所破坏。

原　文

画家之妙，皆在运笔之先，运思之际，一经点染，便减神机。

译　文

画家的玄妙之处在于其运笔作画之前，酝酿思索之时，一旦开始点染并描绘到纸上，其神韵便大大减弱了。

原 文

长于笔者，文章即如言语；长于舌者，言语即成文章。昔人谓丹青乃无言之诗，诗句乃有言之画。余则欲丹青似诗，诗句无言，方许各臻妙境。

译 文

擅长用笔作文的人，所作的文章就像是用语言表达的一样；擅长用嘴巴说话的人，所说的话语本身就是篇精彩的文章。古人说过，绘画是无言的诗句，诗句是有言的绘画。我却主张绘画要像有言的诗句，诗句要像无言的绘画，这样才能各自达到完美的境界。

原 文

舞蝶游蜂，忙中之闲，闲中之忙；落花飞絮，景中之情，情中之景。

译 文

四处飞舞的蝴蝶和游荡采蜜的蜜蜂，它们可以说是在悠闲中体会忙碌，在忙碌中体会悠闲；飘落的花朵和纷飞的柳絮，它们可以说是自然景物中最富有感情的，也是最能够寄托感情的。

原 文

五夜鸡鸣，唤起窗前明月；一觉睡醒，看破梦里当年。

译 文

五更天的鸡叫将窗前尚在睡梦中的人唤醒，只见一轮明月高挂在窗外的天空之中。我从睡梦中醒来，似乎看透了当年种种。

原 文

想到非非想①，茫然天际白云；明至无无明②，浑矣台中明月。

注 释

①非非想：佛教术语。全称为“非想非非想处”，指脱离实际的离奇空想。

②无无明：佛教术语。指大彻大悟，心境非常澄明。

译 文

思维若是到了脱离实际的空想的境地，就会像是天边飘浮不定的白云一样茫然至极；觉悟若是到了内心澄明的境界，就会像是镜中明月一般与万物浑然一体。

原 文

逃暑深林[1]，南风逗树；脱帽露顶，沉李浮瓜[2]；火宅炎宫[3]，莲花忽迸；较之陶潜卧北窗下，自称羲皇上人，此乐过半矣。

注 释

①逃暑：躲避酷暑。

②沉李浮瓜：魏文帝曹丕《与朝歌令吴质书》："浮干瓜于清泉，沉朱李于寒水。"

③火宅炎宫：这里比喻充满烦恼忧愁的尘世。

译 文

在深山幽林之中躲避酷暑，只见南风挑逗着树枝；脱下帽子，露出头顶，溪水中漂浮着瓜果；这种感觉就好像是在充满着烦恼忧愁的尘世中突然看到佛境，心中顿时感到清静凉爽；比起陶渊明卧在北窗之下乘凉时，称自己为伏羲氏这样的上古哲人，我的乐趣已经有过之而无不及了。

原 文

霜飞空而浸雾，雁照月而猜弦。

译 文

寒霜飞降就像大雾弥漫空中，大雁在月光下飞翔，就好像在猜度月亮的弦角。

原 文

既景华而凋彩，亦密照而疏明，若春隰之扬[1]，似秋汉之含星。景澄则岩岫开镜，风生则芳树流芬。

注 释

①隰：低湿的地方。《吕氏春秋•安死》："葬于阪隰则同乎阪隰，此之为爱人。"

译 文

不仅景色华丽，色彩斑斓，而且阳光密集，光线疏朗，就好像春天湿地里飘扬的花朵，又好像秋天夜空中闪烁的星星。景色澄明，山洞好像打开的镜子一样透出光亮；微风吹拂，繁茂的树丛散发出芬芳的馨香。

原 文

类君子之有道，入暗室而不欺；同至人之无迹，怀明义以应时。翻一覆兮如掌，一死一生兮若轮。①

注释

①这一段出自初唐诗人骆宾王的《萤火赋》。

译文

如同正人君子那样讲究道德，就算是置身于无人看见的地方也不自欺和欺人；如同修养达到最高境界的人那样来去无踪，心怀圣明的道义以待时势清明。一翻一覆就像手掌一样，死死生生就像车轮转动。

卷五　素

原　文

袁石公云[1]："长安风雪夜，古庙冷铺中，乞儿丐僧，齁齁如雷吼[2]，而白髭老贵人，拥锦下帷，求一合眼不得。呜呼！松间明月，槛外青山，未尝拒人，而人人自拒者何哉？"集素第五。

注　释

①袁石公：即袁宏道。字中郎，号石公，明代文学家，公安派的代表人物。与兄袁宗道、弟袁中道并称"三袁"，主张"不拘格套，独抒性灵"。

②齁齁：形容打鼾声。

译　文

袁宏道曾经说过："在古都长安下着雪的深夜里，在古庙冰冷的店铺中，乞丐和僧人睡觉时的鼾声如同雷吼，而富贵之家的白胡子老头，虽然拥有精美的锦绣棉被和悬挂着的床帷，却不能合上眼睡一觉。唉，松林间明月高照，栅栏外青山如画，它们并没有拒绝人们享受这等人间美景，而人们却将其拒之门外，这是为什么呢？"因此，我编纂了第五卷"素"。

原　文

田园有真乐，不潇洒终为忙人；诵读有真趣，不玩味终为鄙夫；山水有真赏，不领会终为漫游；吟咏有真得，不解脱终为套语。

译　文

田园生活之中有真正的乐趣，但若是不能潇洒地忘却俗世，终究只能做个忙忙碌碌的俗人；诵读的诗书之中有真正的趣味，但如果是个不会把玩体味的人，终究只能做个庸俗鄙陋的粗人；山水林泉之中有真正可供欣赏的景致，但若是不能领会，终究只能成为徒然漫游；吟咏之中有真正的心得，但若是不能从世俗烦恼中解脱，终究会落入俗套。

原　文

居处寄吾生，但得其地，不在高广；衣服被吾体，但顺其时，不在纨绮；饮食充吾腹，但适其可，不在膏粱；宴乐修吾好，但致其诚，不在浮靡。

译　文

居住的处所是我生命所寄托的地方，只要求这个地方舒适惬意，不必在乎屋舍院落是否高大宽广；衣服是用来遮蔽躯体的，只要合乎季节气候就行，不必在乎是否华贵好看；饮食是用来充饥的，只要份量足够就好，不必在乎是否是美味珍馐；宴饮娱乐是为了处好亲朋好友之间的关系，只要能够表达诚意就行，不必在乎是否浮华奢靡。

原　文

披卷有余闲，留客坐残良夜月；褰帷无别务[①]，呼童耕破远山云。

注　释

①褰帷：帷帐。

译　文

阅读书卷有闲暇之时，就留客人一起小坐片刻，在月夜里畅谈，直到良宵更残；早晨撩开帷帐没有别的事的话，就呼喊童仆赶牛，去那远处白云缭绕、云雾相接的山间里耕田。

原　文

琴觞自对[①]，鹿豕为群；任彼世态之炎凉，从他人情之反复[②]。

注　释

①觞：古代酒器。即喝酒用的酒杯。

②从：通“纵”，随便，任意。

译　文

独自一个人饮酒弹琴，与鹿猪为伍；任凭世态炎凉，无所谓人情是否反复无常。

原　文

家居苦事物之扰，唯田舍园亭，别是一番活计；焚香煮茗，把酒吟诗，不许胸中生冰炭。

译　文

居住在家，就会苦于世间俗事的纷乱打扰了幽趣，只有置身于田舍园亭，才能体会到一番别样滋味；焚烧名香，烹煮清茶，饮酒吟诗，心中就不会生出如同冰炭一样的矛盾纠葛。

原　文

客寓多风雨之怀，独禅林道院，转添几种生机；染翰挥毫[①]，翻经问偈，肯教眼底逐风尘？

注　释

①染翰挥毫：挥毫泼墨。这里指写诗作文。

译　文

客居在外，常常会被世间风雨触动忧思情怀，只有寄居于禅林道院之中，反而能够增添几分生机；写诗作文，翻阅经书，探问偈语，哪里会让眼睛去追逐世间的风尘险恶？

原　文

茅斋独坐茶频煮，七碗后气爽神清[1]；竹榻斜眠书漫抛，一枕余心闲梦稳。

注　释

①七碗：唐卢仝《走笔谢孟谏议寄新茶》："一碗喉吻润；二碗破孤闷；三碗搜枯肠；唯有文字五千卷；四碗发轻汗，平生不平事，尽向毛孔散；五碗肌骨清；六碗通仙灵；七碗吃不得也，唯觉两腋习习清风生。"

译　文

独自静坐在茅屋之中，不断烹煮着香茗，喝了七盏茶之后，顿时感觉神清气爽；躺在竹榻上，斜靠着侧卧而眠，不知不觉进入梦乡，手中的书卷散乱地抛在一边，一枕美梦之后，心情闲适安稳。

原　文

带雨有时种竹，关门无事锄花；拈笔闲删旧句，汲泉几试新茶。

译　文

要是有时间，就冒着小雨栽种竹子，无事可做的时候就关起院门，给庭院里的花锄草；闲暇的时候拿起笔删改几句旧日的诗句，汲来清泉烹煮调制的新茶。

原　文

余尝净一室，置一几，陈几种快意书，放一本旧法帖；古鼎焚香，素麈挥尘。意思小倦，暂休竹榻；饷时而起，则啜苦茗。信手写汉书几行，随意观古画数幅。心目间，觉洒灵空，面上俗当亦扑去三寸。

译　文

曾经我把一间居室收拾得很干净，中间摆放着一个几案，上面摆上几种让我心情愉悦的书籍，再放上一本旧的书法字帖；用古色古香的鼎焚烧名香，用素白的麈尾拂去灰尘。当人稍微有些疲倦的时候，就暂时躺在竹榻上休息一下；到了吃饭的时候再起来，喝点略带苦味的茗茶。信手写几行汉隶书法，随意观赏几幅古画。眼前心间便都会感到十分空灵洒脱，脸上的俗世灰尘也好像被扫去了三寸。

原　文

但看花开落，不言人是非。

译　文

只是静静地观赏花开花落，不妄言人世间的是是非非。

原　文

莫恋浮名，梦幻泡影有限；且寻乐事，风花雪月无穷。

译　文

不要贪恋浮华的虚名，它就好像是梦幻泡影，存在的时间很有限；暂且去寻找些令人快乐的事情，风花雪月之类的四季美景，其乐无穷。

原　文

白云在天，明月在地，焚香煮茗，阅偈翻经，俗念都捐，尘心顿洗。

译　文

白云飘浮在空中，明月普照大地，面对此情此景一边焚香煮茶，一边翻阅经书，让人感到一切世俗的杂念都抛除干净，对尘世的牵绊之心也都清洗干净。

原　文

暑中尝默坐，澄心闭目，作水观久之①，觉肌发洒洒，几阁间似有凉气飞来。

注　释

①水观：佛教术语。指坐禅时观水而得正定。

译　文

在酷热的夏天默然打坐，澄心静虑，闭目养神，长时间地像参禅观水那样端坐，感到浑身上下都轻松洒脱，就像有凉气从四面袭来。

原 文

胸中只摆脱一“恋”字，便十分爽净，十分自在。人生最苦处，只是此心，沾泥带水，明是知得，不能割断耳。

译 文

只要心中能够摆脱“恋”这个字，便会感到神清气爽，逍遥自在。人生最痛苦的地方往往就是这颗“恋”心，拖泥带水，明明知道这个道理，心中却始终不能割舍。

原 文

无事以当贵，早寝以当富，缓步以当车，晚食以当肉，此巧于处贫者。

译 文

把清闲无事看得很贵重，把早早睡觉看作富有，把慢步行走当作乘车，把推迟吃饭当作吃肉，这是懂得安贫处困的方法。

原 文

三月茶笋初肥，梅风未困[①]；九月莼鲈正美[②]，秫酒新香[③]。胜友晴窗，出古人法书名画，焚香评赏，无过此时。

注 释

①梅风：梅雨季节的风。

②莼鲈：莼菜和鲈鱼。

③秫：黏黄米，可酿酒。古代谷物中有黏性的叫秫。

译 文

三月茶树刚刚抽芽，竹笋刚刚长壮，梅雨天的风迎面吹来；九月莼菜、鲈鱼正美，高粱所酿新酒飘香。请来各位有名望的朋友，坐在晴天里的小窗之下，拿出古人的名帖名画，一边虔诚地焚香烹茶，一边观赏和品评，没有比这种时候更为惬意的了。

原 文

高枕丘中[①]，逃名世外，耕稼以输王税[②]，采樵以奉亲颜[③]；新谷既升，田家大洽，肥羜烹以享神[④]，枯鱼燔而召友[⑤]；蓑笠在户，桔槔空悬，浊酒相命，击缶长歌，野人之乐足矣。

注 释

①高枕：垫高了枕头睡觉。形容没有忧患和烦恼。

②输：缴纳。

③亲颜：亲人。

④羜（zhù）：出生五个月的小羊。《诗经·小雅·伐木》："既有肥羜，以速诸父。"

⑤燔：焚烧。

译文

在丘壑之中高枕无忧，于尘世之外逃避虚名，种植庄稼来缴纳国家的赋税，采樵打柴以侍奉亲人；每年新谷成熟入仓之时，农家就会十分融洽快乐，用肥嫩的羊羔祭神，用烤制的干鱼片来招待朋友；遮阳避雨的蓑笠挂在屋里，灌溉农田的桔槔空悬起来，大家开怀畅饮，击缶长歌，山野之人的乐趣可以说是很充足了。

原文

为市井草莽之臣，早输国课；作泉石烟霞之主，日远俗情。

译文

身处市井之内或者草莽山林之中的臣子，应该及早缴纳国税；幽居在泉石烟霞之间的主人，就应该日益远离俗世的情感。

原文

覆雨翻云何险也，论人情只合杜门[1]；吟风弄月忽颓然，全天真且须对酒。

注释

①杜门：闭门。

译文

翻云覆雨，世间之情是何等险恶，若是以人情世理来论事，那么就只能闭门不出；吟风弄月是何等风流潇洒，也不免忽然颓然兴叹，要想保持一片天真之心，就只有对酒当歌。

原文

春初玉树参差[1]，冰花错落，琼台奇望，恍坐玄圃罗浮[2]；若非黄昏月下，携琴吟赏，杯酒留连，则暗香浮动，疏影横斜之趣[3]，何能有实际。

注释

①玉树：这里指被积雪覆盖的树。

②玄圃：传说中仙人居住的地方。相传位于昆仑山顶，有五所金台、十二座玉楼。

罗浮：山名，位于今广东省。相传此山中有一洞，道家将其列为第七洞天。

③暗香浮动，疏影横斜：化用宋林逋《山园小梅》“疏影横斜水清浅，暗香浮动月黄昏”两句诗意。

译　文

初春之时，被积雪覆盖的树木参差不齐，冰凌结成的花儿错落有致，站在被白雪装砌的高台之上远望，恍惚间就好像坐在仙人谪居的玄圃和罗浮山中；若不是在黄昏明月高照之下，携带着琴吟诗赏月，推杯换盏，那种暗香浮动、疏影横斜的情趣，又怎么能真的得到呢？

原　文

性不堪虚，天渊亦受鸢鱼之扰①；心能会境，风尘还结烟霞之娱。

注　释

①天渊：高天和深渊。

译　文

性情如果不能够忍受清虚的境界，那么即使在蓝天和深渊中也会受到鸢鸟和鱼的干扰；内心如果能够与自然相契合，那么即使身处风尘滚滚的俗世也能体会到身在方外、满目烟霞的快乐。

原　文

身外有身，捉麈尾矢口闲谈，真如画饼；窍中有窍，向蒲团回心究竟①，方是力田。

注　释

①回心：回想，反思。

译　文

身外有身，手里拿着拂尘的麈尾却闭口不语，随口所说的闲话就好像画饼充饥一样；窍中有窍，坐在蒲团上反复回想，参悟佛法的真谛，这才是真正的功夫。

原　文

山中有三乐：薜荔可衣，不羡绣裳；蕨薇可食，不贪粱肉；箕踞散发，可以逍遥。

译文

居住在山中有三种乐趣：薜荔可以做衣服，不用羡慕别人的锦绣衣裳；蕨菜和薇菜可以吃，不必贪恋美味佳肴；随意地叉开双腿而坐，披散着头发，可以十分逍遥自在，不受拘束。

原文

终南当户，鸡峰如碧笋左簇，退食时秀色纷纷堕盘，山泉绕窗入厨，孤枕梦回，惊闻雨声也。

译文

窗户正对着终南山，鸡峰就像青翠的竹笋一样在左边簇拥着，回来吃饭的时候仍觉得秀美的景色好像纷纷落入到我的饭盘中；清澈的山泉从窗下绕过，流经厨房旁边；晚上独眠，从梦中醒来，吃惊地发现窗外传来淅淅沥沥的雨声，顿时感到清爽无比。

原文

世上有一种痴人，所食闲茶冷饭，何名高致①？

注释

①高致：崇高的人品或志趣。

译文

世间有一种愚痴的人，吃的都是闲茶冷饭，如何能称得上志趣高雅呢？

原文

桑林麦陇，高下竞秀；风摇碧浪层层，雨过绿云绕绕。雉雊春阳①，鸠呼朝雨②，竹篱茅舍，间以红桃白李，燕紫莺黄，寓目色相③，自多村家闲逸之想，令人便忘艳俗。

注释

①雉雊：小鸡鸣叫。唐王维《渭川田家》："雉雊麦苗秀，蚕眠桑叶稀。"

②鸠呼朝雨：斑鸠在清晨的雨中呼唤同类。宋欧阳修《鸣鸠》："天将阴，鸣鸠逐妇鸣中林，鸠妇怒啼无好音。"

③色相：佛教术语。指事物或人所呈现的外在形式。

译文

桑林葱茏，麦陇碧绿，高低上下，竞呈清秀之色；暖风吹拂着桑树、麦苗，掀起层层碧浪，阵雨打过，远远看起来好像是碧绿的云彩环绕其间。小鸡在春天温暖的阳光下鸣叫，斑鸠在清晨的细雨中惊啼，用竹子编成的篱笆，用茅草堆砌的房屋，它们之间还点缀着粉红的桃花和雪白的李花，紫燕和黄莺在婉转啼鸣，呈现在眼中的景色，自然大多都带有农家闲适生活的特色，使人忘记了艳俗的城市生活。

原文

白云满谷，月照长空，洗足收衣，正是宴安时节[1]。

注释

①宴：通“晏”，清闲。

译文

白云堆满了山谷上的天空，明月映照着长空，洗去手脚上的风尘，收回晾晒的衣服，正是清闲安逸的时候。

原文

眉公居山中，有客问山中何景最奇，曰：“雨后露前，花朝雪夜。”又问何事最奇，曰：“钓因鹤守，果遣猿收。”

译文

陈眉公隐居在山中，有客人问他山中什么景色最为奇妙，他回答：“雨过天晴之后、露降之前，百花生日(农历二月十二)、雪后月夜。”又问他什么事情最为奇妙，他回答：“垂钓时有仙鹤在身旁守护，树上的果子有猿猴代为摘收。”

原文

古今我爱陶元亮[1]，乡里人称马少游[2]。

注释

①陶元亮：即东晋著名诗人陶渊明。字元亮，又名潜，私谥“靖节”。他是中国第一位田园诗人，被称为“古今隐逸诗人之宗”，有《陶渊明集》。为人清高志洁，不为五斗米折腰。

②马少游：马援堂弟。其志向淡泊，知足求安，无意功名。

译文

古往今来的人物当中，我最喜爱陶渊明；乡里人物之中，人们都称颂马少游。

原　文

嗜酒好睡，往往闭门；俯仰进趋，随意所在。

译　文

喜欢饮酒和酣睡，经常闭门谢客；无论俯仰进退，事事都恣意随心。

原　文

霜水澄定，凡悬崖峭壁，古木垂萝①，与片云纤月，一山映在波中，策杖临之，心境俱清绝。

注　释

①萝：一种蔓生植物。北魏郦道元《水经注•渐江水》："扳萝扪葛，然后能升。"

译　文

秋天的水面澄清而平静，大凡周围的悬崖峭壁，参天古木，垂悬藤萝，还有数片白云、一弯新月，全部倒映在碧波之中。拄着手杖来到这山水之间，看到如此美景，心情的清爽、环境的清幽都达到了极点。

原　文

亲不抬饭，虽大宾不宰牲，匪直戒奢侈而可久①，亦将免烦劳以安身。

注　释

①匪直：不只，不仅仅。

译　文

亲人来了也不提高饭菜的标准，而是用家常便饭来招待，即使是年长德高的贵客来了也不宰杀牲畜，这样做不仅仅是为了戒除奢侈，节俭持家，以使日后的生活更加平稳长久，也是为了免除烦琐劳累，以安顿身心。

原　文

饥生阳火，炼阴精；食饱伤神，气不升。

译　文

饥饿导致阳火上升，可以借此修炼体内的元气；吃饱饭后令人精神困倦，神思不振。

原　文

心苟无事，则息自调；念苟无欲，则中自守。

译　文

心中如果没有什么烦恼事，气息便可以自行调节；意念如果没有什么欲望，内心便可以自行坚守。

原　文

文章之妙：语快令人舞，语悲令人泣，语幽令人冷，语怜令人惜，语险令人危，语慎令人密；语怒令人按剑①，语激令人投笔，语高令人入云，语低令人下石。

注　释

①按剑：手按着剑，表示将要拔剑。

译　文

文章的精妙之处在于：言语欢快的时候可以让人起舞，言语悲伤的时候可以让人哭泣，言语幽静的时候可以使人凉爽，言语可怜的时候能够令人怜惜，言语险恶能够使人感觉到危机，言语谨慎可以让人感觉到缜密；言语中带有怒气可以使人想要拔剑而起，言语激烈可以使人想要投笔奋起，言语高亢可以使人感到如同步入云端一般，言语低沉可以使人感到如同胸压大石。

原　文

溪响松声，清听自远；竹冠兰佩①，物色俱闲。

注　释

①竹冠兰佩：指用竹子编就的帽子，用兰草制成的佩饰。

译　文

小溪的潺潺流水声，松林的飒飒松涛声，这些清音即便是在很远的地方也能够听到；头戴着竹子编就的帽子，身系兰草制成的佩饰，这些物品自然让内心感到悠闲安逸。

原　文

鄙吝一销，白云亦可赠客；渣滓尽化，明月自来照人。

译文

鄙俗吝啬的念头一旦消失，即使是白云也可以当作礼物送给客人；心中的杂念一旦统统消除，明月自然会来映照在人的身上。

原文

存心有意无意之妙，微云淡河汉[1]；应世不即不离之法，疏雨滴梧桐。

注释

①河汉：银河。《古诗十九首·迢迢牵牛星》："河汉清且浅，相去复几许？"

译文

在有意无意之间存有心思，其妙处就好像少许的云彩飘在银河之中；应付世事要遵从保持不远不近、若即若离的方法，就好像稀疏的雨点打在梧桐叶上。

原文

肝胆相照，欲与天下共分秋月；意气相许，欲与天下共坐春风。

译文

彼此之间坦诚交往，愿与天下人共同分享秋月的清光；彼此之间情投意合，愿与天下人共同沐浴和煦的春风。

原文

堂中设木榻四，素屏二，古琴一张，儒道佛书各数卷。乐天既来为主，仰观山，俯听水，傍睨竹树云石，自辰及酉，应接不暇。俄而物诱气和[1]，外适内舒，一宿体宁，再宿心恬，三宿后颓然嗒然[2]，不知其然而然。

注释

①俄而：一会儿，不久。

②嗒（tà）然：形容物我两忘的神态。

译文

厅堂中摆着四张木榻，两个白色的屏风，一架古琴，几卷关于儒、释、道三教的经书。风流潇洒的白居易自从来到这里做了主人之后，抬头望山，低头听水，环顾四周，欣赏竹林、白云、幽石这些美景，从早晨到晚上都应接不暇。不久心灵就为美景所感染，使得心气平和，内外安逸舒适，住上一晚就感觉身体舒畅安宁，住两晚则心灵恬静，住三晚之后，那种感觉已经无法用语言来表达，可谓达到了物我两忘的境界，一切都顺从自然。

原　文

偶坐蒲团，纸窗上月光渐满，树影参差，所见非空非色；此时虽名衲敲门，山童且勿报也。

译　文

偶尔在蒲团上打坐，纸窗外逐渐撒满了月光，树影倒映在窗上，参差交错，这些所看到的既不是事物的本身，也不是假象，已经达到了非空非色的佛境；这时即使是有名僧来敲门，山童也姑且不要禀报。

原　文

会心处不必在远；翳然林水[①]，便自有濠濮闲想[②]，不觉鸟兽禽鱼，自来亲人。

注　释

①翳然：浓密葱茏的样子。

②濠濮闲想：濠、濮皆为水名。庄子曾与惠施游于濠濮，辩论鱼是否知乐的问题，又于濮水拒绝楚月聘他为相。后常指逍遥闲适的乐趣。

译　文

能够让人心领神会的地方不一定要很远，只要有郁郁葱葱的树林和潺潺的流水，便自然会使人生发出一种人生天地间的逍遥闲适之趣，在不知不觉之间，鸟兽禽鱼也似乎有了灵性，主动来与人亲近。

原　文

茶欲白，墨欲黑；茶欲重，墨欲轻；茶欲新，墨欲陈。

译　文

茶色要越洁白越好，墨色要越浓黑越好；茶团要越厚重越好，墨团要越轻巧越好；茶叶要越新鲜越好，墨汁要越陈旧越好。

原　文

馥喷五木之香[①]，色冷冰蚕之锦[②]。

注　释

①五木之香：古代香的一种，也称青木香。

②冰蚕之锦：东晋王嘉《拾遗记·员峤山》："有冰蚕长七寸，黑色，有角，有鳞。以霜雪覆之，然后作茧，长一尺，其色五彩；织为文锦，入水不濡。以之投火，经宿不燎。"

译文

浓郁的香气喷发，可以与五木之香相比；颜色冷艳，就像冰蚕之锦给人的感觉。

原文

筑凤台以思避[①]，构仙阁而入圆[②]。

注释

①筑凤台：化用"萧史弄玉"的典故。见前注。

②入圆：指升天。古人认为天是圆的，所以用圆来指天界。

译文

搭建凤凰台用以躲避尘世，建筑仙阁用以得道升天。

原文

客过草堂[①]，问："何感慨而甘栖遁？"余倦于对，但拈古句答曰："得闲多事外，知足少年中。"问："是何功课？"曰："种花春扫雪，看箓夜焚香。"问："是何利养？"曰："砚田无恶岁，酒国有长春。"问："是何还往？"曰："有客来相访，通名是伏羲。"

注释

①过：拜访，探望。《史记·魏公子列传》："臣有客在市屠中，愿枉车骑过之。"

译文

有客人来到我隐居的草堂中探望我，问："你有怎样的感慨而甘愿在这里隐居呢？"我也懒得去回答，就随口以古诗作为答案："得闲多事外，知足少年中。"客人问："你平时都做些什么功课？"我回答："种花春扫雪，看箓夜焚香。"客人问："你用什么方式修身养性？"我回答："砚田无恶岁，酒国有长春。"客人问："你与什么样的朋友来往？"我回答："有客来相访，通名是伏羲。"

原文

山居胜于城市，盖有八德[①]：不责苛礼，不见生客，不混酒肉，不竞田产，不闻炎凉，不闹曲直，不征文逋，不谈士籍。

注　释

①盖：大约。宋王安石《游褒禅山记》："盖余所至，比好游者尚不能十一。"

译　文

在山村野岭中居住要胜过在城市中生活，大约有八种好处：不讲究严厉苛刻的繁文缛节，不用会见陌生的宾客，不用吃酒肉杂陈的饮食，也没有田地产业的竞争，听不见世态的炎凉，不与别人争议是非曲直，不用被催逼征求文债，也没有人谈论和讲究门第出身。

原　文

采茶欲精，藏茶欲燥，烹茶欲洁。

译　文

采摘茱叶的时候要越精细越好，贮藏茶叶的地方要越干燥越好，烹煮茶叶的器皿要越洁净越好。

原　文

茶见日而味夺，墨见日而色灰。

译　文

茶叶如果经过太阳的暴晒，味道就会变淡；黑墨如果经过太阳的照射，颜色就会变灰。

原　文

磨墨如病儿，把笔如壮夫。

译　文

磨墨的时候要像生病的孩子一样轻缓，握笔书写的时候应该像壮年汉子一样有力。

原　文

园中不能办奇花异石，唯一片树阴，半庭藓迹，差可会心忘形。友来或促膝剧论，或鼓掌欢笑，或彼谈我听，或彼默我喧，而宾主两忘。

译　文

园中不必置办奇花怪石，只要有一片树木成荫，半院苔藓印迹，就足以让人心旷神怡、忘却形骸了。相交至深的朋友前来促膝相谈，时而鼓掌欢笑，时而朋友谈论而我倾听，时而朋友沉默而我说话，朋友和我都达到了物我两忘的境界。

原　文

尘缘割断，烦恼何处安身；世虑潜消，清虚向此中立脚。

译　文

尘缘一旦彻底割断，烦恼还能在什么地方安身呢？世俗的思虑一旦逐渐消除，清静虚无的境界就会在心中立足。

原　文

檐前绿蕉黄葵，老少叶①，鸡冠花，布满阶砌。移榻对之，或枕石高眠，或捉尘清话。门外车马之尘滚滚，了不相关。

注　释

①老少叶：植物名，又名“老少年”“雁来红”。深秋时节，其叶子的底部深紫而顶部纯红。

译　文

屋檐前栽种着绿色的芭蕉树与黄色的向日葵，老少叶和鸡冠花布满了台阶石砌。移来竹榻与之相对，有时枕着石头高卧酣睡，有时一边拂尘一边清谈。即便门外车马奔驰，扬起滚滚烟尘，也与我毫不相干。

原　文

夜寒坐小室中，拥炉闲话；渴则敲冰煮茗，饥则拔火煨芋。

译　文

在寒冷的夜晚坐在小屋之中，围着火炉与朋友闲谈；口渴了就敲打些冰块烹煮茗茶，肚子饿了就拨开炭火烤山芋充饥。

原　文

阿衡五就①，那如莘野躬耕②；诸葛七擒③，争似南阳抱膝④。

注　释

①阿衡五就：化用商汤五请伊尹的典故。《史记·殷本纪》：“伊尹名阿衡……或曰伊尹处士，汤使人聘迎之，五反然后肯往从汤，言素王及九主事，汤举任以国政。”

②莘野躬耕：《孟子·万章》：“伊尹耕于有莘之野，而乐尧舜之道焉。”

③诸葛七擒：化用诸葛亮七擒孟获的典故。

④南阳抱膝：《三国志·蜀书·诸葛亮传》注引《魏略》：“亮每晨夜从客，常抱膝长啸。”

译文

伊尹被商汤恭请了五次才出任官职，辅佐贤主安邦治国，但是这又怎么能够比得上隐居山间、耕种于有莘之野的乐趣呢？诸葛亮七次擒得孟获，为蜀国鞠躬尽瘁，但是这又怎么能够比得上隐居在南阳之时抱膝长啸的闲适生活呢？

原文

饭后黑甜[1]，日中薄醉，别是洞天；茶铛酒臼，轻案绳床，寻常福地。

注释

①黑甜：酣睡，熟睡。宋苏轼《发广州》："三杯软饱后，一枕黑甜余。"自注："俗谓睡为黑甜。"

译文

吃完饭后酣睡，白天有些喝醉了，这种生活别有一番滋味；茶灶酒具，轻巧的几案和绳床，也是寻常的安居之地。

原文

翠竹碧梧，高僧对弈；苍苔红叶，童子煎茶。

译文

青翠的竹林旁边，碧绿的梧桐树下，高僧们正在下棋；地上满是苍翠的苔藓和鲜红的落叶，童子正在一旁煎茶。

原文

久坐神疲，焚香仰卧；偶得佳句，即令毛颖君就枕掌记[1]，不则辗转失去。

注释

①毛颖君：毛笔的雅称。唐代韩愈曾作《毛颖传》，通篇采用拟人手法。

译文

坐的时间长了就会感到精神疲惫，这个时候需要焚上一炷名香，仰卧在床榻之上休息，偶然之间灵感袭来，觅得佳句，就应该随即用毛笔记下，否则睡着之后就会忘记。

原文

和雪嚼梅花，羡道人之铁脚[1]；烧丹染香履，称先生之醉吟。

注　释

①铁脚：草名，又名烫烫青。宋王洙《王氏谈录•北虏风物》："北荒之珍，有铁脚草，采之阴干，投之沸汤中，顷之茎叶舒卷如生。"

译　文

和着雪咀嚼梅花，非常羡慕道人的铁脚草；燃烧朱砂，熏染香鞋，称赞先生醉酒以后吟诵的诗句。

原　文

灯下玩花，帘内看月，雨后观景，醉里题诗，梦中闻书声，皆有别趣。

译　文

在灯下赏花，隔着帘子望月，在大雨过后观赏景色，在酣醉时题写诗句，在睡梦中听到读书声，这些情境都有别样的情趣。

原　文

王思远扫客坐留①，不若杜门；孙仲益浮白俗谈②，足当洗耳。

注　释

①王思远扫客坐留：《南齐书•王思远传》："思远清修，立身简洁。衣服床筵，穷治素净。宾客来通，辄使人先密觇视，衣服垢秽，方便不前，形仪新楚，乃与促膝。虽然，既去之后，犹令二人交帚拂其坐处。"

②孙仲益：即孙觌。字仲益，号鸿庆居士，宋常州晋陵人，善诗文，有《鸿庆居士集》。浮白：喝酒。

译　文

王思远既然要在客人走后将坐过的地方打扫得十分干净，那么还不如闭门不接待宾客；孙仲益嗜好喝酒，畅饮之时言谈粗俗，听过之后实在应该洗耳除垢。

原　文

铁笛吹残，长啸数声，空山答响；胡麻饭罢，高眠一觉，茂树屯阴。

译　文

吹过铁笛曲，仰天长啸数声，空旷的山谷里传来回声；吃完胡麻饭，美美地睡上一觉，繁茂的树木留下一片浓荫。

原 文

编茅为屋，叠石为阶，何处风尘可到；据梧而吟，烹茶而语，此中幽兴偏长。

译 文

用茅草编搭成小屋，用石头叠砌成台阶，世俗之中的风尘又怎么能够飘到这里来呢？靠着梧桐树吟诗，一边烹茶一边清谈，这里面的幽趣悠远而绵长。

原 文

皂囊白简[1]，被人描尽半生；黄帽青鞋[2]，任我逍遥一世。

注 释

①皂囊白简：指代机密公文。皂囊，汉代大臣们上奏机密之事，都会将奏章装在皂囊之中；白简，晋代傅玄做御史中丞之时，每当有弹劾的奏章都会手捧白简等待早朝。

②黄帽青鞋：指代平民生活。黄帽，农夫、平民、道士的代称，又作“黄冠”；青鞋，青鞋布袜都是山野村夫的服饰。

译 文

官场上，常常会遭到别人的密奏参劾，半生心血也付诸东流；隐居山林，过着头戴黄帽、脚穿青鞋的平民生活，可以任由我纵情逍遥一世。

原 文

清闲之人不可惰其四肢，又须以闲人做闲事。临古人帖，温昔年书；拂几微尘，洗砚宿墨；灌园中花，扫林中叶。觉体少倦，放身匡床上，暂息半晌可也。

译 文

清闲的人不能让自己的四肢懒惰，就必须用清闲之人的心态做一些清闲之事。描摹一下古人的字帖，温习一下旧日的书籍；擦拭一下几案上的灰尘，清洗一下砚台上残留的墨迹；浇灌一下园中的花草，打扫一下树林中的落叶。等到觉得身体稍稍有些疲惫之时，就舒适惬意地躺在床上，暂且休息片刻，也没有什么不可以。

原 文

待客当洁不当侈，无论不能继，亦非所以惜福。

译文

招待客人的时候应该讲求洁净而不需要太过奢侈，姑且不管奢侈是否能够维持长久，太过奢侈也不是珍惜福气的做法。

原文

葆真莫如少思，寡过莫如省事；善应莫如收心，解谬莫如澹志。

译文

想要保持天真的本性，就不如减少思虑，想要减少过失，就不如不要多事；想要善于应对世事，就不如收摄杂念，不要心猿意马，想要通过醉酒解除烦恼，就不如志趣淡泊，清心寡欲。

原文

世味浓，不求忙而忙自至；世味淡，不偷闲而闲自来。

译文

世情之味若是十分浓重，即使不想繁忙，繁忙也会不请自来；世情之味若是十分清淡，即使不去忙中偷闲闲适也会不求自来。

原文

盘餐一菜，永绝腥膻，饭僧宴客，何烦六甲行厨①？茆屋三楹②，仅蔽风雨，扫地焚香，安用数童缚帚？

注释

①六甲行厨：用烟火做饭。六甲，即六丁。道教中的火神。东晋葛洪《神仙传·左慈》："乃学道，尤明六甲，能役使鬼神，坐致行厨。"

②茆屋：即茅屋。

译文

盘中的餐食只有一个菜，而且永远不会是荤腥之类，用这样的饭食招待僧人、宾客，哪里需要动用烟火做饭；三间茅屋，仅仅能够遮蔽风雨，在这样的地方扫地焚香，哪里用得着请几个童仆呢？

原文

以俭胜贫，贫忘；以施代侈，侈化；以省去累，累消；以逆炼心，心定。

译 文

用勤俭战胜贫困，贫困自然就会消失；用施舍代替奢侈，奢侈自然就会消解；用省事代替劳累，劳累自然就会消除；用逆境来修炼心志，心志自然就会坚定。

原 文

净几明窗，一轴画，一囊琴，一只鹤，一瓯茶，一炉香，一部法帖；小园幽径，几丛花，几群鸟，几区亭，几拳石，几池水，几片闲云。

译 文

窗明几净的室内，一幅古画，一架古琴，一只仙鹤，一杯香茶，一炉名香，一本书法字帖；小园中幽静的小路旁边，有着几丛花，几群鸟，几座亭台，几块奇石，几池碧水，几片闲云。

原 文

花前无烛，松叶堪燃；石畔欲眠，琴囊可枕。

译 文

若是花前没有蜡烛，那么松叶也可以用来点燃照明；若是想要在石头边睡觉，那么琴囊也可以用来当作枕头。

原 文

流年不复记，但见花开为春，花落为秋；终岁无所营，唯知日出而作，日入而息。

译 文

隐居于山中，已经记不清流逝的时间，只知道花开之时为春天，花落之时为秋天；一年到头也没有什么其他的营生，只知道日出就开始劳作，日落就回家休息。

原 文

脱巾露顶，斑文竹箨之冠①；倚枕焚香，半臂华山之服②。

注 释

①斑文：条文。竹箨之冠：竹皮做成的帽子。汉高祖刘邦早年贫贱之时曾以竹箨做帽子，后来显贵了也时常戴着。

②华山之服：道人或者仙人的衣服。

译文

摘掉头巾，露出头顶，满头青丝好像是带有条文的竹皮做成的帽子；靠着枕头，焚烧名香，神情悠然，感觉自己身上穿的好像是道人的衣服。

原文

谷雨前后，为和凝汤社①，双井白茅，湖州紫笋②，扫臼涤铛，征泉选火。以王濛为品司③，卢仝为执权④，李赞皇为博士⑤，陆鸿渐为都统⑥。聊消渴吻，敢讳水淫，差取婴汤⑦，以供茗战⑧。

注释

①和凝汤社：宋陶谷《清异录》："和凝在朝，率同列递日以茶相饮，味劣者有罚，号为'汤社'。"和凝，五代著名词人，历仕后晋、后汉、后周，官至左仆射、太子太傅，封鲁国公。

②双井白茅，湖州紫笋：分别产于江西双井、浙江湖州的名茶。

③王濛：东晋时期人，酷爱饮茶，对茶道十分精通。

④卢仝：唐代诗人，号玉川子，有诗作《茶歌》传世。

⑤李赞皇：即李德裕。唐代赵州赞皇人，故称李赞皇，擅长品茶鉴水。

⑥陆鸿渐：即陆羽。字鸿渐，唐复州竟陵(今湖北天门)人，著有《茶经》等，被后世奉为茶圣。

⑦婴汤：茶水刚刚煮沸时的嫩汤。

⑧茗战：即斗茶。《云仙杂记》："建人谓斗茶为茗战。"

译文

谷雨前后正好采摘新茶，像和凝那样举行茶会，品评双井白芽、湖州紫笋这样的极品名茶，打扫杵臼，洗涤茶铛，汲取泉水，选择燃料。让王濛做品司，卢仝做执权，李赞皇做博士，陆鸿渐做都统。暂且都以茶解渴，避讳谈及水厄，取出茶水初沸时的嫩汤，以供相互之间斗茶。

原文

窗前落月，户外垂萝；石畔草根，桥头树影。可立可卧，可坐可吟。

译文

窗前的明月即将落下，门外垂着藤萝；石头边草根蔓延生长，桥头上一片树影参差交错。面对这样的美景可以站立也可以躺卧，可以静坐也可以吟诗，一切都随心适意。

原 文

亵狎易契[1]，日流于放荡；庄厉难亲，日进于规矩。

注 释

①亵狎：轻慢，不庄重。唐韩愈《南山诗》："虽亲不亵狎，虽远不悖谬。"

译 文

轻慢猥亵的人往往很容易接近，与这样的人交往的时间长了自己也会逐渐变得放荡轻佻；庄重严厉的人往往很难以亲近，与这样的人交往的日子长了自己就会越来越守规矩。

原 文

甜苦备尝，好丢手，世味浑如嚼蜡[1]；生死事大，急回头，年光疾于跳丸。

注 释

①嚼蜡：比喻索然无味。《楞严经》卷八："我无欲，应汝行事，于横陈时，味如嚼蜡。"

译 文

人生的酸甜苦辣都经历一遍，才好放手，世间百味简直味同嚼蜡；关乎生死的事情非常重大，要赶紧回头，时光就像抛出去的弹丸一样飞逝。

原 文

若富贵，由我力取，则造物无权；若毁誉，随人脚跟，则谗夫得志。

译 文

富贵如果通过我的努力就可以得到，那么造物主就没有什么权力了；诋毁和美誉如果跟着人们的脚跟而传播，那么诬陷和谗害就会得逞了。

原 文

清事不可着迹，若衣冠必求奇古，器用必求精良，饮食必求异巧，此乃清中之浊，吾以为清事之一蠹。

译 文

清雅的事不能露出痕迹，若是衣服和帽子必须要追求奇特古朴，生活器具必须追求式样精巧美好，饮食一定要追求奇异，这就是看似高雅，实际上是高雅中的庸俗，在我看来这是对清雅的一种损害。

原　文

吾之一身，常有少不同壮，壮不同老；吾之身后，焉有子能肖父，孙能肖祖？如此期，必属妄想，所可尽者，唯留好样与儿孙而已。

译　文

我这一生中，常常会出现少年时期与壮年时期不同、壮年时期与老年时期不同的事；在我死后，又哪里有孩子像父亲、孙子像祖父的呢？如果一定要期望这些，那必定是妄想，我可以尽力去做的，唯有给子孙后代留个好榜样罢了。

原　文

若想钱，而钱来，何故不想；若愁米，而米至，人固当愁。晓起依旧贫穷，夜来徒多烦恼。

译　文

如果心里想要有钱财，钱财就会马上到来，那么人们为什么不想要呢？如果真的是为米发愁，米就会马上到来，那么人们当然就应该发愁。可是事实并不是这样的，早上起来仍旧贫穷，夜里也只是徒然增加烦恼罢了。

原　文

半窗一几，远兴闲思，天地何其寥阔也；清晨端起，亭午高眠，胸襟何其洗涤也。

译　文

靠着几案透过半开的窗户向外望去，直至悠远思虑清闲，天地之间是何等广阔啊；清晨起床端坐，中午睡上一觉，胸襟是何等澄净啊，就像是洗涤过的一样。

原　文

行合道义，不卜自吉；行悖道义，纵卜亦凶。人当自卜，不必问卜。

译　文

如果做事合乎道义，即便不去问卜，自然就会吉祥；如果行为违背道义，即便问卜，也不会吉利。每个人都可以根据自己的行为占卜吉凶，而不必去问卜算卦。

原　文

奔走于权幸之门，自视不胜其荣，人窃以为辱；经营于利名之场，操心不胜其苦，己反以为乐。

译 文

在达官权贵的门下奔走效命，自己觉得不胜荣耀，别人却从心底为这样的人感到耻辱；在名利场中周旋往来，费尽心机，不胜其苦，这样的人反而觉得自己很快乐。

原 文

宇宙以来有治世法，有傲世法，有维世法，有出世法，有垂世法。唐虞垂衣①，商周秉钺②，是谓治世；巢父洗耳③，裘公瞋目④，是谓傲世；首阳轻周⑤，桐江重汉⑥，是谓维世；青牛度关⑦，白鹤翔云⑧，是谓出世；若乃鲁儒一人⑨，邹传七篇⑩，始谓垂世。

注 释

①唐虞垂衣：这里指尧帝陶唐氏与舜帝有虞氏用道德教化民众。《易·系辞》："黄帝尧舜垂衣裳而天下治，盖取诸乾坤。"

②商周秉钺：这里指商周两代都以礼乐教化百姓。

③巢父洗耳：相传巢父是上古时期著名的隐士，尧帝想要禅位于他，他知道以后，感觉给自身蒙受了污点，就跑到河边洗耳。

④裘公瞋目：晋皇甫谧《高士传•披裘公》："披裘公者，吴人也。延陵季子出游，见道中有遗金，顾披裘公曰：'取彼金。'公投镰瞋目，拂手而言曰：'何子处之高而视人之卑？五月披裘而负薪，岂取金者哉？"裘公，又称披裘公，为春秋时期的高义之士。

⑤首阳轻周：伯夷、叔齐原是商代孤竹国君的儿子，后来商为周所灭，伯夷、叔齐以身为周朝的子民为耻，拒绝吃周朝的粮食，因此隐居于首阳山，最后饿死。

⑥桐江重汉：东汉时期，严光曾经和光武帝刘秀一起游学，后来隐居于桐江，光武帝十分欣赏其才能，称帝之后曾多次下诏请其做官，严光拒不接受。

⑦青牛度关：典出老子骑青牛出函谷关西去的故事。

⑧白鹤翔云：指丁令威化鹤的典故。相传汉代辽东人丁令威曾经在灵墟山学道，后来化为仙鹤回到辽东，落在城门的华表之上。有少年看到了，就要用弓箭射他，丁令威飞到空中感叹道："有鸟有鸟丁令威，去家千岁今来归。城郭如故人民非，何不学仙冢累累。"

⑨鲁儒一人：即孔子。鲁国人，春秋时期的思想家、教育家、政治理论家，儒家学说的创始人。

⑩邹传七篇：指孟子及其著作《孟子》七篇。孟子，战国时期邹人，儒家的主要代表人物之一。

译 文

自从有了天地之分，人世间就开始有管理国家的方法，有傲然处世的方法，有维系俗世的方法，有脱离人世束缚的方法，有垂于后世的方法。唐尧、虞舜以道德教化百姓，无为而治，商朝和周朝以礼乐治理国家，这是管理国家；巢父洗耳，裘公怒视延陵季子，这是傲然处世；隐居首阳山的伯夷、叔齐轻视周朝，隐居在桐江的严光拒不受官，这是维系俗世；老子骑青牛出函谷关西游，丁令威化为仙鹤飞翔于云间，这是脱离人世束缚；然而，只有像鲁国的巨儒孔子，写下七篇传世之作的孟子，才可以真正称得上是垂名万世。

原　文

书室中修行法：心闲手懒，则观法帖，以其可逐字放置也；手闲心懒，则治迂事，以其可作可止也；心手俱闲，则写字作诗文，以其可以兼济也；心手俱懒，则坐睡，以其不强役于神也；心不甚定，宜看诗及杂短故事，以其易于见意不滞于久也；心闲无事，宜看长篇文字，或经注，或史传，或古人文集，此又甚宜于风雨之际及寒夜也。又曰：手冗心闲则思，心冗手闲则卧，心手俱闲，则著作书字，心手俱冗，则思早毕其事，以宁吾神。

译　文

在书房之中修养性情的方法：心闲手懒之时，就观看书帖，因为它是逐字放置的，不必动手；手闲心懒之时，就做一些舒缓的事，因为这样的事可以做也可以不做，不必动心思；心和手都闲的时候，就写诗作文，因为这样可以让心、手并用；心和手都懒的时候，就坐着睡觉，因为这样可以不强制压迫精神；内心不是很安定的时候，适合阅读诗歌和短篇故事，因为它们容易理解而不至于使心思在上面滞留太久；心闲无事的时候适合看看长篇的书籍，或者是经书的注释，或者是史传，或者是古人的文集，这样的情形又特别适合发生在风雨天或寒夜。还有一种说法：手忙心闲之时就思考，心忙手闲之时就躺下休息，心和手都闲的时候就著书写字，心和手都忙的时候就思考怎样尽早结束此事，以使我的心神安宁。

原　文

片时清畅，即享片时；半景幽雅，即娱半景，不必更起姑待之心。

译　文

只要有一时半会儿的清静畅快的时光，就要尽情享受；只要遇到半点幽静雅致的景色，就要尽情愉悦欣赏，不必再有姑且等一等的念头。

原　文

一室经行[1]，贤于九衢奔走；六时礼佛[2]，清于五夜朝天[3]。

注　释

①经行：佛教术语。指佛教信徒们为了排遣心中郁结的情绪，在某一处徘徊。

②六时：佛教将一昼夜划分为六个时辰，白天分为晨朝、日中、日没，晚上分为初夜、中夜、后夜。

③五夜：古时一夜分为五更，五夜为一整夜。

译　文

在一室之内徘徊，胜过在四通八达的大道上奔走；终日都在敬香礼佛，胜过整夜朝拜上天。

原　文

会意不求多，数幅晴光摩诘画；知心能有几？百篇野趣少陵诗。

译　文

能够使人心领神会的东西不要求有很多，几幅明媚的王维画就够了；能够让人知心达意的东西能有多少？百篇富含野趣的杜甫诗就很好了。

原　文

醇醪百斛，不如一味太和之汤[1]；良药千包，不如一服清凉之散。

注　释

①太和之汤：即百沸汤、热汤。能会合阴阳元气，保养身心。

译　文

很多斛味道醇厚的美酒，还不如一味保养身心的太和汤；无数包治百病的良药，还不如一服清凉散。

原　文

闲暇时，取古人快意文章，朗朗读之，则心神超逸，须眉开张。

译　文

闲暇之时取来古人所作的轻松愉快的文章，大声朗读，就会觉得心神超然物外，神清气爽。

原　文

修净土者，自净其心，方寸居然莲界；学禅坐者，达禅之理，大地尽作蒲团。

译　文

修习佛法的人必须首先让自己的心灵纯洁清净，信念虔诚，那么这时自己的内心就是佛国，随处都可以通往极乐世界；学习打坐参禅的人，只要通达禅机佛理，那么整个大地就是一个可供坐禅的大蒲团。

原　文

衡门之下，有琴有书，载弹载咏，爰得我娱；岂无他好？乐是幽居。朝为灌园，夕偃蓬庐。

译　文

在简陋的屋舍之中，有琴和书相伴，可以一边弹奏一边歌唱，于是悠闲自得；难道没有别的值得快乐的事吗？当然不是，我的乐趣就是隐居。隐居的时候，早上可以浇灌园中的花卉，晚上可以仰卧在草庐之中。

原　文

因葺旧庐，疏渠引泉，周以花木，日哦其间；故人过逢，瀹茗弈棋[①]，杯酒淋浪，其乐殆非尘中物也。

注　释

①瀹茗：煮茶。宋陆游《与儿孙同舟泛湖》：“酒保殷勤邀瀹茗，道翁伛偻出迎门。”

译　文

因此修葺破旧的房屋，疏导水渠，引来泉水，周围种上花卉树木，整日徜徉其中吟咏赋诗；有老朋友从此经过，就留下他，煮茶下棋，推杯换盏，喝酒清谈，这种乐趣在俗世中是得不到的。

原　文

逢人不说人间事，便是人间无事人。

译　文

碰到任何人都不言及尘世间的事，这样的人就是人世间没有是是非非的人。

原　文

闲居之趣，快活有五：不与交接，免拜送之礼，一也；终日可观书鼓琴，二也；睡起随意，无有拘碍，三也；不闻炎凉嚣杂，四也；能课子耕读，五也。

译　文

闲居的乐趣，有五种快活之处：不与外界交往应酬，免去了拜访相赠的礼品，这是其一；整天都可以看书弹琴，这是其二；睡觉起床随心所欲，没有拘束羁绊，这是其三；两耳不闻世态炎凉，心中没有喧嚣杂念，这是其四；能够督促孩子耕种读书，这是其五。

原　文

虽无丝竹管弦之盛，一觞一咏，亦足以畅叙幽情。[①]

注　释

①这一段出自王羲之的《兰亭集序》。

译　文

虽然没有丝竹管弦等各种乐器合作演奏时那么盛大的场面，但是一边饮酒一边赋诗，也足以酣畅淋漓地抒发自己胸中幽雅的情怀。

原　文

独卧林泉，旷然自适，无利无营，少思寡欲，修身出世法也。

译　文

独自躺卧在山林间、清泉旁，心胸旷达，安闲自在，不贪求功名利禄，没有私心杂念和欲望，这是修养身心超脱世俗的方法。

原　文

茅屋三间，木榻一枕，烧高香，啜苦茗，读数行书，懒倦便高卧松梧之下，或科头行吟[①]。日常以苦茗代肉食，以松石代珍奇，以琴书代益友，以著述代功业，此亦乐事。

注　释

①科头：指不戴冠帽。《战国策•韩策一》："秦带甲百余万，车千乘，骑万匹，虎挚之士，跿跔科头，贯颐奋戟者，至不可胜计也。"

译　文

三间茅草房屋，一个木头睡榻，烧上高香，喝点香茶，读上几行文字，慵懒疲倦的时候就高卧在松树、梧桐树之下，或者不戴冠帽，一边踱步一边吟诗。日常生活中用清苦的茗茶代替肉食，用松石代替奇珍异宝，用琴书代替良师益友，用著书立说代替建功立业，这正是人生中的快乐之事。

原　文

挟怀朴素，不乐权荣；栖迟僻陋，忽略利名；葆守恬淡，希时安宁；晏然闲居，时抚瑶琴。

译　文

胸怀质朴素雅，不喜欢权势与荣华富贵；栖居在偏僻、简陋的山野之间，不计较功名利禄；保持心灵的恬淡，希望能够时刻享受宁静；安逸地闲居，不时地抚弄下瑶琴。

原　文

人生自古七十少，前除幼年后除老，中间光景不多时，又有阴晴与烦恼。到了中秋月倍明，到了清明花更好；花前月下得高歌，急须漫把金樽倒。世上财多赚不尽，朝里官多做不了；官大钱多身转劳，落得自家头白早。请君细看眼前人，年年一分埋青草；草里多多少少坟，一年一半无人扫。

译　文

人生七十古来稀，前面去掉年少的时光，后面去掉年老的时光，中间剩下的时光就没有多少了，更何况还有阴晴风雨和烦恼忧愁之时。到了中秋之夜月光格外明亮，到了清明时节百花更加艳丽，花前月下可以放声高歌，更要举起酒杯开怀畅饮。人世间的钱财无可计量，永远都不可能赚足，朝廷中官职众多，永远都不可能做得完，官职大了，钱财多了，人反而更加觉得心力俱劳，结果落得个白发早生。请你仔细看一看世上的人，都是一年年地老死而埋于青草黄土之下，而草中又有将近一半的坟墓是每年清明时节都无人祭扫的。

原　文

饥乃加餐，菜食美于珍味；倦然后唖，草蓐胜似重裀。

译　文

饿了就多吃一餐饭食，素食比山珍海味还美味；累了就去睡觉，草垫子比层层锦褥还舒坦得多。

原　文

流水相忘游鱼，游鱼相忘流水，即此便是天机；太空不碍浮云，浮云不碍太空，何处别有佛性？

译文

流水潺潺，似乎忘记了水中游动的鱼儿，游动的鱼儿也似乎忘记了流水，这便是玄妙的天机；天空晴朗不阻碍浮云悠悠，浮云也阻碍不了天空的广阔，哪里还别有什么觉悟之性呢？

原文

丹山碧水之乡，月涧云龛之品，涤烦消渴，功诚不在芝木下[①]。

注释

①芝木：指芝草。一种香草、瑞草。

译文

在云雾缭绕的丹山碧水之地，明月映照的溪涧和高耸入云的奇峰之间所产的好茶，可以消烦去腻，清热解渴，其功用绝对不在芝兰香草之下。

原文

颇怀古人之风，愧无素屏之赐，则青山白云，何在非我枕屏？

译文

很怀念古人的风度，只可惜没有人赠送白色的屏风，远处的青山和天上的白云，怎么不是我的枕头和屏风呢？

原文

江山风月，本无常主，闲者便是主人。

译文

山水之间的美好景色本来就没有固定的主人，只要有闲情逸致的人，便可以做这美好景色的主人。

原文

人室许清风，对饮唯明月。

译文

进入房间之时顿时感到清风习习，与自己对饮的只有明月。

原 文

被衲持钵，作发僧行径，以鸡鸣当檀越[①]，以枯管当筇杖[②]，以饭颗当祇园[③]，以岩云野鹤当伴侣，以背锦奚奴当行脚头陀[④]，往探六六奇峰[⑤]，三三曲水[⑥]。

注 释

①檀越：梵语音译，施主。

②筇杖：筇竹杖。宋陆游《破阵子》词之二："蜡屐登山真率饮，筇杖穿林自在行。"

③饭颗：相传为长安名山。唐李白《戏赠杜甫》："饭颗山头逢杜甫，头戴笠子日卓午。借问别来太瘦生，总为从前作诗苦。"后来常指作诗辛苦拘谨。祇园：即祇园精舍。佛祖释迦牟尼去舍卫国授经说法时与僧徒停居之所。

④背锦奚奴：身背锦囊的书童。头陀：指行脚乞食的僧人。

⑤六六奇峰：指嵩山少林三十六峰。

⑥三三曲水：指武夷山的九曲。

译 文

身穿和尚的百衲衣，手持钵盂，像剃发的僧人一样行走作为，把鸡鸣当作施主，把枯竹竿当作禅杖，把饭颗山当作祇园精舍，把闲云野鹤当作伴侣，把身背锦囊的书童当作行脚头陀，前去探访嵩山少林的三十六峰和武夷山的九曲之水。

原 文

山房置一钟，每于清晨良宵之下，用以节歌，令人朝夕清心，动念和平。李秃谓[①]："有杂想，一击遂忘；有愁思，一撞遂扫。"知音哉！

注 释

①李秃：具体人物不详。一说即李贽。

译 文

在山中的房舍中悬挂一个钟，每当清晨或者良宵时分，用它来击打伴奏歌唱，可以让人朝夕清心寡欲、意念平和。李秃说："要是有私心杂念，一敲就会忘却；要是有忧愁之事，一撞就可以扫光。"可以说他是真正懂得钟声的人啊！

原 文

潭涧之间，清流注泻，千岩竞秀，万壑争流，却自胸无宿物，漱清流，令人濯濯，清虚日来，非唯使人情开涤，可谓一往有深情。

译文

在深潭与山涧之间，清澈的流水静静流淌，远远望去，千座山岩就像在争夺秀丽一般，万道峡谷水流就像在争先恐后一样，此时胸中没有任何需要的牵挂；用清澈的水流漱洗，顿时感到明净清爽，清净虚空的感觉不断涌来，不仅使人的胸襟与情怀开阔舒展，而且可以说是一往而有深情。

原文

林泉之浒，风飘万点，清露晨流，新桐初引，萧然无事，闲扫落花，足散人怀。

译文

山野清泉旁，微风飘起万点花絮，朝露清凉，溪流潺潺，春天的梧桐刚刚发芽，悠闲无事之时，便去打扫满地缤纷的落花，足以使人，心神愉悦。

原文

浮云出岫，绝壁天悬，日月清朗，不无微云点缀，看云飞轩轩霞举①，踞胡床与友人咏谑②，不复滓秽太清③。

注释

①轩轩：仪态轩昂的样子。

②胡床：古代的一种可以折叠的轻便坐具，亦作交椅、交床。

③太清：天空。也指自然。

译文

浮动的云朵似乎是从峰峦之间飘出的一样，绝壁就好像是从天空悬挂而下，日清月朗，几片白云点缀其间，看白云飘飘、灿烂朝霞升腾涌起，坐在胡床之上与友人吟咏嬉戏，言行举止不能够太过庸俗，玷污了大自然的美景。

原文

山房之磬，虽非绿玉，沉明轻清之韵，尽可节清歌、洗俗耳。山居之乐，颇惬冷趣，煨落叶为红炉，况负暄于岩户。土鼓催梅，荻灰暖地，虽潜凛以萧索，见素柯之凌岁。同云不流，舞雪如醉，野因旷而冷舒，山以静而不晦。枯鱼在悬，浊酒已注，朋徒我从，寒盟可固，不惊岁暮于天涯，即是挟纩于孤屿。

译文

山中房舍里的磬，虽然不及绿玉名琴那样珍贵，但其深沉、明快、轻灵、清爽的韵律，足以伴奏清歌，洗涤充满尘俗的耳朵。隐居在山野之中有许多乐趣，清冷的格调让人感到十分惬意，点燃落叶以围炉取暖，或者在岩洞口背对着太阳取暖。土鼓声声，催着梅花怒放，芦苇的灰烬温暖着寒冷的地表，虽然逼人的寒气使得景色萧索，但白雪挂满树枝，也预示着即将度过岁末，迎来春天。积聚的云雾好像一直静止地堆在天空，飘舞的雪花好像喝醉了酒一样纷纷扬扬，田野因为空旷而显得寒冷，山林因为寂静而显得昏暗。晒好的鱼干还悬挂在屋外，而香醇的浊酒已经注满酒杯，朋友与我相聚，盟约在寒冷之中显得更加坚固。不知不觉一年将尽，身在离家很远的野外孤岛，因为相互抚慰而感到温暖。

原文

步障锦千层①，氍毹紫万叠②，何似编叶成帷，聚茵为褥？绿阴流影清入神，香气氤氲彻入骨，坐来天地一时宽，闲放风流晓清福。

注释

①步障：用于遮蔽风尘的屏障。

②氍毹（qú yú）：毛或毛麻混织的毛布或地毯，颜色鲜艳，在古代为贵族用的奢侈品。

译文

千层锦绣织成的屏障，万叠紫色毛线织成的地毯，怎么能比得上绿叶编制成的帷帐、绿茵铺就的床褥呢？绿树成荫，地上影迹斑斑，清凉之感沁人心脾，弥漫的香气和烟雾侵入肌骨，坐在这里，一时之间天地变得更为宽广，徜徉其中，才知道可以享受清净之福。

原文

送春而血泪满腮，悲秋而红颜惨目。

译文

送别春色，使人伤心到泪流满面；悲感秋色的凄凉萧瑟，美丽的容颜也会因伤感而变得苍白凄惨。

原文

翠羽欲流，碧云为飏。

译文

青翠的羽毛颜色鲜亮，就像是水要流动一般，又像是碧绿的云彩在悠闲地飘荡。

原文

郊中野坐，固可班荆；径里闲谈，最宜拂石。侵云烟而独冷，移开清啸胡床，藉草木以成幽，撤去庄严莲界。况乃枕琴夜奏，逸韵更扬；置局午敲，清声甚远。洵幽栖之胜事，野客之虚位也。

译文

在郊外的山野之中闲坐，固然可以坐在铺好的荆条上；在小路上漫步闲谈，最适合用脚拂动路上的幽石。云烟侵入身体而感到有些凉意，于是移开胡床清啸几声，借助草木而形成幽趣，就可以撤去庄严的佛境。况且还可以枕琴夜奏，飘逸的琴声显得更加悠扬；中午设置棋局下棋，棋子下落的声音清脆，传得很远。这的确是幽居之中的乐事，山林野客的虚静之趣。

原文

饮酒不可认真，认真则大醉，大醉则神魂昏乱，在《书》为“沉湎”①，在《诗》为“童羖”②，在《礼》为“豢豕”③，在《史》为“狂药”④。何如但取半酣，与风月为侣。

注释

①在《书》为“沉湎”：出自《尚书·泰誓》：“沉湎冒色，敢行暴虐”。

②在《诗》为“童羖（gǔ）”：出自《诗经·小雅·宾之初筵》：“由醉之言，俾出童羖。”童羖，没有角的公羊。

③在《礼》为“豢豕”：出自《礼记·乐记》：“夫豢豕为酒，非以为祸也。”

④在《史》为“狂药”：指酒能乱性，使人变得狂狷。《晋书·裴秀传》附《裴楷传》：“长水校尉孙季舒尝与石崇酣宴，慢傲过度，崇欲表免之。楷闻之，谓崇曰：‘足下饮人狂药，责人正礼，不亦乖乎？’”

译文

喝酒不能够太过较真，太过较真就会酩酊大醉，大醉之后就会神智昏乱。这种醉酒的状态在《尚书》里有“沉湎”之说，在《诗经》里有“童羖”之说，在《礼记》里有“豢豕”之说，在《晋书》里有“狂药”之说。因此，还不如喝到半醉就不喝了，与美好的风月为伴。

原文

家鸳鸯湖滨，饶蒹葭凫鹥，水月淡荡之观。客啸渔歌，风帆烟艇，虚无出没，半落几上，呼野衲而泛斜阳，无过此矣！

译文

居住在鸳鸯湖畔，蒹葭、水鸟都很多，月色倾泻在水面上，微波荡漾，构成了一幅恬淡优美的景象。客人长啸，渔歌互答，风吹动帆影，水烟笼罩着小船缥缈迷茫，差点落在几案上，于是呼唤野居的高僧一起泛舟于斜阳之下，没有什么比这更美妙的了。

原文

雨后卷帘看霁色，却疑苔影上花来。

译文

大雨过后，卷起帘子看外面初晴的景色，帘外一片青山碧水，不由得怀疑是不是翠绿的苔藓的影子映到了花上。

原文

月夜焚香，古桐三弄[①]，便觉万虑都忘，妄想尽绝。试看香是何味，烟是何色，穿窗之白是何影，指下之余是何音，恬然乐之而悠然忘之者，是何趣，不可思量处，是何境？

注释

①古桐：即古琴。古代的琴大多是由桐木做成的，故有此称。

译文

月夜焚上名香，弹奏几首古琴曲，就会觉得一切忧愁全部都忘记了，一切妄想都消除了。试着观察一下香是什么气味，烟是什么颜色，穿过窗户照进来的白光是什么的影子，手指下的余音是什么乐曲，恬静喜悦而又悠然忘怀的是什么乐趣，不能思量的地方是什么意境？

原文

贝叶之歌无碍[①]，莲花之心不染。

注释

①贝叶之歌：指佛经。古印度往往将经文写在贝叶上，因此以其指佛经。

译文

写在贝叶上的佛经流畅而无阻滞，莲花之心洁净而不受任何污染。

原　文

河边共指星为客，花里空瞻月是卿。

译　文

晚上在河边共同指着星星，把天上的星星当作客人；百花丛中抬头望月，把月亮当作朋友。

原　文

人之交友，不出趣味两字，有以趣胜者，有以味胜者。然宁饶于味，而无饶于趣。

译　文

一个人要结交朋友，所根据的不外乎“趣味”这两个字，有的人偏重于“趣”，有的人偏重于“味”。但是我宁可“味”丰富一些，却不愿“趣”丰富一些。

原　文

守恬淡以养道，处卑下以养德，去嗔怒以养性，薄滋味以养气。

译　文

安守恬淡的心境以修养道义，安处卑微的境地以修养德行，消除嗔怒以修养性情，淡薄滋味以修养元气。

原　文

吾本薄福人，宜行惜福事；吾本薄德人，宜行厚德事。

译　文

我原本就是福分淡薄的人，所以应该做珍惜福分的事；我本来就是德行浅薄的人，所以应该做厚道积德的事。

原　文

知天地皆逆旅，不必更求顺境；视众生皆眷属，所以转成冤家。

译　文

知道了天地之间到处都是迎接宾客的旅舍，因此没必要去追求顺利的境遇；把芸芸众生都看作是自己的眷属，因此很容易转变为冤家。

原文

只宜于着意处写意，不可向真景处点景。

译文

只可以对着想象中的世界描情写意，不可以对着真实的景物描画景色。

原文

只愁名字有人知，涧边幽草；若问清盟谁可托，沙上闲鸥。山童率草木之性，与鹤同眠；奚奴领歌咏之情，检韵而至。闭户读书，绝胜入山修道；逢人说法，全输兀坐扪心。

译文

总是担心自己的名字被别人知道，实际上只有溪涧边的小草知道而已；倘若询问清雅之盟可以托付给谁，那就只有沙滩上清闲的海鸥了。山童都带着草木之性，与仙鹤同眠；小奴都能领会歌咏之情，踏着韵律而来。关起门来专心读书，绝对胜过入山修道；逢人便讲经论道，还不如独自打坐，参悟自省。

原文

砚田登大有①，虽千仓珠粟，不输两税之征②；文锦运机杼③，纵万轴龙文④，不犯九重之禁⑤。

注释

①砚田：古人以文墨为生，故称砚为“砚田”。这里指写诗作文。大有：这里指丰收。

②两税：这里指田赋和丁税。

③机杼：本为织布的工具。这里指行诗作文的匠心。

④龙文：即龙纹。这里喻指华丽的词藻。

⑤九重之禁：即朝廷的禁令。古代皇帝自命为真龙天子，禁止除自己以外的人衣饰上带有龙的花纹。

译文

在砚台笔墨这块田地里写诗作文，大获丰收，虽然拥有千仓珠宝和粮食，却不用缴纳田赋、丁税；优美华丽的锦绣文章就像用机杼纺织而成，即使有上万轴带有龙纹的锦绣布匹，也不触犯朝廷的禁令。

原文

步明月于天衢①，览锦云于江阁。

注释

①天衢：天上的街道。这里指山间小道。

译文

踏着明月在山间小路上行走，在江上楼阁之上观赏锦绣般的云彩。

原文

幽人清课，讵但啜茗焚香；雅士高盟，不在题诗挥翰。

译文

幽居之人每天做着清雅的功课，不仅仅是喝茶焚香；清雅之士聚会，也不仅仅是题诗作画。

原文

以养花之情自养，则风情日闲；以调鹤之性自调，则真性自美。

译文

如果用养花的闲情来加强自我修养，那么人的风情就会日渐闲适；如果用驯养野鹤的性情来进行自我调节，那么真正的性情自然会更加美好。

原文

热汤如沸，茶不胜酒；幽韵如云，酒不胜茶。茶类隐，酒类侠。酒固道广，茶亦德素。

译文

热汤如同沸水，所以茶不如酒；幽静之韵如同白云，所以酒不如茶。茶与隐士相似，而酒则与侠客类同。酒的功效固然很大，但茶也有素雅的德行。

原文

老去自觉万缘都尽，哪管人是人非；春来倘有一事关心，只在花开花谢。

译文

到了年老力衰的时候，自然会觉得万种尘缘都断绝了，哪里还管人世间的是是非非；春天到来，如果还有事值得放在心上的话，那就只有花开花谢了。

原　文

是非场里，出入逍遥；顺逆境中，纵横自在。竹密何妨水过，山高不碍云飞。

译　文

置身充满是是非非的人世间，出入都可以逍遥自在，休问世事；无论身处顺境还是逆境，都可以率情自在，任意纵横，无所拘束。竹林再密也无法阻止水流的经过，苍山再高也无法阻挡白云的飘飞。

原　文

口中不设雌黄，眉端不挂烦恼，可称烟火神仙；随意而栽花柳，适性以养禽鱼，此是山林经济。

译　文

口中不随便说出是非之语，眉间不挂着烦恼之色，这样便可以称得上是食人间烟火的神仙；随心栽种鲜花、柳树，喂养禽鸟、鱼儿，这样就可以称得上是山林隐逸之人经邦济世的功业。

原　文

午睡欲来，颓然自废，身世庶几浑忘①；晚炊既收，寂然无营，烟火听其更举。

注　释

①庶几：差不多，近似。

译　文

中午睡意袭来，精神萎靡不振，便随意酣睡，就连自己的身世也差不多要忘了；晚上吃过饭食，清闲无事，任其炊烟再起，煮茶清谈。

原　文

花开花落春不管，拂意事休对人言；水暖水寒鱼自知，会心处还期独赏。

译　文

花开花落，春天不会理会，因此让人扫兴的事千万不要对别人说；水暖水寒，鱼儿自然知道，因此令人心领神会的美景还需要独自欣赏。

原 文

心地上无风涛[①]，随在皆青山绿水；性天中有化育，触处见鱼跃鸢飞。

注 释

①风涛：风浪。这里喻指心中愤恨不平。

译 文

内心若是十分安宁，没有任何愤恨不平，那么所到之处都将是青山绿水；性情中若是天生就有化育万物之念，那么接触到的所有景象中都会有鱼跃鸢飞。

原 文

宠辱不惊，闲看庭前花开花落；去留无意，漫随天外云卷云舒。

译 文

无论荣辱都不放在心上，只是闲适地观看庭院前的花儿开放又凋落；无论去留也都毫不在意，只是任随天空的白云卷起又消散。

原 文

斗室中万虑都捐[①]，说甚画栋飞云，珠帘卷雨[②]；三杯后一真自得，谁知素弦横月，短笛吟风。

注 释

①斗室：狭小的屋子。

②画栋飞云，珠帘卷雨：唐王勃《滕王阁序》："画栋朝飞南浦云，珠帘暮卷西山雨。"

译 文

居住在极为狭小的屋室之中，一切私心杂念都抛开了，还用说什么画栋飞云，珠帘卷雨？三杯酒过后，一切都纯真如初、自得其乐，还有谁知道素弦横月，短笛吟风呢。

原 文

得趣不在多，盆池拳石间，烟霞具足；会景不在远，蓬窗竹屋下，风月自赊。

译 文

得到的幽趣并不在于多少，盆子一样大的水池和拳头一样大的石头，同样可以具备足够的山水烟霞之间的意趣；观赏的景色不在于远近，蓬草编织的窗户，竹子搭盖的小屋，一样可以欣赏到其中的风月景致。

原 文

会得个中趣，五湖之烟月尽入寸衷①；破得眼前机，千古之英雄都归掌握。

注 释

①寸衷：指心。

译 文

如果能够领会自然景物之中的乐趣，那么五湖四海的烟雾明月都可以进入心中品赏；如果能够看破眼前事物发展的玄机，那么自古以来所有的英雄豪杰都可以在自己的掌握之中。

原 文

细雨闲开卷，微风独弄琴。

译 文

在蒙蒙细雨中悠闲地打开书卷读书，在和煦的微风中独自抚弄琴吟唱。

原 文

水流任意景常静，花落虽频心自闲。

译 文

任凭流水随意地流动，美景依然很恬静安逸；尽管花儿频繁地飘落，心中仍旧可以很安闲自在。

原 文

残曛供白醉①，傲他附热之蛾；一枕余黑甜，输却分香之蝶。闲为水竹云山主，静得风花雪月权。

注 释

①残曛：落日时的余晖。

译 文

在落日时的余晖下饮酒至醉，可以傲视那些见到光和热就攀附的飞蛾；白天躺在床上酣睡，不去理会那些分取花香的蝴蝶。清闲自在的时候，可以做流水、修竹、白云、青山的主人；清静安逸的时候，可以掌握风花雪月的品赏之权。

原　文

半幅花笺入手，剪裁就腊雪春冰；一条竹杖随身，收拾尽燕云楚水。

译　文

半幅精致华美的花笺握在手中，就可以剪裁成腊月白雪、初春寒冰；一条竹杖带在身边，就可以北观燕山之云，南临楚江之水下。

原　文

心与竹俱空，问是非何处安觉；貌偕松共瘦，知忧喜无由上眉。

译　文

内心如果像竹子一样清虚，那么试问是是非非将在何处安身呢？神貌如果像苍松一样清瘦，那么可以肯定欢喜与忧愁都无法爬上眉梢。

原　文

芳菲林圃看蜂忙，觑破几多尘情世态；寂寞衡茅观燕寝[1]，发起一种冷趣幽思。

注　释

①衡茅：衡门茅屋的简称。这里比喻居室简陋。

译　文

在芬芳的山林园圃中观看蜜蜂奔忙采蜜的情景，可以看破许多尘世间的人情世态；在寂寞的夜晚去观看衡门茅屋下燕子安睡的模样，可以使人生发出一种清冷之趣、幽深之思。

原　文

何地非真境？何物非真机？芳园半亩，便是旧金谷[1]；流水一湾，便是小桃源。林中野鸟数声，便是一部清鼓吹；溪上闲云几片，便是一幅真画图。

注　释

①金谷：即晋代石崇所建的金谷园。

译文

什么地方不是仙境？什么东西没有蕴藏着真正的玄机？半亩芬芳的花园，就可以当作古时的金谷园；一湾幽幽的流水，就可以当作缩小的桃花源。园林中传来的几声野鸟的啼鸣之声，就可以当作一部清美的鼓吹之曲；溪流上的几片闲云，就可以当作一幅真正的图画。

原文

人在病中，百念灰冷，虽有富贵，欲享不可，反羡贫贱而健者。是故人能于无事时常作病想，一切名利之心，自然扫去。

译文

人在生病的时候，往往会万念俱灰，虽有无尽的富贵荣华，想要继续享受却已经不可能了，反而羡慕那些虽然身处贫贱而身体健康的人。因此人如果在没有生病的时候能够有生病时的想法，那么一切争名夺利的心思自然都会一扫而光。

原文

竹影入帘，蕉阴荫槛，故蒲团一卧，不知身在冰壶鲛室[①]。

注释

①冰壶：盛放着冰的玉壶。鲛室：西晋张华《博物志》："南海水有鲛人，水居如鱼，不废织绩，其眼能泣珠。"比喻极为清冷的房屋。

译文

月光下竹影映入帘内，芭蕉树的阴影遮蔽了门槛，故而在蒲团上面打坐，内心顿感清爽无比，如同处在冰壶鲛室中一样清醒。

原文

万壑松涛，乔柯飞颖，风来鼓飓，谡谡有秋江八月声，迢递幽岩之下，披襟当之，不知是羲皇上人。

译文

千山万壑，松涛阵阵，高高的树枝上松针尽情舞动着，风来时鼓荡起大风，风声谡谡犹如八月的秋江的波涛声，远远传到深山幽静的岩石之下，这个时候在此敞开胸襟，任松风吹拂，就仿佛过着上古时人的生活一般。

原 文

霜降木落时，入疏林深处，坐树根上，飘飘叶点衣袖，而野鸟从梢飞来窥人。荒凉之地，殊有清旷之致。

译 文

秋霜降临、树叶摇落的时节，来到稀疏的树林深处，在树根上打坐，飘落的片片树叶点缀在衣袖之间，野鸟从树梢上飞下来，想要窥探来这里的人。这荒凉萧瑟的境地，特别有一种清幽旷远的景致。

原 文

明窗之下，罗列图史琴尊以自娱。有兴则泛小舟吟啸，览古于江山之间。渚茶野酿，足以消忧；莼鲈稻蟹，足以适口。又多高僧隐士，佛庙绝胜。家有园林，珍花奇石，曲沼高台，鱼鸟流连，不觉日暮。

译 文

明净的窗户下，罗列着图画、史书、琴瑟、酒杯，以便自娱自乐。有兴致的时候就在湖上泛舟，在山水之间低吟长啸，遍览古之胜景。小洲上的茶、山野中的酒都足以消除心中的忧愁和烦恼；莼菜、鲈鱼、稻米、螃蟹，这些已经足够我享用了。又有很多得道高僧与隐士佛寺、道观这样的绝妙胜景。家中有花园树林、珍花幽石，弯弯曲曲的水泽、池沼，鱼和鸟都终日流连其间，不知不觉天色已近黄昏。

原 文

山中莳花种草，足以自娱，而地朴人荒，泉石都无，丝竹绝响，奇士雅客亦不复过，未免寂寞度日。然泉石以水竹代，丝竹以莺舌蛙吹代，奇士雅客以蠹简代[①]，亦略相当。

注 释

①蠹简：被蠹虫蛀坏的书简。

译 文

隐居山中，栽种花草便足以自娱自乐，然而土地贫瘠，人烟荒芜，没有山泉幽石，也没有丝竹之乐，就连奇士雅客也不会从此经过，难免要在寂寞中度日。然而，山泉幽石可以用竹林来取代，丝竹之声可以用莺啼蛙噪来代替，奇士雅客可以用被蠹虫蛀坏的古代典籍来取代，也大致可以相当。

原　文

闲中觅伴书为上，身外无求睡最安。

译　文

悠闲之时寻觅伴侣，只有书籍最为适合；身外之物无所求时，只有睡觉的时候才最安逸。

原　文

栽花种竹，未必果出闲人；对酒当歌，难道便称侠士？

译　文

栽花种竹，不一定非要清闲的人来做；对酒当歌，难道就可以称得上是豪侠之士？

原　文

虚堂留烛，抄书尚存老眼；有客到门，挥麈但说青山。

译　文

清静的厅堂里还有残留的蜡烛，坐在灯下抄书，尚且还存有一双看破红尘的老眼；有客人登门造访，挥动拂尘，只谈论青山绿水。

原　文

千人亦见，百人亦见，斯为拔萃出类之英雄；三日不举火，十年不制衣，殆是乐道安贫之贤士。

译　文

在千人当中可以轻易地辨认出来，在百人当中也可以轻易地辨认出来，这样的人才是出类拔萃的英雄豪杰；三天不生火做饭，十年不缝制衣服，这样的人才是安贫乐道的贤良之人。

原　文

帝子之望巫阳[①]，远山过雨；王孙之别南浦，芳草连天。

注　释

①帝子之望巫阳：化用战国楚宋玉《高唐赋》中楚怀王与巫山神女相会的典故。

译文

楚怀王遥望巫山之阳，望见远处的山上大雨飘过之后，天空一片晴朗；王孙公子在南浦送别，看到芳草连天，满目春色。

原文

室距桃源，晨夕恒滋兰茝①；门开杜径②，往来唯有羊裘③。

注释

①茝（chǎi）：古时指一种香草。

②杜径：唐杜甫《客至》："花径不曾缘客扫，蓬门今始为君开。"

③羊裘：古代著名的隐士羊裘公。这里指代隐士。

译文

居住的房舍临近桃花源，无论早晨还是夜晚都能沉浸在兰花、茝草的香气之中；大门正对着杜甫的花径，交往的朋友只有像羊裘公这样的隐士。

原文

枕长林而披史，松子为餐；入丰草以投闲，蒲根可服。

译文

隐居在寂寥宽阔的密林之中，批阅历代史书，可以把松子当作饭食；来到丰茂的草丛中，将闲暇时间都投于其中，有蒲根可以服用。

原文

一泓溪水柳分开，尽道清虚搅破；三月林光花带去，莫言香分消残。

译文

清澈的溪水被柳树分开，人们都说一片清虚的意境被搅乱打破了；三月树林中的春光都被盛开的百花带走了，更不要说将来芳香消残的时候了。

原文

荆扉昼掩，闲庭宴然①，行云流水襟怀；隐不违亲，贞不绝俗，太山乔岳气象。

注释

①宴然：安定的样子。

译文

用荆条编制的柴扉即使在白天也关着，闲适的庭院一片宁静安定，这是有着犹如行云流水一样的襟怀；隐居修身而不避讳双亲，保守贞节而不脱离世俗，这是有着像大山高岭一样的气象。

原文

窗前独榻频移，为亲夜月；壁上一琴常挂，时拂天风。

译文

窗前唯一的睡榻不断移动，是为了和深夜的明月更加亲近；墙壁上经常悬挂着一架古琴，在自然风的吹拂下不时发出清音。

原文

萧斋香炉①，书史酒器俱捐；北窗石枕，松风茶铛将沸②。

注释

①萧斋：萧索清冷的书斋。

②松风：这里指烹煮的茶将要沸腾，发出似风吹松林之声。唐宋时代饼茶饮法，烹茶有所谓三沸之法，松风即为第三沸。

译文

萧索清冷的书斋中，摆放着香炉，经书、史卷、酒器都可以抛在一旁；北面窗户之下的睡榻上摆着石枕，茶铛中的声音如松风吹来，看来茶即将要煮沸。

原文

明月可人，清风披坐，班荆问水，天涯韵士高人，下箸佐觞，品外涧毛溪蔌，主之荣也；高轩塞户，肥马嘶门，命酒呼茶，声势惊神震鬼，叠筵累几珍奇，罄地穷天，客之辱也。

译文

明月可爱动人，徐徐清风吹来，披着衣服坐下，铺开荆条坐着闲谈，远方的高人韵士前来，下酒菜是山涧溪水中的山肴野菜，这是主人的荣耀；华丽的车子挤满门前，肥壮的马儿也在门前嘶叫，众人吆喝着叫酒要茶，声势浩大令鬼神震惊，菜肴满桌，穷尽人间的奇珍美味，这是客人的耻辱。

原　文

贺函伯坐径山竹里，须眉皆碧；王长公龛杜鹃楼下，云母都红。

译　文

贺函伯在径山竹林之中隐居打坐，连眉毛和胡须都变成碧绿色；王长公住在杜鹃巢居楼下的神龛之中，使得神龛中的云母都被染成了杜鹃所啼的血红色。

原　文

坐茂树以终日，濯清流以自洁。采于山，美可茹；钓于水，鲜可食。

译　文

在茂盛的大树下闲坐以消度时日，在干净的流水中洗涤以保持清洁。到山中采集野菜、野果，美味可口；到水中钓取鱼虾，鲜美可食。

原　文

年年落第，春风徒泣于迁莺[1]；处处羁游，夜雨空悲于断雁[2]。金壶霏润，瑶管春容。

注　释

①迁莺：指登第。唐李商隐《喜舍弟羲叟及第上礼部魏公》诗："朝满迁莺侣，门多吐凤才。"

②断雁：离群的孤雁，指家中的书信中断。

译　文

年年的科举考试都落第，春风也好像为之徒然哭泣；浪迹天涯，家中的书信断绝，夜晚的雨也似乎在为之悲伤。金壶里弥漫出酒的香气，瑶管中飘逸出悠扬的乐曲。

原　文

菜甲初长，过于酥酪。寒雨之夕，呼童摘取，佐酒夜谈，嗅其清馥之气，可涤胸中柴棘[1]，何必纯灰三斛？

注　释

①胸中柴棘：比喻居心险恶，充满尘俗之气。《世说新语•轻诋》："深公云：'人谓庾元规名士，胸中柴棘斗许。'"

译文

菜芽刚刚长出来的时候，煮熟的味道比酥酪还要美味。寒冷的雨夜，叫唤小童前去摘取，作为下酒菜，与朋友长夜清谈，闻到它的清香之气，就可以洗去胸中的庸俗尘垢，使得胸襟开阔，何必非要三斛纯灰呢?

原文

暖风春坐酒，洗雨夜窗棋。

译文

和煦的春风徐徐吹来，只管闲坐饮酒；夜间的细雨下个不停，只管对窗下棋。

原文

秋冬之交，夜静独坐，每闻风雨潇潇，既凄然可愁，必复悠然可喜，至酒醒灯昏之际，尤难为怀。长亭烟柳，白发犹劳，奔走可怜名利客；野店溪云，红尘不到，逍遥时有牧樵人。天之赋命实同，人之自取别异。

译文

秋冬交替之时，深夜里独自静坐，每当听到外面风雨潇潇的声音，不仅因凄凉而感到忧愁，必定又因悠闲而觉得可喜，到了从酒醉中醒来，青灯昏暗的时候，尤其令人难以理解心中的复杂感情。长亭边垂柳飘烟，满头白发的老人仍然在辛苦劳作，终年为名利奔走的人实在是太可怜了！山村野店，清溪白云，这些都是滚滚红尘污染不到的地方，那里放牧砍柴的人们时光过得最为逍遥自在。上天赋予每个人的命运其实都是一样的，只是每个人自我选择的道路不同罢了。

原文

富贵大是能俗人之物，使吾辈当之，自可不俗；然有此不俗胸襟，自可不富贵矣。

译文

富贵的确是能够使人庸俗的东西，假如使我们这些人能够富贵，自然而然就可以不庸俗；然而，有了这种不庸俗的胸襟，自然也就不可能得到富贵了。

原文

风起思莼，张季鹰之胸怀落落①；春回到柳，陶渊明之兴致翩翩。然此二人，薄宦投簪，吾犹嗟其太晚。

注　释

①风起思莼，张季鹰之胸怀落落：出自张翰见秋风而思归的典故。张翰每次都会因为秋风而产生思念故乡的莼菜鲈鱼的情怀，于是辞官归隐。

译　文

因为见到秋风而思念故乡的莼莱、鲈鱼，最后辞官归隐，像张翰这样的胸怀可谓十分宽广；春回大地，垂柳吐绿，像陶渊明这样的隐士可谓兴致盎然。然而，这两个人虽然都只是做过小官便辞官而去，我却还要叹惜他们隐逸出世得太晚。

原　文

黄花红树，春不如秋；白云青松，冬亦胜夏。春夏园林，秋冬山谷，一心无累，四季良辰。

译　文

秋天黄色的菊花和红色的枫树争奇斗艳，这么看来，春天也不如秋天的景色宜人；冬天白云与青松相映成趣，这么看来，冬天的景色也能胜过夏天。春、夏之美在园林，秋、冬之美在山谷，若是内心清闲安逸，那么一年四季都有良辰美景。

原　文

听牧唱樵歌，洗尽五年尘土肠胃；奏繁弦急管，何如一派山水清音。

译　文

听见牧童和樵夫的歌声，顿时觉得神清气爽，就好像洗尽了多年受尘俗污染的肠胃一样；演奏各种繁难和急促的管弦乐器，有哪一种能够比得上大自然中山水鸣唱的清新之音呢？

原　文

孑然一身，萧然四壁，有识者当此，虽未免以冷淡成愁，断不以寂寞生悔。

译　文

孤身一人，家徒四壁，有识之士处于这种境况之中虽然不免会因为冷清、淡泊而忧愁，但绝对不会因为寂寞而生出后悔之心。

原　文

从五更枕席上参看心体，心未动，情未萌，才见本来面目；向三时饮食中谙练世味，浓不欣，淡不厌，方为切实功夫。

译　文

从五更天的枕席之上沉睡梦乡的人那里观察其真实心性，此时心机未动，情思未发，才可以看见他的本来面目；从早、中、晚三餐的饮食起居之中练达人情世故，味浓而不欣喜，味淡而不厌恶，这才是真正的修养功夫。

原　文

瓦枕石榻，得趣处下界有仙；木食草衣，随缘时西方无佛。

译　文

把陶瓦当作枕头，把青石当作睡榻，能够从中得到真正乐趣的，便是人间的神仙；把树木当作食物，把草麻当作衣服，一切都顺从自然，那处处是佛，无需去西方寻找。

原　文

当乐境而不能享者，毕竟是薄福之人；当苦境而反觉甘者，方才是真修之士。

译　文

身处安乐的环境而不会享受的人，毕竟是福气浅薄的人；身处困苦的环境却反而自觉甘甜的人，才是真正有修行的人。

原　文

半轮新月数竿竹，千卷藏书一盏茶。

译　文

半轮新月映照着数竿竹子，投下斑斑竹影；身边有无数藏书，伴随着一杯好茶。

原　文

偶向水村江郭，放不系之舟；还从沙岸草桥，吹无孔之笛。

译　文

偶尔在水边的渔村、江边的城郭放开没有用纤绳系着的小船，坐在上面任其自由飘荡；又在堆满白沙的岸边，或者在简陋的草桥之上，放声吹起用芦苇管子所做的没有孔的笛子。

原文

物情以常无事为欢颜，世态以善托故为巧术。

译文

万物之情，都是以没有烦恼事为快乐；世间人情，都是以善于请托为妙招。

原文

善救时，若和风之消酷暑；能脱俗，似淡月之映轻云。

译文

善于挽救时势，就好像和煦的清风消除了酷暑的炎热；能够做到超凡脱俗，就好似淡淡的月光映照着微薄的云彩。

原文

廉所以惩贪，我果不贪，何必标一廉名，以来贪夫之侧目？让所以息争，我果不争，又何必立让名，以致暴客之弯弓？

译文

倡导廉洁是为了惩治贪婪的人，我若是真的不贪婪，那么为什么一定要树立一个清廉的名声，从而招致那些贪婪之人侧目而视呢？提倡谦让是为了停止纷争，我若是真的不想与人有纷争，那么为什么一定要树立个礼让的名声，从而招致那些暴徒的怨恨，成为众矢之的呢？

原文

曲高每生寡和之嫌，歌唱须求同调；眉修多取入宫之妒①，梳洗切莫倾城②。

注释

①眉修多取入宫之妒：比喻怀才遭妒。战国楚屈原《离骚》："众女嫉予之蛾眉兮，谣诼谓予以善淫。"眉修，眉毛适度弯曲，形容美丽。

②倾城：《汉书·外戚传》记李延年歌："北方有佳人，绝世而独立；一顾倾人城，再顾倾人国。宁不知倾城与倾国，佳人难再得。"

译文

曲调过于高雅，往往会产生能和者少的缺憾，唱歌需要追求大家都能接受的音调；容貌美丽就容易因选秀入宫、貌美得宠而招致嫉妒，因此梳洗打扮千万不要过于漂亮，以免倾城倾国，引起灾祸。

原文

随缘便是遣缘，似舞蝶与飞花共适；顺事自然无事，若满月偕盆水同圆。

译文

一切顺其自然的机缘就是操控机缘，就好像蝴蝶飞舞、落花飘飞，都只是适应机缘；万事顺应世情义理去做自然就会平安无事，就好像十五的月亮与盛水之盆一样都是圆的。

原文

耳根似飙谷投响，过而不留，则是非俱谢；心境如月池浸色，空而不着，则物我两忘。

译文

耳根若是像狂风在山谷间发出回响一样，过后什么也不会留下，那么一切是是非非也就都不存在了；内心若是像月光浸入水池一样，其实根本没有着色，那么就能达到物我两忘、清净虚无的境界了。

原文

心事无不可对人语，梦寐俱清；行事无不可使人见，则饮食俱稳。

译文

心中的心思若是没有不可以对别人说的，那么睡觉做梦之时都会感到清静安宁；所做的事情若是都是可以让别人看见的，那么饮食起居都会感到闲适安稳。

卷六　景

原　文

结庐松竹之间，闲云封户；徙倚青林之下[1]，花瓣沾衣。芳草盈阶，茶烟几缕；春光满眼，黄鸟一声。此时可以诗，可以画，而正恐诗不尽言，画不尽意。而高人韵士，能以片言数语尽之者，则谓之诗可，谓之画可，谓高人韵士之诗画亦无不可。集景第六。

注　释

①徙倚：徘徊，流连。

译　文

在青松和翠竹之中搭建一座草庐，让悠悠白云萦绕于门外；徘徊流连在苍翠清静的树林之中，美丽缤纷的花瓣沾上衣衫。青青的芳草铺满了台阶，煮茶时的几缕青烟也袅袅升起；满目的春光让人应接不暇，黄鸟的叫声婉转悦耳。面对此情此景，可以写诗，也可以作画，只怕诗不能完全将心中的话语表达出来，画也不能完全将胸中的意境描绘出来。而那些思想行为高尚的风雅之士，能用只言片语将此种意境表达得淋漓尽致，这只言片语可以称之为诗，也可以称之为画，就是称之为思想行为高尚的风雅之士的诗画，也未尝不可。因此，我编纂了第六卷“景”。

原　文

花关曲折，云来不认弯头；草径幽深，落叶但敲门扇。

译　文

开满鲜花的小路曲折回转，白云飘来，看不清哪里是拐弯的地方；长满绿草的小径幽静深远，落叶飘落，不断敲打着虚掩的柴门。

原　文

细草微风，两岸晚山迎短棹[1]；垂杨残月，一江春水送行舟。

注　释

①棹：船桨。这里指代船只。《后汉书•皇甫嵩传》：“是犹逆坂走丸，迎风纵棹。”

译　文

傍晚时分，纤纤细草随着和煦的微风轻轻摇曳，两岸的青山仿佛在迎接归来的船只；清晨时分，一弯残月映照着河岸边低垂的杨柳，奔流的春水似乎在送别远行的船只。

原 文

草色伴河桥，锦缆晓牵三竺雨[①]；花阴连野寺，布帆晴挂六桥烟[②]。

注 释

①晓：早晨。三竺：浙江杭州灵隐山飞来峰东南的天竺山，上有上天竺、中天竺、下天竺三座寺庙，合称“三天竺”，简称“三竺”。

②六桥：浙江杭州西湖外湖苏堤上的映波、锁澜、望山、压堤、东浦、跨虹六座桥，宋朝苏轼所建。亦指西湖里湖上的环壁、流金、卧龙、隐秀、景行、浚源六座桥，明朝杨梦英所建。

译 文

拂晓时分，碧绿的草色与河上的小桥相伴，锦制的船缆牵动了天竺山的细雨；晴天丽日下，花的阴影绵延在山野的寺院中，船上的布帆张挂在六桥的云烟中。

原 文

闲步畎亩间[①]，垂柳飘风，新秧翻浪，耕夫荷农器，长歌相应，牧童稚子，倒骑牛背，短笛无腔，吹之不休，大有野趣。

注 释

①畎亩：田间，田地。《国语•周语下》：“天所崇之子孙，或在畎亩，由欲乱民也。”

译 文

悠闲地漫步在田野之间，低垂的杨柳摇曳着，送来阵阵清风，新插的秧苗翻起层层绿浪，农夫们扛着农具，唱着悠扬的山歌互相呼应，放牧的孩子们倒骑在牛背上，口衔短笛吹个不停，虽然不成曲调，但也自得其乐，让人感受到浓浓的乡间野趣。

原 文

夜阑人静，携一童立于清溪之畔，孤鹤忽唳，鱼跃有声，清入肌骨。

译 文

夜深人静时，牵着一个小童站在清澈的溪水边，远处孤鹤忽然鸣叫，惊得水底鱼儿跃出水面，一种清幽之气沁人肌骨。

原 文

垂柳小桥，纸窗竹屋，焚香燕坐[①]，手握道书一卷。客来则寻常茶具，本色清言，日暮乃归，不知马蹄为何物[②]。

注　释

①燕坐：安坐，坐禅。亦作“宴坐”。

②马蹄：此处指性情受到束缚。典出《庄子·马蹄》。

译　文

低垂的柳枝掩映着小桥，打开竹屋中纸糊的窗户，燃起香炉安静地坐着，手中拿着一本道书细细品读。客人来了就用平常的茶具煮茶款待，用本来面目和朴实的话语交谈，到太阳下山后才回去，这样的日子不会让性情受到任何束缚。

原　文

门内有径，径欲曲；径转有屏，屏欲小；屏进有阶，阶欲平；阶畔有花，花欲鲜；花外有墙，墙欲低；墙内有松，松欲古；松底有石，石欲怪；石面有亭，亭欲朴；亭后有竹，竹欲疏；竹尽有室，室欲幽；室旁有路，路欲分；路合有桥，桥欲危；桥边有树，树欲高；树阴有草，草欲青；草上有渠，渠欲细；渠引有泉，泉欲瀑；泉去有山，山欲深；山下有屋，屋欲方；屋角有圃，圃欲宽；圃中有鹤，鹤欲舞；鹤报有客，客不俗；客至有酒，酒欲不却；酒行有醉，醉欲不归。

译　文

大门内要有小径，小径要曲折回转；小路回转的地方要有屏风，屏风要小巧；屏风后要有石阶，石阶要低平；石阶旁要有花朵，花朵要鲜艳；花丛外要有一堵墙，墙要低矮；墙内要栽种着松树，松树要古老；松树下要有巨石，巨石要嶙峋；巨石上要有亭子，亭子要简朴；亭子后面要有竹林，竹林要稀疏；竹林尽头要有房屋，房屋要清幽；房屋旁要有小路，小路要分岔；岔路汇合之处要有座小桥，小桥要高悬；小桥旁边有参天的树木；树荫下有如茵的芳草；草地上有细长的水渠；水渠的源头有奔流的飞瀑；泉水的出处有幽深的高山；高山下有方正的小屋；屋角有宽阔的园圃；园圃中有翩翩起舞的仙鹤；仙鹤起舞通报有雅客来访；用酒招待来客，宾主把酒畅谈，毫不推辞；饮酒到酒酣兴尽，客人高卧不归，这才是理想的住所和生活。

原　文

清晨林鸟争鸣，唤醒一枕春梦。独黄鹂百舌①，抑扬高下，最可人意。

注　释

①百舌：鸟名。因鸣叫时能反复以随百鸟之音，故称“百舌”。也叫“反舌”。

译文

清晨时分，林中百鸟争鸣，唤醒了幽居之人的一枕春梦；唯有黄鹂和百舌的叫声抑扬婉转，最合人心意。

原文

高峰入云，清流见底；两岸石壁，五色交辉；青林翠竹，四时俱备；晓雾将歇，猿鸟乱鸣；日夕欲颓，沉鳞竞跃①，实欲界之仙都②。自康乐以来③，未有能与其奇者。

注释

①沉鳞：指鱼。

②欲界：即人世间。佛教把世界分为欲界、色界、无色界。欲界指没有摆脱七情六欲的人所处的境界。

③康乐：即谢灵运。因其袭封康乐公，故世称谢康乐。

译文

高高的山峰插入云霄，潺潺的流水清澈见底；两岸石壁耸立，五光十色，交相辉映；青青的松林，苍翠的竹园，这种景色四季都有；清晨的雾气即将消散，猿猴和鸟儿的鸣声四起；夕阳在晚霞中渐渐下沉，池中的鱼儿竞相跃出水面，真堪称是人世间的仙境。自东晋谢灵运以来，还没有能和这奇特之境相媲美的人了。

原文

曲径烟深，路接杏花酒舍；澄江日落，门通杨柳渔家。

译文

曲折的小路上烟霭深沉，小路连接着杏花村的酒舍；澄澈的江面上夕阳西下，门口正对着杨柳掩映下的渔家。

原文

长松怪石，去墟落不下一二十里。鸟径缘崖①，涉水于草莽之间。数四左右两三家相望，鸡犬之声相闻。竹篱草舍，燕处其间，兰菊艺之，霜月春风，日有余思。临水时种桃梅，儿童婢仆皆布衣短褐②，以给薪水③，酿村酒而饮之。案有诗书、庄周、太玄、楚辞、黄庭、阴符、楞严、圆觉数十卷而已。杖藜蹑屐，往来穷谷大川，听流水，看激湍，鉴澄潭，步危桥，坐茂树，探幽壑，升高峰，不亦乐乎。

注释

①鸟径：指险绝的山间小路。

②褐：粗布或粗布衣服。

③薪水：打柴汲水。

译文

青松入云，怪石林立，离村落至少有一二十里。险绝的山间小路沿着山崖蜿蜒而来，越过小溪，在茂盛的碧草间曲折前行。在小路的两旁，只有两三户人家遥遥相望，互相都能听到鸡鸣犬吠的声音。悠闲地居住在竹篱草屋之中，种一些兰花和菊花，无论是秋月清寒还是春风和煦，每天都余兴不减。在临水的地方种植桃、梅等花果树木，童仆和婢女都穿着短小的粗布衣服，以便打柴汲水，用来酿造米酒。几案上摆着《诗经》《尚书》《庄子》《太玄经》《楚辞》《黄庭经》《阴符经》《楞严经》《圆觉经》等数十卷书籍。拄着拐杖、穿着木屐，往来于深谷大川之间，倾听流水，观看湍流，在清澈的水潭边照镜子，在高悬的小桥上散步，在茂盛的大树下休憩，探访幽深的山谷，登上高高的峰顶，没有比这更快乐的了。

原文

天气晴朗，步出南郊野寺，沽酒饮之。半醉半醒，携僧上雨花台①，看长江一线，风帆摇曳，钟山紫气②，掩映黄屋③，景趣满前，应接不暇。

注释

①雨花台：地名。位于今南京中华门外。相传梁武帝时，云光法师在此设坛讲经，感动天神，落花如雨，故名。

②钟山：山名，位于今南京市区东。古称金陵山，汉时称钟山，三国吴改蒋山。东晋时因山多紫红色岩石，阳光照映，远望呈现紫金色，故又称紫金山。

③黄屋：帝王宫室。

译文

天气晴朗时，走出南郊野外的庙宇，买来一壶好酒喝。半醉半醒之间，与高僧一起登上了雨花台，放眼望去，长江如同一条丝线，远处的船帆随风摇曳，巍峨的钟山紫气萦绕，掩映着帝王家，眼前的景致和乐趣真是让人应接不暇。

原文

净扫一室，用博山炉爇沉水香①，香烟缕缕，直透心窍，最令人精神凝聚。

注释

①博山炉：古代焚香的器具。炉盖雕镂成山形，上有羽人、走兽等形象，故名。盛行于汉及魏晋时代。爇：烧。沉水香：即沉香。

译文

打扫出一间干净的居室，把沉香放在博山炉中燃烧，带有香气的缕缕轻烟缓缓升起，其幽香直透人心，最能让人凝神静气。

原文

每登高丘，步邃谷，延留燕坐，见悬崖瀑流，寿木垂萝，闷邃岑寂之处①，终日忘返。

注释

①闷邃：幽深。

译文

每一次在高高的山丘和深深的幽谷中流连闲坐的时候，都可以看见飞流的瀑布悬挂在崖壁之上，藤萝爬满了生长千年的树木，如此幽静空寂的地方最容易让人终日流连忘返。

原文

每遇胜日有好怀，袖手吟古人诗足矣。青山秀水到眼，即可舒啸，何必居篱落下，然后为己物。

译文

每次遇到好天气就心情愉悦，只要卷起衣袖悠闲地吟咏古人的诗句就心满意足了。青山绿水映入眼帘，心情舒畅地高声大叫，这样的美景即使不是在自己的篱落之下，也可以任意地供自己欣赏。

原文

柴门不扃①，筠帘半卷②，梁间紫燕，呢呢喃喃，飞出飞入。山人以啸咏佐之，皆各适其性。

注释

①扃：上闩，关门。

②筠：竹子青色的皮。这里借指竹子。

译　文

柴门没有上闩，竹帘也半卷着，燕子在房梁间呢喃，飞进飞出，再配以隐居山人的吟咏高歌，真是各得其所。

原　文

风晨月夕，客去后，蒲团可以双跏[1]；烟岛云林，兴来时，竹杖何妨独往？

注　释

①跏：即跏趺，指盘腿打坐。是佛教徒的一种坐法。

译　文

清晨时微风和煦，傍晚时皓月初升，在客人散去以后盘腿坐在蒲团上打坐；海岛上烟雾渺茫，山林中云海飘忽，在兴致高涨的时候，不妨拄着竹杖独自徜徉其间。

原　文

三径竹间[1]，日华澹澹，固野客之良辰；一偏窗下，风雨潇潇，亦幽人之好景。

注　释

①三径：意为归隐后所住的田园。东晋陶潜《归去来辞》："三径就荒，松菊犹存。"亦作"三迳"。

译　文

隐居在竹林间，暖阳遍洒，这固然是山中野客的好时光；斜倚在偏窗下，雨骤风急，也是隐居之士的好景致。

原　文

乔松十数株，修竹千余竿；青萝为墙垣，白石为鸟道；流水周于舍下，飞泉落于檐间；绿柳白莲，罗生池砌。时居其中，无不快心。

译　文

十几株高大的青松，千余竿修长的翠竹；用青青的藤萝装饰墙垣，用雪白的石头铺就小路；溪流环绕着小屋，飞泉倾泻于屋檐之间；绿柳迎风，掩映着池塘的岸阶，白莲生烟，盛放在清池之中。时常居住在这样的美景之中，没有不心情愉快的。

原文

人冷因花寂，湖虚受雨喧。

译文

人会感到清冷，是因为花儿正在凋谢；湖面会变得朦胧，是因为雨点正打在上面。

原文

有屋数间，有田数亩；用盆为池，以瓮为牖；墙高于肩，室大于斗。布被暖余，藜羹饱后[①]，气吐胸中，充塞宇宙；笔落人间，辉映琼玖[②]。人能知止，以退为茂；我自不出，何退之有？心无妄想，足无妄走，人无妄交，物无妄受。炎炎论之，甘处其陋；绰绰言之，无出其右。羲轩之书[③]，未尝去手；尧舜之谈，未尝离口。谈中和天，同乐易友；吟自在诗，饮欢喜酒。百年升平，不为不偶；七十康强，不为不寿。

注释

①藜羹：此处泛指粗劣的饭食。《荀子•宥坐》："孔子南适楚……七日不火，藜羹不糁，弟子皆有饥色。"

②琼玖：泛指美玉。《诗经•卫风•木瓜》："投我以木李，报之以琼玖。"

③羲轩之书：伏羲和轩辕黄帝时代的书。此处指代古书。

译文

有房屋几间，有良田几亩；用瓦盆作为水池，用陶瓮作为窗户；墙壁只比肩高，内室也只比斗大。只有粗布衣被能够用来御寒，只有粗茶淡饭能够用来充饥，饱暖之余，倾吐出胸中的豪气，充塞于天地之间；用妙笔写尽人间百态，文字可与美玉交相辉映。人应该知行知止，以隐退为通达，而我不以出仕为志，退与不退又有什么区别呢？心中不要有非分之想，脚下不要涉足是非之地，不要随意结交朋友，不要随意接受财物。以美好热烈而论，这是甘愿处于陋室，自得其乐；以自由旷达而言，则没有人能和我相比。上古的图书典籍不曾离手，尧舜的治世之论不曾离口。谈论的是中正平和的境界，结交的是温厚平和的朋友；逍遥自在地吟咏诗篇，欢喜舒心地品尝美酒。天下太平百余年，不能说不是命运的眷顾；年逾古稀仍健康强壮，不能不算长寿。

原文

中庭蕙草销雪[①]，小苑梨花梦云。

注　释

①蕙草：香草名，俗名佩兰。古人认为佩之可以避疫。《楚辞·离骚》："余既滋兰之九畹兮，又树蕙之百亩。"

译　文

庭院中的蕙草茂盛，就像纷纷白雪；小苑中的梨花繁盛，如梦似云。

原　文

以江湖相期，烟霞相许；付同心之雅会，托意气之良游。或闭户读书，累月不出；或登山玩水，竟日忘归。斯贤达之素交，盖千秋之一遇。

译　文

将身栖于江湖，将心许为烟霞，和意气相投的知心好友聚会并结伴同游。有时在家中关起门来读书，可以几个月不出门；有时在外面登山涉水，可以整天流连忘返。这种与贤达之士淡泊纯洁的友谊，大概千年才能一遇吧。

原　文

荫映岩流之际，偃息琴书之侧，寄心松竹，取乐鱼鸟，则淡泊之愿于是毕矣。

译　文

当树荫掩映山岩溪流的时候，在琴瑟和书本旁边躺着小憩，在青松翠竹处寄托心事，在飞鸟游鱼处获得快乐，那么，淡泊宁静的心愿就可以实现了。

原　文

庭前幽花时发，披览既倦，每啜茗对之。香色撩人，吟思忽起，遂歌一古诗，以适清兴。

译　文

庭院前幽香的花草应着季节开放，浏览、批阅群书感到疲倦的时候，就品上几口香茶，观赏鲜花。茶香与花色撩人情思，我顿时诗性大发，于是吟诗一首，用来配合这清幽的雅兴。

原　文

凡静室，须前栽碧梧，后种翠竹，前檐放步，北用暗窗，春冬闭之，以避风雨，夏秋可开，以通凉爽。然碧梧之趣，春冬落叶，以舒负暄融和之乐[①]，夏秋交荫，以蔽炎烁蒸烈之气，四时得宜，莫此为胜。

注释

①负暄：冬天晒太阳取暖。

译文

但凡清静的居所，房前就应该栽上碧绿的梧桐树，屋后就应该种上青翠的竹子，可以在房子前面的屋檐下闲庭信步，北面则要用暗窗，春冬时关闭起来以遮避风雨，夏秋时打开以通风透凉。然而，栽种梧桐树的乐趣还在于，春冬时树叶都落光了，人可以在太阳下暴晒取暖；夏秋时枝叶繁茂，人可以在树荫下躲避炎炎烈日的炙烤，一年四季都各有用处，没有比这更好的了。

原文

家有三亩园，花木郁郁。客来煮茗，谈上都贵游、人间可喜事[①]，或茗寒酒冷，宾主相忘，其居与山谷相望，暇则步草径相寻。

注释

①贵游：指无官职的王公贵族。这里泛指贵族。

译文

家中有几亩田园，花草树木郁郁葱葱。客人来了就煮茶款待，谈论京都王公贵族的逸事和世间其他值得高兴的事，说到尽兴处，茶和酒都凉了，达到宾主两忘的境界。住所和山谷遥遥相对，空闲时就沿着芳草小径去寻奇探胜。

原文

良辰美景，春暖秋凉。负杖蹑履，逍遥自乐。临池观鱼，披林听鸟；酌酒一杯，弹琴一曲；求数刻之乐，庶几居常以待终[①]。筑室数楹，编槿为篱，结茅为亭，以三亩荫竹树栽花果，二亩种蔬菜，四壁清旷，空诸所有。蓄山童灌园薙草[②]，置二三胡床着亭下，挟书剑以伴孤寂，携琴弈以迟良友，此亦可以娱老。

注释

①庶几：但愿。表示希望。

②薙：芟除，除去。

译　文

时光美好，景色怡人，在春天温暖、秋天凉爽之时拄着竹杖，穿着木屐，十分逍遥自在。来到池边观赏游鱼或进入山林安静地听百鸟鸣叫，斟上一杯美酒，弹上一曲清音，以追求一时的快乐，真希望可以一直这样下去，直到老死。建起几间房屋，用木槿条编成篱笆，用茅草搭成亭子，用三亩竹林荫地种植花果，用二亩地种植蔬菜，家中四壁清幽空旷，显得空无一物。命令童仆浇园除草，在亭子下面放置几张折叠椅，读书舞剑以消除孤寂，弹琴下棋以等待好友，这是可以颐养天年的好方法。

原　文

一径阴开，势隐蛇鳝之致，云到成迷；半阁孤悬，影回缥缈之观，星临可摘。

译　文

一条小路幽幽伸展，像蛇和鳝鱼洞一样蜿蜒曲折，在云雾升腾的时候就若隐若现了；小小亭阁孤零零地悬在空中，犹如缥缈仙境中的奇观，繁星满天时，一伸手似乎就可以摘取星辰。

原　文

几分春色，全凭狂花疏柳安排；一派秋容，总是红蓼白蘋妆点[①]。

注　释

①红蓼：蓼科植物。一年生草本，可供观赏，果实可入药。白蘋：多年生浅水草木，初生可食，全草入药。

译　文

春色几许，全凭怒放的花朵、稀疏的柳树来安排；秋容一派，总要靠红色的蓼花、白色的蘋花来装扮。

原　文

南湖水落，妆台之明月犹悬；西郭烟销，绣榻之彩云不散。

译　文

南湖的潮水已经退去，妆台前的明月却依然悬挂着；西郭的烟雾已经消弥，绣榻上的彩云却久久不散去。

原　文

秋竹沙中淡，寒山寺里深。

译　文

秋竹在沙石的映衬下显得苍白异常，古寺在寒山的环绕中显得幽深无比。

原　文

野旷天低树，江清月近人[①]。

注　释

①这两句出自唐孟浩然《宿建德江》诗。

译　文

原野空旷，天幕低垂，似乎压在树林梢头；江水澄澈，皓月当空，似乎离人更近了。

原　文

潭水寒生月，松风夜带秋。

译　文

深潭之水寒气逼人，升起一轮明月；松间之风在夜里吹起，带来一片秋意。

原　文

春山艳冶如笑，夏山苍翠如滴，秋山明净如妆，冬山惨淡如睡。

译　文

春天的山野艳丽的得像女子绽放的笑容，夏天的山野苍翠得像快要滴落的水滴，秋天的山野明媚纯净得如同化过妆的女子的面容，冬天的山野衰败惨淡得像睡着了一样。

原　文

眇眇乎春山，淡冶而欲笑；翔翔乎空丝，绰约而自飞。

译　文

辽阔遥远的春山恬淡娴静，笑意盎然；空中飘荡的杨柳枝姿态柔媚，翩翩起舞。

原　文

盛暑持蒲，榻铺竹下，卧读《骚》《经》，树影筛风，浓阴蔽日，丛竹蝉声，远远相续，蘧然入梦[1]，醒来命取榐栉发，汲石涧流泉，烹云芽一啜，觉两腋生风。徐步草玄亭，芰荷出水，风送清香，鱼戏冷泉，凌波跳掷。因涉东皋之上[2]，四望溪山罨画[3]，平野苍翠。激气发于林瀑，好风送之水涯，手挥麈尾，清兴洒然。不待法雨凉雪，使人火宅之念都冷。

注　释

①蘧然：惊喜的样子。《庄子•大宗师》："成然寐，蘧然觉。"这里指立刻。

②东皋：泛指田野或高地。

③罨画：色彩鲜明的图画。

译　文

盛夏酷暑时节，手持蒲扇扇风纳凉，在竹荫下铺设床榻，躺下来诵读《离骚》《诗经》，树影间透过清凉的微风，浓荫遮蔽着烈日，竹林间传来阵阵蝉声，由远及近，此起彼伏，使人立刻进入美梦之中。醒来的时候，命人拿来梳子梳洗头发，汲取山间清泉烹煮香茶，感觉腋下生风一般。慢慢走到草玄亭，菱角和荷花都露出水面，微风送来阵阵清香，鱼儿在清凉的泉水中嬉戏，不时凌波跳跃。于是又登上高地，放眼环顾四周，青山溪流犹如色彩鲜明的图画，原野苍翠欲滴，林间的瀑布发出激越之气，微风又将它吹至水滨。手中挥动着拂尘，兴致清幽潇洒。置身其间，不需要佛家的雨露凉雪来滋润就可以让人忘却尘俗杂念。

原　文

山曲小房，入园窈窕幽径，绿玉万竿。中汇涧水为曲池，环池竹树云石，其后平冈逶迤，古松鳞鬣[1]，松下皆灌丛杂木，茑萝骈织，亭榭翼然。夜半鹤唳清远，恍如宿花坞；间闻哀猿啼啸，嘹呖惊霜，初不辨其为城市为山林也。

注　释

①鬣：鱼类颌旁的鳍。唐杜牧《华清宫三十韵》："鲸鬣掀东海，胡牙揭上阳。"这里比喻古松丛生，鳞次栉比。

译　文

一间小小的房舍被群山环抱，走进园内，一条幽深曲折的小路两旁长着几万棵绿竹，从山涧中流下的水汇集在中间成为弯曲的水池，水池周围环绕着竹、树、云、石，后面平平的山冈曲折绵延，冈上的松树茂密繁盛，松下灌木丛生，蔓草与女萝相互交织，两旁的水榭亭台像翅膀一样张开。夜半时分，鹤鸣声清厉悠远，感觉像睡在花坞之间，其时猿猴的哀鸣嘹亮凄厉，冲寒惊霜，听起来一时不知是身在城市还是山林。

原　文

一抹万家，烟横树色，翠树欲流，浅深间布，心目竞观，神情爽涤。

译　文

一抹云霞笼罩了千家万户，烟雾弥漫其中，云烟掩映下的树木苍翠欲滴，深浅相间，错落有致，心与眼竞相观赏，使人神清气爽，俗虑尽涤。

原　文

万里澄空，千峰开霁，山色如黛，风气如秋，浓阴如幕，烟光如缕，笛响如鹤唳，经飔如咿唔①，温言如春絮，冷语如寒冰，此景不应虚掷。

注　释

①咿唔：象声词。读书的声音。

译　文

天空万里无云，千峰云开雨散，山色苍翠，风气凉爽如秋，树荫浓密如幕，炊烟袅袅如缕，笛声响起犹如野鹤鸣叫，风声呼啸如同读书的声音，温暖的话语如同春天的柳絮，冷峻的话语就像冬天的寒冰，如此美景不可白白浪费。

原　文

山房置古琴一张，质虽非紫琼绿玉，响不在焦尾号钟①，置之石床，快作数弄。深山无人，水流花开，清绝冷绝。

注　释

①焦尾：即焦尾琴。东汉蔡邕用一端有焦痕的桐木所制的琴。《后汉书·蔡邕传》："吴人有烧桐为爨者，邕闻火裂之声，知其良木，因请而裁为琴，果有美音，而其尾犹焦，故时人名曰焦尾琴焉。"号钟：即号钟琴。周代名琴，琴音洪亮，如钟声激荡。后传至齐桓公。

译　文

在山间房舍中放置一张古琴，虽然不是用美玉制成的，声音也比不上焦尾琴和号钟琴，把它放在石床上，心情愉快的时候弹上几曲。在空寂无人的深山之中，在流水潺潺、春暖花开的自然美景之中，却有清冷绝伦之妙。

原　文

密竹轶云，长林蔽日，浅翠娇青，笼烟惹湿，构数椽其间，竹树为篱，不复葺垣。中有一泓流水，清可漱齿，曲可流觞[①]，放歌其间，离披倩郁，神涤意闲。

注 释

①流觞：古代习俗，每逢三月上旬的巳日(三国魏以后定为三月初三)集会于环曲的水渠旁，在上流放置酒杯，任其顺流而下，停在谁面前，谁即取饮，叫作“流觞”，亦称“流杯”。

译 文

茂密的竹林高耸入云，高大的树林遮天蔽日，浅色的草泛着娇嫩的青色，烟雾带来湿润之气。在其间搭几间茅屋，四周围上用竹子和树木做成的篱笆，不需要再修理墙垣。中间还有一道清泉，清澈至极，可以漱口弯曲有致，可以在水边集宴，在其间放声高歌，草木摇荡却又郁郁葱葱，让人神清气爽，意态悠闲。

原 文

抱影寒窗，霜夜不寐，徘徊松竹下，四山月白，露坠冰柯，相与咏李白《静夜思》，便觉冷然，寒风就寝，复坐蒲团，从松端看月，煮茗佐谈，竟此夜乐。

译 文

寂寞的影子独对寒窗，霜气逼人的夜里无法入睡，徘徊在松树竹林之下，看四周青山如黛，月色皎洁，露珠从冰冷的树枝上滴落，一起对月吟咏起李白的《静夜思》，更觉清冷，在寒风中回到房中，又在蒲团上打坐，越过松树顶端欣赏月色，一边喝茶，一边畅谈，通宵达旦，乐此不疲。

原 文

云晴叆叇[①]，石楚流滋[②]，狂飙忽卷，珠雨淋漓。黄昏孤灯明灭，山房清旷，意自悠然。夜半松涛惊飓，蕉园鸣琅，窾坎之声[③]，疏密间发，愁乐交集，足写幽怀。

注 释

①叆叇（ài dài）：形容浓云蔽日。

②石楚流滋：柱子下的石础转潮，意味着将要下雨。

③窾坎之声：象声词。击打空心物体的声音。宋苏轼《石钟山记》：“有大石当中流，可坐百人，空中而多窍，与风水相吞吐，有窾坎镗鞳之声。”

译 文

天空放晴了，但浓云仍然遮住了太阳，柱下的石础开始转潮，忽然间狂风大作，大雨倾盆。黄昏时分，一盏夜灯忽明忽暗，山中房舍清新旷达，意态悠闲。夜半时分，松涛阵阵，不时传来雨打芭蕉时发出的“窾坎”的声音，时而密集，时而稀疏，使人悲喜交加，足以抒发清幽的情怀。

原　文

四林皆雪，登眺时见絮起风中[1]，千峰堆玉，鸦翻城角，万壑铺银。无树飘花，片片绘子瞻之壁[2]；不妆散粉，点点糁原宪之羹[3]。飞霰入林，回风折竹，徘徊凝览，以发奇思。画冒雪出云之势，呼松醪茗饮之景。拥炉煨芋，欣然一饱，随作雪景一幅，以寄僧赏。

注　释

①絮起风中：东晋名臣谢安的侄女谢道韫，聪慧有才辩。尝在家遇雪，谢安欣然问道：“白雪纷纷何所似？”兄子胡儿回答：“撒盐空中差可拟。”兄女（谢道韫）回答：“未若柳絮因风起。”谢安大悦。因此世称谢道韫为“咏絮才”。

②子瞻之壁：宋苏轼《念奴娇•赤壁怀古》：“乱石穿空，惊涛拍岸，卷起千堆雪。”

③原宪：字子思，孔子的弟子，虽然贫穷但不追求名利，安贫乐道。

译　文

四周的树木被积雪覆盖，登高远眺时看见白雪如同柳絮一样在风中起舞，无数山峰好似堆起的白玉，寒鸦在城角翻飞，群山万壑像铺满了白银。没有树木，却有雪花飞舞，一片片绘就了苏轼所描绘的赤壁景象；不用装点，却有粉彩散落，一点点变成了原宪的藜羹之饭；飘散的雪花落入林中，回旋的狂风折断了竹子，徘徊其间，凝神观赏，以启发奇思妙想。描绘出雪飘云出的景致，呼唤出松酒茗茶的情景。围着火炉烤山芋，美美地饱餐一顿。于是作雪景图一幅，赠予高僧评赏。

原　文

孤帆落照中，见青山映带，征鸿回渚，争栖竞啄，宿水鸣云，声凄夜月，秋飙萧瑟，听之黯然，遂使一夜西风，寒生露白。万山深处，一泓涧水，四周削壁，石磴崭岩，丛木蓊郁，老猿穴其中，古松屈曲，高拂云巅，鹤来时栖其顶。每晴初霜旦，林寒涧肃，高猿长啸，属引清风，风来鹤唳，嘹呖惊霜，闻之令人凄绝。

译　文

一片船帆沐浴在夕阳之下，两岸的青山衬托出景致，远游的大雁飞回到小洲之上，相互啄斗着争抢栖息的地方，睡在水边，其鸣叫声响彻入云，在月夜中声音显得格外凄凉，秋风萧瑟，使人黯然神伤，一夜西风过后，寒气顿生，露珠泛白。群山万壑的深处有一泓清泉，四周的悬崖峭壁犹如刀削一般，岩间有凿出的石磴，丛林茂密，老猿居住在洞穴之中，古松弯曲有致，高耸入云，仙鹤飞来栖息在顶端。每当天色初晴或有霜降的早晨，林木寒冷，山涧肃杀，猿猴在高处嘶叫，引来一阵清风，清风仙鹤的悲鸣，声音嘹亮凄厉，惊彻霜天，听来让人感到无比凄凉。

原　文

春雨初霁，园林如洗，开扉闲望，见绿畴麦浪层层，与湖头烟水相映带，一派苍翠之色，或从树梢流来，或自溪边吐出。支筇散步，觉数十年尘土肺肠，俱为洗净。

译　文

春雨刚刚停歇，园林像被水洗过一般，打开房门悠闲地放眼望去，只见碧绿的田野间麦浪滚滚，与湖边的烟水相互映衬，显出一派苍翠之色，有的从树梢上流过来，有的从溪水边吐出来。这时，手拄着竹杖慢慢走路，顿时觉得几十年来被尘世污染的肺肠都被洗得干干净净。

原　文

四月有新笋、新茶、新寒豆、新含桃，绿阴一片，黄鸟数声，乍晴乍雨，不暖不寒，坐间非雅非俗，半醉半醒，尔时如从鹤背飞下耳。

译　文

农历四月，新鲜的竹笋、茶叶、寒豆、樱桃都已成熟，到处都是一片绿荫，黄鸟在林间鸣叫，天气忽而放晴，忽而下雨，气温也不寒不暖，座间的宾客非雅非俗，半醉半醒，感觉自己好像是从仙鹤背上飞下来的仙人。

原　文

名从刻竹，源分渭亩之云①；倦以据梧，清梦郁林之石②。

注　释

①渭亩之云：像云彩一样密集的竹林。渭亩，即竹子。《史记·货殖列传》："齐鲁千亩桑麻，渭川千亩竹。"这里指竹林给主人带来名声。

②郁林之石：比喻廉洁。东汉时期陆绩曾为郁林太守，为官清廉，罢官后两袖清风，以至于船太轻不够沉稳，最后只好搬石上船，才得以渡海。

译　文

名字刻在竹子上而被传扬，它的源头在于渭川的千亩竹园；疲倦了就靠着梧桐树小憩，清梦之中会看见郁林太守的石头。

原　文

夕阳林际，蕉叶堕而鹿眠；点雪炉头，茶烟飘而鹤避。

译　文

夕阳越过树梢，芭蕉叶落在地上，鹿儿正甜甜地进入梦乡；在炉火上煮雪烹茶，煮茶的轻烟飘散开来，仙鹤受到惊吓而慌忙躲避。

原　文

高堂客散，虚户风来，门设不关，帘钩欲下。横轩有狻猊之鼎①，隐几皆龙马之文②，流览霄端，寓观濠上。

注　释

①狻猊（suān ní）：即狮子。《穆天子传》："狻猊野马，走五百里。"

②龙马之文：《河图》《洛书》一类算术古书，此处泛指上古经籍。

译　文

高堂之上宾客散尽，房门虚掩，清风徐来，门上不设门闩，帘钩就要放下。横在门口的是铸有狻猊纹饰的鼎，几案上摆放的都是古代经籍，放眼浏览云端，并注视着濠水桥梁之上的风光。

原　文

山经秋而转淡，秋入山而倍清。

译　文

山经过秋天的洗礼就会转为凉淡，秋天到来后，山就会显得更加凄清。

原　文

山居有四法：树无行次，石无位置，屋无宏肆，心无机事。

译　文

在山林中幽居的四条法则是：树木杂生没有纵横次序，石头错落没有固定位置，房屋简陋没有宏大形状，内心平和没有世俗之心。

原　文

花有喜、怒、寤、寐、晓、夕，浴花者得其候，乃为膏雨。淡云薄日，夕阳佳月，花之晓也；狂号连雨，烈焰浓寒，花之夕也；檀唇烘日[1]，媚体藏风，花之喜也；晕酣神敛，烟色迷离，花之愁也；欹枝困槛，如不胜风，花之梦也；嫣然流盼，光华溢目，花之醒也。

注 释

①檀唇：本指浅红色的嘴唇。这里借指花。

译 文

花有喜、怒、寤、寐、晓、夕的区别，浇花的人如果掌握了适当的时机，就能给花草送去及时的甘霖。花之晓，即疏淡的云彩，稀薄的阳光，夕阳西下，明月当空；花之夕，即狂风怒号，骤雨连绵，赤日炎炎，寒冷异常；花之喜，即花朵如红唇般烘托着阳光，姿态柔美妩媚隐藏着风韵；花之愁，即花晕过于浓重，神采开始收敛，烟色迷离，模糊不清；花之梦，即花枝斜倒在栏杆上，好似弱不禁风；花之醒，即花儿如少女嫣然的笑脸，顾盼生辉，绚丽夺目。

原 文

海山微茫而隐见，江山严厉而峭卓，溪山窈窕而幽深，塞山童赪而堆阜[1]，桂林之山绵衍庞博[2]，江南之山峻峭巧丽。山之形色，不同如此。

注 释

①童赪（chēng）：不长草木的红色土地。

②绵衍庞博：绵延而磅礴。

译 文

大海之中的山一片朦胧，时隐时现；大江之上的山凝重挺拔，高峻陡直；溪水上的山妩媚而幽深；塞外的山土呈红色而且不长草木；桂林的山绵延而气势磅礴；江南的山峻峭而俏丽多姿。山的形态和姿色，就像这样有很大不同。

原 文

杜门避影，出山一事不到梦寐间；春昼花阴，猿鹤饱卧亦五云之余荫。

译 文

闭门谢客，避开人事，梦里不会出现出山入世这件事情；春光明媚，花丛树荫间，猿猴和仙鹤饱食而眠，这是五彩祥云下的余荫。

原　文

白云徘徊，终日不去，岩泉一支，潺湲斋中[①]。春之昼，秋之夕，既清且幽，大得隐者之乐，唯恐一日移去。

注　释

①潺湲：水缓缓流动的样子。

译　文

白云飘浮在天空，终日不肯离去，山岩上的一支清泉潺潺流动，一直流到书斋之中。春天的白日和秋天的傍晚，都是既清静又幽雅的时刻，深得隐士的喜爱，唯恐一天之间就消失不见。

原　文

与衲子辈坐林石上[①]，谈因果[②]，说公案[③]。久之，松际月来，振衣而起，踏树影而归，此日便是虚度。

注　释

①衲子：指出家人，僧人。

②因果：佛教认为今生种什么因，来生结什么果，善因得善果，恶因得恶果。

③公案：原指公府判断是非的案牍。佛教禅宗认为前辈祖师的言行范例，可以用来判断是非迷悟，故借用。《灵峰宗论》卷三："若缘木求鱼，守株待兔，三藏十二部是拭疮疣纸，千七百公案亦陈腐葛藤。"

译　文

和僧人们一起坐在林间的石头上，谈因果理论，论禅宗公案。时间在不知不觉间流逝，月亮升起来了，抖抖衣服站起身来，踏着树影回家，这一天算是白白浪费了。

原　文

结庐人径，植杖山阿[①]，林壑地之所丰，烟霞性之所适，荫丹桂，藉白茅[②]，浊酒一杯，清琴数弄，诚足乐也。

注　释

①山阿：山中曲折处。西晋嵇康《幽愤诗》："采薇山阿，散发岩岫。"

②白茅：俗称"茅草"。禾本科多年生草本。花穗上密生白毛，可入药。

译 文

在人们经过的小路旁搭建一座草庐，在山的曲折处种上竹竿手杖，树林沟壑是土地丰饶的所在，烟霞缭绕正与山人的本性相适应。在丹桂的树荫下乘凉，泡上一杯白茅，饮上一杯浊酒，抚弄几下清雅的乐曲，真是十分快乐。

原 文

辋水沦涟[①]，与月上下；寒山远火，明灭林外，深巷小犬，吠声如豹。村虚夜舂，复与疏钟相间，此时独坐，童仆静默。

注 释

①辋水：即辋川。古水名，位于今陕西蓝田南，源出秦岭北麓，北流至县南入灞水。唐代诗人王维曾置别业于此。

译 文

辋川水泛着层层涟漪，与月光同上同下；远处寒山上的几点灯火，在树林之外忽明忽暗。深深的巷子中狗叫声犹如豹吼一样嘹亮；轮廓模糊的村庄里传来夜间舂米的声音，与寺庙里疏朗的钟声遥相呼应，此时我独自静坐，童仆们都静立无声。

原 文

东风开柳眼，黄鸟骂桃奴。

译 文

温暖的东风吹开了柳树惺忪的睡眼，黄鸟鸣叫着啄食干桃，似乎在叫骂着。

原 文

晴雪长松，开窗独坐，恍如身在冰壶；斜阳芳草，携杖闲吟，信是人行图画。

译 文

雪霁初晴，积雪盖满了高大的松树，打开窗子独坐，仿佛置身于冰壶之中；夕阳下芳草萋萋，拄着手杖悠闲地吟咏诗句，实在是一幅人在行走中的图画。

原 文

小窗下修篁萧瑟，野鸟悲啼；峭壁间醉墨淋漓，山灵呵护。

译文

小窗之下长长的竹子十分萧瑟，野鸟在其中悲哀地鸣叫；峭壁的形态如醉墨般酣畅淋漓，仿佛受到山间精灵的庇佑。

原文

霜林之红树，秋水之白蘋。

译文

林间的树叶在霜落后变得更加鲜红，水中的蘋花在秋天时显得更为苍白。

原文

云收便悠然共游，雨滴便冷然俱清，鸟啼便欣然有会，花落便洒然有得。

译文

云层消散的时候，便悠闲地一起游玩；雨落下来的时候，一切都变得清冷；鸟儿鸣叫的时候，便快乐得仿佛有所体会；花儿飘落的时候便觉内心洒脱，仿佛得到了什么。

原文

千竿修竹，周遭半亩方塘；一片白云，遮蔽五株柳垂。

译文

千枝修竹，生长在半亩方塘的周围；一片白云，遮蔽了几株低垂着的杨柳。

原文

山馆秋深，野鹤唳残清夜月；江园春暮，杜鹃啼断落花风。青山非僧不致，绿水无舟更幽，朱门有客方尊，缁衣绝粮益韵。

译文

深秋时节的山间馆舍，野鹤的叫声悲惨凄厉，残月在寂静寒夜中渐渐退去；暮春时分的江边园林，杜鹃啼血哀鸣，花朵在风中纷纷散落。青山之中如果没有僧侣就没有韵致，绿水边如果没有小舟就会显得更加幽静；贵族豪富之家只有宾客不断才显得尊贵，僧人只有不食人间烟火才更能增其清韵。

原 文

杏花疏雨，杨柳轻风，兴到欣然独往；村落烟横，沙滩月印，歌残倏尔言旋①。

注 释

①言旋：回还。《诗经•小雅•黄鸟》："言旋言归复我邦族。"言，句首助词。

译 文

稀疏的春雨打在杏花上，温柔的微风吹拂着杨柳，兴致一来就欣然独往；村庄里炊烟袅袅升起，沙滩上映照着月光，刚唱完歌曲就马上回家。

原 文

赏花酣酒，酒浮园菊方三盏；睡醒问月，月到庭梧第二枝。此时此兴，亦复不浅。

译 文

赏花之时酣畅饮酒，三个酒杯中漂浮着园中的菊花；睡醒之后赏月，月光照到了庭院梧桐树的第二枝上。此刻的兴致，也真不浅啊。

原 文

几点飞鸦，归来绿树；一行征雁，界破青天。

译 文

几只飞翔的乌鸦，归来落在翠绿的树上；一行远征的大雁，划破了万里长空。

原 文

看山雨后，霁色一新，便觉青山倍秀；玩月江中，波光千顷，顿令明月增辉。

译 文

观赏山景要在下雨之后，天色晴朗，山色焕然一新便会觉得青山倍加秀美；欣赏月色要置身江中，波光粼粼，碧波千顷，顿时让明月也增添了光辉。

原 文

楼台落日，山川出云。

译　文

夕阳的余晖映照在楼台之上，云雾从山川之中升腾而出。

原　文

玉树之长廊半阴，金陵之倒景犹赤。

译　文

在玉树装点下的长廊有一半是阴凉的，江中紫金山的倒影仍然是赤红色的。

原　文

小窗偃卧，月影到床，或逗留于梧桐，或摇乱于杨柳，翠华扑被，神骨俱仙，及从竹里流来，如自苍云吐出。

译　文

仰卧在小窗之下，月光照到床边，有时停留在梧桐树上，有时散乱落在杨柳之间，月光与苍翠的树影扑上床被，让人的身体和精神都飘飘欲仙，当月光移到竹林时，婆娑的月光好似从竹林间流出来，又像是从青云中吐出来一样。

原　文

清送素蛾之环珮①，逸移幽士之羽裳②，想思足慰于故人，清啸自纡于良夜。

注　释

①素蛾：应作“素娥”，月宫仙女嫦娥的别名。

②羽裳：羽衣，隐士、道士所穿的衣服。《汉书·郊祀志》注：“以鸟羽为衣，取其神仙飞翔之意也。”

译　文

嫦娥的饰物发出阵阵清音，隐士的羽衣飘逸移动，在想念老朋友时情思才足以得到慰藉，不禁要在这宁静的夜晚尽情地发出几声响亮的叫声。

原　文

绘雪者，不能绘其清；绘月者，不能绘其明；绘花者，不能绘其香；绘风者，不能绘其声；绘人者，不能绘其情。

译文

画雪的人，描绘不出雪的清新；画月的人，描绘不出月的明亮；画花的人，描绘不出花的芳香；画风的人，描绘不出风的声音；画人的人，描绘不出人的情感。

原文

读书宜楼，其快有五：无剥啄之惊[①]，一快也；可远眺，二快也；无湿气浸床，三快也；木末竹颠，与鸟交语，四快也；云霞宿高檐，五快也。

注释

①剥啄：象声词，敲门声。宋苏轼《次韵赵令铄惠酒》："门前听剥啄，烹鱼得尺素。"

译文

在高楼上读书，能体会到五种快乐：第一种是不会被敲门之声惊扰，第二种是可以眺望远方，第三种是潮湿之气不会侵袭床被，第四种是可以与树梢竹尖上的鸟儿交谈，第五种是可以看见高高的屋檐下飘荡着云霞。

原文

山径幽深，十里长松引路，不倩金张[①]；俗态纠缠，一编残卷疗人，何须卢扁[②]？

注释

①金张：即金日磾和张安世。二者子孙相继，七世荣显，后用为显宦世家的代称。

②卢扁：即战国时名医扁鹊。因其家住卢国，所以又被称为"卢扁"。

译文

山间小路幽静而深远，数里长的松林为我指引道路，不需要求助于像金日磾、张安世那样显贵的人物；深受世情俗态的纠缠，一本残书就能够治病，哪里需要像扁鹊那样的神医呢？

原文

喜方外之浩荡，叹人间之窘束；逢阆苑之逸客，值蓬莱之故人。

译文

为世外的浩荡自由而欢乐，为人间的窘迫拘束而叹息；遇到了阆苑仙境的飘逸仙客，碰上了蓬莱仙境的故人好友。

原 文

忽据梧而策杖，亦披裘而负薪①。

注 释

①披裘而负薪：穿着裘褐，背着柴薪。形容志高行洁的隐士。

译 文

时而拄着拐杖倚靠梧桐，时而穿着皮衣背负柴薪。

原 文

出芝田而计亩①，入桃源而问津②。菊花两岸，松声一丘。叶动猿来，花惊鸟去。阅丘壑之新趣，纵江湖之旧日心。

注 释

①芝田：传说中仙人种植灵芝的地方。

②津：渡。

译 文

走出了种有灵芝的地方，开始计算亩数，进入了世外桃源，开始询问渡口的方向。河流的两岸开满了菊花，松树发出的像浪涛一样的声音，响彻了整个山丘。猿猴到来后树叶开始颤动，鸟儿离去后惊吓了花儿。领略深山幽谷间的新鲜趣意，放纵自己被江湖尘世熏染过的往日情怀。

原 文

篱边杖履送僧，花须列于巾角；石上壶觞坐客，松子落我衣裾。

译 文

拄着拐杖，穿着木屐，在篱笆边送别僧人，篱笆上的花蕊粘上了头巾；在石头上与客人对坐，把壶饮酒，松子落在我的衣襟上。

原 文

远山宜秋，近山宜春，高山宜雪，平山宜月。

译 文

远处的山适宜在秋天观赏，近处的山适宜在春天观赏，高山的景色适宜在下雪的时候观赏，矮山的景色适宜在有月亮的晚上观赏。

原文

松子为餐，蒲根可服。

译文

松子可以当食物充饥，蒲根可以当饮料解渴。

原文

烟霞润色，荃荑结芳[①]；出涧幽而泉冽，入山户而松凉。

注释

①荃：即菖蒲。荑：茅草的嫩芽。这里泛指草木的嫩芽。

译文

烟霞滋润着景色，菖蒲的嫩芽凝结着芬芳；流出山涧的泉水清洌甘甜，种在山门中的松风带来凉爽。

原文

旭日始暖，蕙草可织；园桃红点，流水碧色。

译文

太阳开始变暖的时候，蕙草已经可以用来编织了；园中的桃树刚开出红花的时候，潺潺的流水已经清澈碧绿了。

原文

玩飞花之度窗，看春风之入柳。命丽人于玉席，陈宝器于纨罗，忽翔飞而暂隐，时凌空而更扬。

译文

观看飘落的花朵越过小窗，观看和煦的春风吹入柳林，让美人坐在竹席之上，将宝物陈列在丝绢之上，看着花朵和柳絮时而飞翔，时而隐蔽，时而凌空，时而飘扬。

原文

竹依窗而弄影，兰因风而送香；风暂下而将飘，烟才高而不瞑。

译文

竹子倚着窗户摆动身影，兰花随风送来阵阵清香；风儿暂时停下，又即将吹起，烟雾刚刚升起，天空显得不是很昏暗。

原文

悠扬绿柳，讶合浦之同归[1]；缭绕青霄，环五星之一气[2]。

注释

①讶：通“迓”。迎接。合浦：郡名。西汉元鼎六年(前11)置。

②五星：五大行星。即金星、木星、水星、火星、土星。也叫“五曜五纬”。

译文

绿色的杨柳悠悠飘荡，迎接从合浦郡归来的故人；青天之上烟云缭绕，环绕着五大行星连成一片。

原文

缛绣起于缇纺[1]，烟霞生于灌莽[2]。

注释

①缇纺：橘红色的纺织品。

②灌莽：草木丛生之地。

译文

绘有繁密彩饰的绣品出自于橘红色的纺织品，烟雾彩霞产生于草木丛生的地方。

卷七　韵

原文

人生斯世，不能读尽天下秘书灵笈[①]。有目而昧，有口而哑，有耳而聋，而面上三斗俗尘，何时扫去？则韵之一字，其世人对症之药乎？虽然，今世且有焚香啜茗，清凉在口，尘俗在心，俨然自附于韵，亦何异三家村老妪[②]，动口念阿弥，便云升天成佛也。集韵第七。

注释

①秘书灵笈：宫禁秘藏之书、仙道秘籍。这里泛指秘籍奇书。

②三家村：泛指人烟稀少的地方。

译文

人的一生，读不完天下的秘籍奇书。有眼睛却看不见，有嘴巴却说不出，有耳朵却听不到，那脸上厚厚的世俗之尘什么时候能够扫干净呢？“韵”这个字，大概就是世人的对症良药吧？虽是如此，现在世上有一些人，他们焚香品茶，虽然口中清凉，内心却藏满污垢还要装模作样附庸风雅，这些人和偏僻乡村里的老妇人有什么区别呢？只要念了几声阿弥陀佛，便说自己可以得道成佛了。因此，我编纂了第七卷“韵”。

原文

陈慥家蓄数姬[①]，每日晚藏花一枝，使诸姬射覆[②]，中者留宿，时号“花媒”。

注释

①陈慥：字季常，北宋眉州（今属四川）人，其妻柳氏善妒，好友苏轼曾有诗讥他：“忽闻河东狮子吼，拄杖落手心茫然。”

②射覆：古代的一种游戏，猜测预先覆盖之物。

译文

陈慥家里养了好几个姬妾，每天晚上他都要在器皿下藏一枝花，让姬妾们猜里面是什么东西，猜中的就可以留下睡觉，当时称之为“花媒”。

原文

雪后寻梅，霜前访菊，雨际护兰，风外听竹。

译文

在下雪之后踏雪寻梅，在霜降之前观赏秋菊，在下雨的时候保护兰花，在风起的时候聆听竹声。

原　文

清斋幽闭，时时暮雨打梨花；冷句忽来，字字秋风吹木叶。

译　文

傍晚时分，清静的书斋幽幽关闭着，时时传来雨点拍打梨花的声音；忽然想起几句凄冷的诗句，每个字都像秋风吹散落叶般悲凉。

原　文

多方分别，是非之窦易开；一味圆融，人我之见不立。

译　文

对事物进行多方面的分析和辨别，就容易解开是非的疑问；一味地追求圆满融通，对人对己都难以形成固定的看法。

原　文

春云宜山，夏云宜树，秋云宜水，冬云宜野。

译　文

春天的云飘荡在山间，夏天的云飘荡在树梢，秋天的云飘荡在水上，冬天的云彩飘荡在田野。

原　文

清疏畅快，月色最称风光；潇洒风流，花情何如柳态？

译　文

要说舒朗畅快，最美的要数月色；要论潇洒风流，花的情态如何比得上柳的风姿呢？

原　文

春夜小窗兀坐，月上木兰；有骨凌冰，怀人如玉。因想“雪满山中高士卧，月明林下美人来”语，此际光景颇似。

译　文

春夜端坐在小窗的下面，月光爬上了木兰的树梢；寒气侵骨，肌肤如冰，怀念起如玉的美人。此情此景和“雪满山中高士卧，月明林下美人来”两句诗所描绘的光景颇为相似。

原 文

文房供具，借以快目适玩，铺叠如市，颇损雅趣。其点缀之法，罗罗清疏，方能得致。

译 文

书房里的用具可以让人赏心悦目，也可以用来把玩；如果铺陈叠放得像集市一样，会减少其雅致之趣。至于如何铺设陈列，则要以清淡疏松、错落有致为佳，这样才能显得出其韵致。

原 文

香令人幽，酒令人远，茶令人爽，琴令人寂，棋令人闲，剑令人侠，杖令人轻，麈令人雅，月令人清，竹令人冷，花令人韵，石令人隽，雪令人旷，僧令人淡，蒲团令人野，美人令人怜，山水令人奇，书史令人博，金石鼎彝令人古①。

注 释

①金石鼎彝：指古代镌刻文字、颂功记事的钟鼎碑。

译 文

焚香使人清幽，饮酒使人深远，品茶使人清爽，听琴使人寂静，下棋使人悠闲，佩剑使人豪迈，拄杖使人轻快，拂尘使人优雅，明月使人清新，翠竹使人冷峻，鲜花使人有风韵，奇石使人隽永，大雪使人旷达，高僧使人淡泊，蒲团使人粗野，美人使人爱怜，山水使人新奇，书史使人广博，金石鼎彝使人古朴。

原 文

吾斋之中，不尚虚礼，凡入此斋，均为知己。随分款留，忘形笑语，不言是非，不侈荣利，闲谈古今，静玩山水，清茶好酒，以适幽趣。臭味之交，如斯而已。

译 文

在我的书斋里讲究虚礼，凡是来的人都是知己朋友。随意款待去留，无拘无束地开怀说笑，不谈论是非，不羡慕功名利益，只是悠闲地谈古论今，安静地赏玩山水，再辅以清茶和美酒，用来契合幽雅的情趣。志趣相投的朋友，就是这样。

原 文

窗宜竹雨声，亭宜松风声，几宜洗砚声，榻宜翻书声，月宜琴声，雪宜茶声，春宜筝声，秋宜笛声，夜宜砧声。

译　文

窗下适合听竹雨声，亭中适合听松涛声，几案之上适合听洗砚声，睡榻上适合听翻书声，月下适合听弹琴声，雪天适合听烹茶声，春天适合听弹筝声，秋天适合听吹笛声，夜晚适合听捣衣声。

原　文

鸡坛可以益学①，鹤阵可以善兵。

注　释

①鸡坛：指朋友相会之处。古代越人每相交，置土坛，并祭以白犬丹鸡，故名。这里引申为朋友相会。

译　文

朋友相会交谈可以增长学问，以"鹤阵"练兵可以有益于打仗。

原　文

翻经如壁观僧，饮酒如醉道士，横琴如黄葛野人①，肃客如碧桃渔父。

注　释

①黄葛：葛的一种。其茎皮纤维可织葛布或做造纸原料。

译　文

像面壁而坐的和尚一样翻阅经书，像喝醉的道士一样饮酒，像身穿黄色葛衣的山人一样弹琴，像碧桃下住着的渔翁一样接引宾客。

原　文

竹径款扉①，柳阴班席。每当雄才之处，明月停辉，浮云驻影。退而与诸俊髦西湖靓媚。赖此英雄，一洗粉泽。

注　释

①款：这里是敲的意思。

译　文

沿着竹林小路前去敲门，在柳荫下按次序落座。每当有英雄才俊到来的时候，明月似乎停止了发亮，浮云也似乎停止了飘动。退出来和各位英雄才俊一起泛舟西湖，观赏明媚的风光，因为有了这些英雄才俊，西湖也洗去了脂粉气息。

原　文

云林性嗜茶①，在惠山中②，用核桃、松子肉和白糖成小块如石子，置茶中，出以啖客，名曰清泉白石。

注　释

①云林：即元末明初画家倪瓒。字元镇，号云林子，江苏无锡人。

②惠山：在今江苏无锡，其泉号称“天下第二泉”。

译　文

倪瓒生性喜欢喝茶，在惠山的时候，曾用核桃仁、松子肉与白糖调和在一起，做成像石子一样的小块，放置在茶汤中，泡好后拿出来让客人品尝，并美其名曰“清泉白石”。

原　文

有花皆刺眼，无月便攒眉，当场得无妒我；花归三寸管，月代五更灯，此事何可语人？

译　文

花会吸引人的眼球，没有月光便要皱眉愁闷，人们不会嫉妒在这种场景中的我吧！花事要由三寸不烂之舌去品评，月光可以代替五更的灯火，这种幽事又怎么好对别人说起呢？

原　文

求校书于女史①，论慷慨于青楼。

注　释

①校书：指唐代成都名妓薛涛。唐王建《寄蜀中薛涛校书》：“万里桥边女校书，枇杷花里闭门居。”这里泛指乐伎，歌伎。女史：对知识女性的美称。

译　文

在知识女性中寻找才艺出众的乐伎，在青楼茶馆中抒发激昂慷慨的言论。

原　文

填不满贪海，攻不破疑城。

译　文

填不满的是贪欲之海，攻不破的是猜疑之城。

原 文

机息便有月到风来，不必苦海人世；心远自无车尘马迹，何须痼疾丘山[①]？

注 释

①痼疾：原指久治不愈的病。这里指隐士迷恋山林。

译 文

机巧之心一旦消除，便能得到明月高照，清风徐来，人世就不再是无边苦海；心志淡泊高远，自然没有车马尘迹，又何必要隐逸山林呢？

原 文

郊中野坐，固可班荆[①]；径里闲谈，最宜拂石。侵云烟而独冷，移开清笑胡床；借竹木以成幽，撤去庄严莲坐。

注 释

①班荆：即班荆道故。指老朋友相逢，铺荆坐地，共叙旧情。《左传•襄公二十六年》："斑荆相与食，而言复故。"

译 文

在郊野中随意而坐，固然可以在荆席上倾心而谈；在小路上闲聊，最适合拂去石头上的尘土。云烟侵入肌骨而感觉到寒冷，于是移开轻便的折叠椅；凭借翠竹绿树形成了幽远意境，可以撤去庄严的莲花宝座。

原 文

幽心人似梅花，韵心士同杨柳。

译 文

清幽安逸的人像梅花，富有韵致的人像杨柳。

原 文

情因年少，酒因境多。

译 文

多情是因为年轻气盛，喝酒是因为景色优美。

原　文

看书筑得村楼，空山曲抱；趺坐扫来花径，乱水斜穿。

译　文

要想看书，就要建造山村小楼，空旷的青山曲折环绕；盘腿打坐要在打扫过的花间小路上，清澈的溪水纵横交错。

原　文

倦时呼鹤舞，醉后倩僧扶。

译　文

疲倦时就招呼鹤群跳舞，喝醉后就请求僧人搀扶。

原　文

笔床茶灶，不巾栉闭户潜夫①；宝轴牙签②，少须眉下帷董子③。

注　释

①巾栉：指手巾和梳篦。泛指洗沐用具。潜夫：指隐士。东汉末王符隐居在家著《潜夫论》，共三十六篇，来讽刺当时政治的得失，但不欲彰显自己的姓名，故称。

②宝轴牙签：泛指装帧精美的诗文字画。宝轴，指精致的卷轴，借指珍贵的书籍；牙签，指系在书卷上作为标识，以便翻检的牙骨等制成的签牌。

③下帷：放下室内悬挂的帷幕。指教书。董子：即董仲舒。西汉哲学家。《史记·董仲舒传》："（董仲舒）下帷讲诵，弟子传以久次相授业，或莫见其面。"

译　文

屋里放着笔架和茶灶，一个不怎么梳洗的隐居之人在里面闭门苦读；精致的卷轴和装帧精美的诗文字画都在，却少了一个放下帷幕传道授业的董仲舒。

原　文

鸟衔幽梦远，只在数尺窗纱；蛩递秋声悄①，无言一龛灯火②。

注　释

①蛩：这里指蟋蟀。唐白居易《夜雨》诗："早蛩啼复歇，残灯灭又明。"

②龛：壁龛。安置在墙壁内的小阁子。

译 文

鸟儿衔着幽梦远去，似乎只在数尺纱窗之外；伴随蟋蟀鸣叫，秋天在不知不觉中到来，龛中的灯火静静地燃烧着。

原 文

藉草班荆，安稳林泉之穸[1]；披裘拾穗，逍遥草泽之曜。

注 释

①穸：通“夕”，指晚上。

译 文

在草地上和朋友相对而坐，倾心长谈，在夜晚的山水林泉之间安然徜徉；披着裘衣到田间拾穗，在阳光照耀的荒野中逍遥游玩。

原 文

万绿荫中，小亭避暑；八闼洞开[1]，几簟皆绿[2]。雨过蝉声来，花气令人醉。

注 释

①闼：小门。唐王勃《滕王阁序》：“披绣闼，俯雕甍。”

②簟：竹席，凉席。唐李白《夏景》诗：“竹簟高人睡觉，水亭野客狂登。帘外薰风燕语，庭前绿树蝉鸣。”

译 文

在浓密的绿荫下，来到小亭避暑纳凉；八扇小门都敞开着，几案和竹席都被染成了绿色。雨停后蝉声阵阵传来，花的香气令人陶醉。

原 文

刬犀截雁之舌锋[1]，逐日追风之脚力[2]。

注 释

①刬犀截雁：比喻言辞犀利。刬犀，可以割开犀牛皮；截雁，可以截住飞雁。

②逐日：典出“夸父追日”的故事。追风：古有追风者，相传为秦始皇所有。两词皆指奔跑速度之快。

译文

言辞像剑锋一样锋利，足以割开犀牛皮，射下飞雁；脚力矫健，奔跑的速度可以追逐太阳和疾风。

原文

瘦影疏而漏月，香阴气而堕风。

译文

瘦竹影子稀疏，透进斑斑月光；花丛香气氤氲，落入风中飘散开来。

原文

修竹到门云里寺，流泉入袖水中人。

译文

修长的翠竹掩映着云雾缭绕的寺院大门，潺潺的清泉流淌于水中倒映的衣袖之中。

原文

诗题半作逃禅偈，酒价都为买药钱。

译文

作诗多半以参禅偈语为主题，把买药炼丹的钱都用来买酒。

原文

扫石月盈帚，滤泉花满筛。

译文

清扫石阶时，扫帚上洒满斑驳的月光；过滤泉水时，筛子上落满缤纷的花瓣。

原文

流水有方能出世，名山如药可轻身。

译文

流水用奇特的方法使人超凡脱俗，名山像灵丹妙药一样使人身轻如燕。

原 文

与梅同瘦，与竹同清，与柳同眠，与桃李同笑，居然花里神仙；与莺同声，与燕同语，与鹤同唳，与鹦鹉同言，如此话中知己。

译 文

和梅花一样消瘦，和翠竹一样清雅，和杨柳一起睡眠，和桃李一起欢笑，显然就是花国里的神仙；和黄莺一起歌唱，和紫燕一起细语，和仙鹤一起鸣叫，和鹦鹉一起说话，像这样便成为鸟的知己。

原 文

栽花种竹，全凭诗格取裁；听鸟观鱼，要在酒情打点。

译 文

栽种鲜花和竹子，全凭诗词格律进行取舍；观赏飞鸟和游鱼，要借着酒兴加以准备。

原 文

登山遇厉瘴，放艇遇腥风，抹竹遇缪丝①，修花遇酲雾，欢场遇害马，吟席遇伧夫②，若斯不遇，甚于泥途；偶集逢好花，踏歌逢明月，席地逢软草，攀磴逢疏藤，展卷逢静云，战茗逢新雨，如此相逢，逾于知己。

注 释

①缪：缭绕。

②伧：粗俗。

译 文

远足登山时遇到瘴疠之气，泛舟湖上时遇到腥臭之风，擦拭竹子时遇到蛛丝缠绕，修剪花草时遇到迷雾，在欢乐场上遇到害群之马，在吟诗宴上遇到粗俗汉子，如果像这样不顺利，比陷入泥途还要艰难；偶然的聚会就恰逢鲜花盛开，放声歌唱时恰逢明月当空，席地而坐时恰逢草地柔软，攀登山崖时恰逢稀疏的葛藤，展卷读书时恰逢云彩幽静，品茗斗茶时恰逢春雨新下，如果像这样相逢，比知己重逢还要好。

原 文

草色遍溪桥，醉得蜻蜓春翅软；花风通驿路，迷来蝴蝶晓魂香。

译文

青草遍布溪水桥头，让蜻蜓陶醉得翅膀都变得软绵无力；微风带着花香飘至驿道，迷住了蝴蝶，连早晨的梦中都充满香气。

原文

田舍儿强作馨语①，博得俗因；风月场插入伧夫，便成恶趣。

注释

①田舍儿强作馨语：南朝宋刘义庆《世说新语·文学》："殷中军（殷浩）尝至刘尹（刘惔）所。清言良久，殷理小屈，游辞不已，刘亦不复答。殷去后，乃云：'田舍儿，强学人作尔馨语。'"田舍儿，指农家人。含轻蔑之意。

译文

农家人勉强学人说几句好话，显出的是一团俗气；风月场中进来一个粗俗的汉子，便成了恶俗趣味。

原文

诗瘦到门邻病鹤，清影颇嘉；书贫经座并寒蝉，雄风顿挫。

译文

因为苦吟而消瘦的诗人站在门前，与病鹤相邻而对，清幽之影非常美妙；因为读书而贫困的书生经过座位前，与寒蝉相互映衬，令人感到雄风顿受挫折。

原文

梅花入夜影萧疏，顿令月瘦；柳絮当空晴恍忽，偏惹风狂。

译文

寒夜里的梅花萧疏冷清，顿时令月亮也显得消瘦；柳絮翻飞，使得晴空恍惚不定，偏偏惹来狂风吹拂。

原文

花阴流影，散为半院舞衣；水响飞音，听来一溪歌板。

译文

花荫下流动的日影洒满了半个院子，看起来如同飘飞的舞衣；溪水奔流发出声响，音乐的节拍声充满了小溪。

原　文

萍花香里风清，几度渔歌；杨柳影中月冷，数声牛笛。

译　文

清风送来浮萍花的阵阵香气，听到几阵渔人的歌声；清冷的月光下杨柳婆娑，远方传来几声牧童的笛响。

原　文

谢将缥缈无归处，断浦沉云；行到纷纭不系时，空山挂雨。

译　文

告别亲友，缥缈不知该归向何处，只见水尽云沉；走路走到岔路纷呈、不知所往的时候，只见山间细雨纷纷。

原　文

浑如花醉，潦倒何妨；绝胜柳狂，风流自赏。

译　文

像醉卧于花丛一样浑浑噩噩，即便是穷困潦倒又何妨？风姿绝对胜过狂浪的杨柳，连自己都要欣赏。

原　文

春光浓似酒，花故醉人；夜色澄如水，月来洗俗。

译　文

春光如酒一般浓郁，花儿能使人沉醉；夜色如水一般澄澈，月光可以洗去尘俗。

原　文

雨打梨花深闭门，怎生消遣？分付梅花自主张，着甚牢骚？

译　文

雨点拍打着梨花，深闭门户怎么能享受这种美景？让梅花自己拿主意，还发什么牢骚呢？

原　文

对酒当歌，四座好风随月到；脱巾露顶，一楼新雨带云来。

译文

喝着美酒放声高歌，满座清风随着月光到来；摘下头巾露出头顶，一楼新雨带着彩云飘来。

原文

浣花溪内[①]，洗十年游子衣尘；修竹林中[②]，定四海良朋交籍。

注释

①浣花溪：地名。在今四川成都西郊。杜甫和薛涛都曾居于此。

②修竹林：指嵇康寓居河内之山阳县（今河南焦作）。“竹林七贤”曾游于修竹林中。

译文

在浣花溪内洗去游子衣服上数年的灰尘，在修竹林中编定散布于五湖四海好友的名册。

原文

人语亦语，诋其昧于钳口；人默亦默，訾其短于雌黄。

译文

别人说什么他也说什么，人们就会骂他把不住口风；别人不说话他也不说话，人们便会讥笑他不善言辞。

原文

艳阳天气，是花皆堪酿酒；绿阴深处，凡叶尽可题诗。

译文

在艳阳高照的天气，凡是花都能用来酿酒；在绿荫的深处，凡是叶子都可以在上面写诗。

原文

曲沼荇香浸月，未许鱼窥；幽关松冷巢云，不劳鹤伴。

译文

曲折池塘中的荇菜散发芳香，沉浸在月色中，不让游鱼来偷看；幽静关塞上的松树清凉浮动，以云朵为巢，可以不让仙鹤来做伴。

原　文

篇诗斗酒，何殊太白之丹丘[①]？扣舷吹箫，好继东坡之赤壁。获佳文易，获文友难；获文友易，获文姬难。

注　释

①丹丘：即元丹丘。唐代大诗人李白的好友。李白曾写《题元丹丘颍阳山居》，抒发自己对隐居生活的向往之情。

译　文

喝着酒写出一首诗，这和李白的诗文有什么不同呢？叩响船舷来吹箫，就可以续写苏轼的《赤壁赋》。写出一篇好文章容易，结交一个文友却很难；结交一个文友容易，得到一个有文采的红颜知己却很难。

原　文

茶中着料，碗中着果，譬如玉貌加脂，蛾眉着黛，翻累本色。煎茶非漫浪，要须人品与茶相得，故其法往往传于高流隐逸，有烟霞泉石磊落胸次者。

译　文

在茶里放调料，在碗中放果子，就好比在美丽的脸上抹上脂粉，在修长的眉毛上画上青黛色，这样反而失去了本色。煮茶不能随性而为，人品与茶性必须要相适宜，因此，煮茶的方法往往传授给高人隐士或有着烟霞泉石般正直磊落胸怀的人。

原　文

楼前桐叶，散为一院清阴；枕上鸟声，唤起半窗红日。

译　文

房屋前的梧桐树叶，散开了一院的阴凉；睡枕边传来鸟儿的叫声，红日映红了半边窗户。

原　文

天然文锦，浪吹花港之鱼[①]；自在笙簧，风戛园林之竹[②]。

注　释

①花港：即花港观鱼。西湖十景之一。

②戛：轻轻地敲打。

译　文

浪花吹起，花港中的鱼儿也随波逐流游动，就好像一段天然织就的华美锦缎；园中的竹林碧绿青翠，微风吹过，发出阵阵涛声，就好像奏出美妙旋律的天然存在的笙簧一般。

原　文

高士流连花木，添清疏之致；幽人剥啄莓苔，生黯淡之光。

译　文

高雅之士流连于花草树木之间，增添了一份清疏的韵致；隐逸之人敲打着路边的青苔，生出了一片淡雅的光亮。

原　文

松涧边携杖独往，立处云生破衲；竹窗下枕书高卧，觉时月浸寒毡。

译　文

拄着拐杖在松林溪涧边独来独往，停下来时白云从破旧的僧衣中升腾而起；在翠竹寒窗下枕书酣睡，醒来时发现月光洒满了身下的寒毡。

原　文

散履闲行，野鸟忘机时作伴；披襟兀坐，白云无语谩相留。客到茶烟起竹下，何嫌屐破苍苔？诗成笔影弄花间，且喜歌飞《白雪》。

译　文

放开脚步随意闲逛，野鸟忘记了警惕之心，时常来和我做伴；披着衣襟端坐，白云默默无语，似乎在让人留下来欣赏。客人来了以后，茶烟在竹林下袅袅升起，又何必担心木鞋踏破了苍翠的苔藓；在花间龙飞凤舞地写成诗句，且欢快地唱起了《白雪》歌。

原　文

月有意而入窗，云无心而出岫。

译　文

月亮有意，悄悄溜进了窗户；白云无心，却也从山间飘来。

原　文

屏绝外慕，偃息长林，置理乱于不闻，托清闲而自佚①。松轩竹坞，酒瓮茶铛，山月溪云，农蓑渔罟②。

注释

①自佚：自图安逸。

②渔罟：渔网。

译文

摒弃和隔绝对尘世的渴求，隐居在茂密的山林之间，把治与乱放在一边充耳不闻，在清闲之中自图安逸。在松屋和竹楼之中，有盛酒的陶瓮，有煮茶的茶铛，有山间明月，有溪涧云雾，有农人的蓑衣，有渔人的钓网，这样就足够了。

原文

怪石为实友，名琴为和友，好书为益友，奇画为观友，法帖为范友，良砚为砺友，宝镜为明友，净几为方友，古磁为虚友，旧炉为熏友，纸帐为素友，拂麈为静友①。

注释

①拂麈：用麈尾做成的拂尘器具，常为高士清客所用。

译文

以怪石为朴实的朋友，以名琴为和谐的朋友，以好书为有益的朋友，以奇画为观赏的朋友，以法帖为模仿的朋友，以良砚为砥砺的朋友，以宝镜为明亮的朋友，以净几为方正的朋友，以古瓷为清虚的朋友，以旧炉为熏香的朋友，以纸帐为素淡的朋友，以拂尘为幽静的朋友。

原文

扫径迎清风，登台邀明月。琴觞之余，间以歌咏，止许鸟语花香，来吾几榻耳。

译文

打扫小路迎接清风，登上高台邀请明月。弹琴饮酒之余，伴随着歌唱吟咏，只允许鸟语花香来到我的几案和床榻旁边。

原文

风波尘俗，不到意中；云水淡情，常来想外。

译文

尘世间的是非风波，从来不会进入内心，云水间的淡泊闲情，常常不用想起就会到来。

原文

纸帐梅花，休惊他三春清梦；笔床茶灶，可了我半日浮生。酒浇清苦月，诗慰寂寥花。

译文

纸帐上盛开的梅花，不要惊醒他的三春清梦；笔架和茶灶，可以伴随我度过半日悠闲的时光。用酒来浇酌清苦的月色，用诗来慰藉寂寞的花朵。

原文

好梦乍回，沉心未烬，风雨如晦，竹响入床，此时兴复不浅[①]。

注释

①兴复不浅：指兴致还很高。南朝宋刘义庆《世说新语•容止》："俄而率左右十许人步来，诸贤欲起避之公徐云：'诸君少住，老子于此处，兴复不浅。'"

译文

在睡梦中惊醒，沉湎于其中的心神还没完全清醒，风雨交加，天色昏暗犹如夜晚，竹林的呼啸声传到床前，这时的兴致还很高。

原文

山非高峻不佳，不远城市不佳，不近林木不佳，无流泉不佳，无寺观不佳，无云雾不佳，无樵牧不佳。

译文

山如果不挺拔峻峭就不好，如果不远离城市就不好，如果不靠近森林就不好，如果没有流动的清泉就不好，如果没有寺庙道观就不好，如果没有云雾就不好，如果没有樵夫牧童就不好。

原文

一室十圭[①]，寒蛩声暗，折脚铛边[②]，敲石无火；水月在轩，灯魂未灭，揽衣独坐，如游皇古。意思虚闲，世界清净，我身我心，了不可取，此一境界，名最第一。

注释

①圭：古代容量单位，一升的十万分之一。这里指房屋很小。

②折脚铛：断了脚的锅。唐段成式《酉阳杂俎•雷》："然坠地，变成熨斗、折刀、小折脚铛焉。"

译　文

在狭小的屋子里，寒虫发出微弱的悲鸣，在断了脚的锅旁边敲打火石，却生不出火来；水中明月的倒影出现在小窗之下，灯芯还没熄灭，披上衣衫独自端坐，面对此情此景，仿佛有种神游远古世界的感觉。思想境界清虚闲适，外部世界没有人打扰，我的身体和心里都了无挂念，这一境界算是最高境界。

原　文

花枝送客蛙催鼓，竹籁喧林鸟报更，谓山史实录。

译　文

花枝摇曳像是在送别客人，蛙声阵阵像催征的战鼓，竹子在林中喧闹，鸟儿的鸣叫像是在报着时间，这真是山中岁月的实际记录。

原　文

遇月夜，露坐中庭，必爇香一炷，可号伴月香。

译　文

遇到有月亮的晚上，顶着露水静坐在庭院当中，必须要燃起一炷香，才可称为"伴月香"。

原　文

襟韵洒落如晴雪，秋月尘埃不可犯。

译　文

心怀开阔如晴空万里，风度潇洒如白雪纷纷；秋天的明月皎洁明亮，人世间的尘埃无法将它浸染。

原　文

峰峦窈窕，一拳便是名山；花竹扶疏，半亩如同金谷。

译　文

峰峦美好秀丽，即使只有拳头那么大，也是名山；疏密有致的花荫竹影，即使只有半亩之地，也像金谷园一样。

原　文

观山水亦如读书，随其见趣高下。

译　文

观赏山水也像读书一样，随着人的情趣和见识的不同而区分出高低。

原　文

名利场中羽客[①]，人人输蔡泽一筹[②]；烟花队里仙流，个个让焕之独步。

注　释

①羽客：道士。

②蔡泽：战国时燕国人。曾游说诸侯，后在秦继任范雎为相。

译　文

名利场中的布衣道士，个个都要比蔡泽差一等；烟花队里的隐逸仙人，人人都不如独步一时的焕之。

原　文

深山高居，炉香不可缺，取老松柏之根枝实叶，共捣治之，研风昉羼和之[①]，每焚一丸，亦足助清苦。

注　释

①羼（chàn）：掺杂。

译　文

在深山中隐居不能缺少香炉，取来老松柏的根、枝、果实和叶子一起捣碎，并和风昉掺杂在一起调和，每次焚烧一丸，都足以帮助我清修苦行。

原　文

白日羲皇世，青山绮皓心[①]。

注　释

①绮皓：秦末汉初“商山四皓”中的绮里季。

【译文】

日光明媚，像伏羲氏统治下的清闲世界；山清水秀，像绮里季那样悠然超俗。

【原文】

松声、涧声、山禽声、夜虫声、鹤声、琴声、棋子落声、雨滴阶声、雪洒窗声、煎茶声，皆声之至清，而读书声为最。

【译文】

风中的松涛声、山涧的流水声、山中的禽鸣声、夜间的虫吟声、鹤唳声、弹琴声、棋子的掉落声、台阶上的雨滴声、瑞雪洒窗声、煮茶声，这些声音都是十分清雅的，而又以读书声为最。

【原文】

晓起入山，新流没岸；棋声未尽，石磬依然。

【译文】

早晨起来进入山中，新涨的流水淹没了石岸；下棋的落子声接连不断，敲打石磬的情景依旧。

【原文】

松声竹韵，不浓不淡。

【译文】

松涛之声，竹林之韵，不浓不淡。

【原文】

何必丝与竹？山水有清音。

【译文】

何必靠那些管弦乐器来发出声音呢？青山绿水自然有清雅之声。

【原文】

世路中人，或图功名，或治生产，尽自正经。争奈天地间好风月、好山水、好书籍，了不相涉，岂非枉却一生？

译 文

在尘世生活着的人们，要么是赚取功名，要么是经营家产，都认为自己在做正经事，但一点也不涉猎天地间的风月、山水、书籍，难道不是枉过了一世吗？

原 文

李岩老好睡。众人食罢下棋，岩老辄就枕，阅数局乃一展转，云："我始一局，君几局矣？"

译 文

李岩老喜欢睡觉。别人吃完饭下棋，他却倒头就睡，几局棋下完了才翻了一个身，问道："我才下一局，你们下几局了？"

原 文

晚登秀江亭，澄波古木，使人得意于尘埃之外，盖人闲景幽，两相奇绝耳。

译 文

晚上登上秀江亭，清波荡漾，古木参天，使人领略到尘俗之外的乐趣，原来是因为人悠闲、景幽静，两者相得益彰。

原 文

笔砚精良，人生一乐，徒设只觉村妆；琴瑟在御，莫不静好，才陈便得天趣。

译 文

笔砚质精性良，这是人生一大乐事，如果把它们当作摆设，只会和村姑的装饰一样俗气；琴瑟的用处在于弹奏，不是以静为好，只要一摆放就能获得天然的乐趣。

原 文

《蔡中郎传》[1]，情思逶迤；北《西厢记》[2]，兴致流丽。学他描神写景，必先细味沉吟，如曰寄趣本头，空博风流种子。

注 释

①《蔡中郎传》：即元末高明所作《蔡伯喈琵琶记》。

②《西厢记》：即元代王实甫所作《西厢记》。

译　文

高明的《琵琶记》思想情感曲折绵延，王实甫的《西厢记》风韵流畅清丽。要学习他们描写人物、景物的方法，必须仔细品味、反复吟诵，如果仅仅是把情趣寄托在文本上，那也只能是空得一个风流种子的名声罢了。

原　文

夜长无赖，徘徊蕉雨半窗，日永多闲，打叠桐阴一院①。

注　释

①打叠：收拾，准备。

译　文

长夜漫漫，百无聊赖，独自徘徊，雨下得芭蕉遮掩了一半的窗户；白日有很多空闲，收拾被梧桐树叶遮盖的小院。

原　文

雨穿寒砌，夜来滴破愁心；雪洒虚窗，晓去散开清影。

译　文

雨点穿透了寒冷的门槛，夜晚到来时滴破了忧愁之心；白雪洒在虚掩的窗户上，清晨到来时散开了清丽的景致。

原　文

春夜宜苦吟，宜焚香读书，宜与老僧说法，以销艳思；夏夜宜闲谈，宜临水枯坐，宜听松声冷韵，以涤烦襟；秋夜宜豪游，宜访快士，宜谈兵说剑，以除萧瑟；冬夜宜茗战，宜酌酒说《三国》《水浒》《金瓶梅》诸集，宜箸竹肉①，以破孤岑。

注　释

①竹肉：长在竹子上的菌类。

译　文

春天的夜晚适宜苦吟诗书，适宜焚香读书，适宜与老和尚谈论佛法，以消除艳俗的情思；夏天的夜晚适宜闲谈，适宜临水静坐，适宜聆听松树清冷的韵律，以洗尽烦恼的心绪；秋天的夜晚适宜开怀畅游，适宜拜访爽快的朋友，适宜谈论兵法剑术，以消除萧瑟之感；冬天的晚上适宜斗茶品茗，适宜一边喝酒一边听人说《三国演义》《水浒传》《金瓶梅》等小说故事，并用筷子来吃竹菌，以打破孤独和寂寞。

原　文

玉之在璞，追琢则圭璋①；水之发源，疏浚则川沼。

注　释

①圭璋：古时朝会所执的玉器。

译　文

玉蕴藏于石中，只要稍加雕琢就会成为贵重的玉器；水流自源头，只要稍加疏浚就会成为江河湖沼。

原　文

山以虚而受，水以实而流，读书当作如是观。

译　文

山因为空旷所以可以接受他物，水因为充实所以可以流淌出来，读书也要像山那样虚心求教，像水一样充盈真实。

原　文

古之君子，行无友，则友松竹；居无友，则友云山。余无友，则友古之友松竹、友云山者。

译　文

古代的正人君子，出门远游没有朋友，就把松竹当作朋友；闲居在家没有朋友，就把白云青山当作朋友。我如果没有朋友，就把古代那些以松竹和白云青山为朋友的人当作朋友。

原　文

买舟载书，作无名钓徒，每当草蓑月冷，铁笛双清，觉张志和、陆天随去人未远①。

注　释

①张志和：字子同，初名龟龄。后隐居江湖，自号“烟波钓徒”。陆天随：原名陆龟蒙。隐居云游，号“天随子”。

译　文

买来一叶扁舟载满书籍，做一个不知名的钓徒，每当深秋草木凋谢、明月清冷，铁笛声与月光双清共雅，只觉得隐逸高士张志和、陆龟蒙离我们并不遥远。

原　文

“今日鬓丝禅榻畔，茶烟轻扬落花风①。”此趣唯白香山得之②。

注　释

①今日鬓丝禅榻畔，茶烟轻扬落花风：出自唐杜牧《题禅院》诗。

②白香山：即白居易。号香山居士，故又称白香山。

译　文

“今天花白的鬓发垂落在禅床旁，茶水的轻烟飘扬在落花时节的风中。”这种情趣只有白居易能领会。

原　文

清姿如卧云餐雪，天地尽愧其尘污；雅致如蕴玉含珠，日月转嫌其泄露。

译　文

清逸的风姿就像是睡卧在云上、以雪为食，万物都为自己的污浊感到惭愧；优雅的气韵就是体内怀玉、口中含珠，连日月都讨厌自己散发的光芒。

原　文

焚香啜茗，自是吴中习气，雨窗却不可少。

译　文

一边焚香一边品茶，本来就是吴中地区的风俗习惯，窗外下雨的情景也必不可少。

原　文

茶取色臭俱佳，行家偏嫌味苦；香须冲淡为雅，幽人最忌烟浓。

译　文

品茶要求色泽、气味都好，精通茶道的人不喜欢它气味苦涩；焚香要以清淡为好，隐居之士最忌讳烟气浓烈。

原　文

朱明之候[1]，绿阴满林；科头散发，箕踞白眼，坐长松下，萧骚流觞[2]，正是宜人疏散之场。

注　释

①朱明：夏季。《尔雅•释天》：“夏为朱明。”

②萧骚：象声词。形容雨声或风吹动树木的声音。

译　文

夏季整个树林浓荫密布，取下冠帽披头散发，两腿伸直叉开，不用正眼看人，在松树下打坐，清风吹动树叶发出萧骚的声音，曲水流觞处，正是适合人们自由活动的场所。

原　文

读书夜坐，钟声远闻，梵响相和[1]，从林端来，洒洒窗几上，化作天籁虚无矣。

注　释

①梵响：念佛诵经的声音。梁元帝《梁安寺刹下铭》：“宵长梵响，风远钟传。仙衣有拂，灵刹无边。”

译　文

深夜坐着读书，远处传来钟声，与念佛诵经之声相应和，从树木的顶端飘来，洒落在窗口和几案之上，遂化作天籁之音归于虚无。

原　文

夏日蝉声太烦，则弄箫随其韵转；秋冬夜声寥飒，则操琴一曲咻之[1]。

注　释

①咻：喧扰，吵闹。

译　文

夏天的蝉声过于繁密，就吹箫来跟随它婉转的声韵；秋冬夜晚声息寂寥，就弹奏一曲热闹一番。

原　文

心清鉴底潇湘月，骨冷禅中太华秋。

译文

心底清明，如同潇湘之地清冷的月光；肌骨寒冷，像是处于太华的秋色之中。

原文

语鸟名花，供四时之啸咏；清泉白石，成一世之幽怀。

译文

鸟的叫声，花的香气，一年四季都可供吟诵；清澈的泉水，雪白的山石，可以成就人一生的幽雅情怀。

原文

扫石烹泉，舌底朝朝茶味；开窗染翰，眼前处处诗题。

译文

打扫石阶，煮泉烹茶，舌底常常泛起一股茶香；开窗远望，饱蘸浓墨，眼前到处都是作诗的题材。

原文

权轻势去，何妨张雀罗于门前；位高金多，自当效蛇行于郊外。盖炎凉世态，本是常情，故人所浩叹，唯宜付之冷笑耳。

译文

权利削弱了，势力失去了，可以在门前张开罗网捕捉鸟雀；位居显要，财富丰厚，自然要像郊外的蛇那样小心翼翼伏地爬行。因为世态炎凉本是常情，所以人们常常叹息的事情，应当一笑而过。

原文

溪畔轻风，沙汀印月，独往闲行，尝喜见渔家笑傲；松花酿酒，春水煎茶，甘心藏拙，不复问人世兴衰。

译文

微风吹拂过了溪畔，月影印上了小沙洲，独自悠闲地散步，曾经高兴地听见渔人的欢笑；用松花酿的酒，用春水煮的茶，心甘情愿地把拙见隐藏起来，不再过问人世的兴衰成败。

原文

手抚长松，仰视白云；庭空鸟语，悠然自欣。

译文

用手抚摸着高大的松树，抬起头仰望着白云；鸟儿在庭院的上空鸣叫，悠然自得。

原文

或夕阳篱落，或明月帘栊，或雨夜联榻，或竹下传觞，或青山当户，或白云可庭，于斯时也，把臂促膝，相知几人，谑语雄谈，快心千古。

译文

有时夕阳的余晖洒在篱笆上，有时月光透进竹帘，有时雨声在夜间传到床榻，有时在竹林下畅饮，有时青山对着门前，有时白云环绕庭院。每当这个时候，找几个知心的朋友一起把手言欢、促膝而谈，轻松地谈古论今，真是人生中一大快事。

原文

疏帘清簟，销白昼唯有棋声；幽径柴门，印苍苔只容屐齿。

译文

稀疏的竹帘，清凉的竹席，用下棋来消遣白日的时光；幽深的小路，简陋的柴门，木屐的齿痕烙印在苍苔。

原文

落花慵扫，留衬苍苔；村酿新刍，取烧红叶。

译文

落花懒得去打扫，可以留下来和青苔相衬；村里酿造新酒，取来落叶当柴焚烧。

原文

幽径苍苔，杜门谢客；绿阴清昼，脱帽观诗。

译文

幽静的小路上布满苍苔，关上门辞别来客；绿荫下的小院清新明亮，脱帽露顶欣赏诗词。

原　文

烟萝挂月，静听猿啼；瀑布飞虹，闲观鹤浴。

译　文

明月挂在烟雾中的藤萝之上，静静地倾听着猿猴的叫声；下垂的瀑布像一条飞泻的长虹，悠闲地观看仙鹤洗澡。

原　文

帘卷八窗，面面云峰送碧；塘开半亩，潇潇烟水涵清。

译　文

八面窗户的帘子都已卷起，每一面都可以看到高耸入云的山峰送来碧色；只见半亩大的池塘中，消散的烟水蕴含着阵阵清凉。

原　文

云衲高僧，泛水登山，或可藉以点缀；如必莲座说法，则诗酒之间，自有禅趣，不敢学苦行头陀，以作死灰。

译　文

以云作为僧衣的高僧游于江上、登上高山，有时可以作为一种点缀；如果一定要坐在莲花宝座上讲经论法，那么喝酒吟诗时自然显出禅趣，不要学清修苦行的头陀，像死灰一样无趣。

原　文

遨游仙子，寒云几片束行装；高卧幽人，明月半床供枕簟。

译　文

遨游四海的仙人，用几片寒云打点行装；高卧山中的隐士，把照于床前的明月当作自己的枕席。

原　文

落落者难合[①]，一合便不可分，欣欣者易亲，乍亲忽然成怨。故君子之处世也，宁风霜自挟，无鱼鸟亲人。

注　释

①落落：形容跟别人合不来。西晋左思《咏史》：“落落穷巷士，抱影守空庐。”

译文

孤傲的人不易相处，一旦结交就很难分开，欢乐的人容易亲近，但刚亲近忽然就又结下仇怨。所以君子在人世间，宁可自己迎风履霜，也不愿像池中鱼、笼中鸟那样依附于人。

原文

海内殷勤，但读《停云》之赋[①]；目中寥廓，徒歌《明月》之诗[②]。

注释

①《停云》之赋：东晋陶渊明《停云》诗序云："停云，思亲友也。"

②《明月》之诗：东汉曹操《短歌行》："明明如月，何时可掇。"

译文

思念四面八方的亲朋好友，却只能诵读像《停云》这样的诗歌；视野空旷无际，只能白白吟诵像《明月》这样的诗歌。

原文

生平愿无恙者四：一曰青山，一曰故人，一曰藏书，一曰名草。

译文

我一生中希望有四样东西完好：一是青山，二是故人，三是藏书，四是名草。

原文

闻暖语如挟纩[①]，闻冷语如饮冰，闻重语如负山，闻危语如压卵，闻温语如佩玉，闻益语如赠金。

注释

①挟纩：披着棉衣。比喻因为受到抚慰而感到温暖。西晋潘岳《马汧督诔》："霑恩抚循，寒士挟纩。"

译文

听温暖的话语就像披上了棉衣，听冷酷的话语就像喝了冰水，听沉重的话语就像背负着大山，听危险的话语就像鸡蛋受到了压迫，听温和的话语就像佩带了宝玉，听有益的话语就像获赠了金子。

原　文

旦起理花，午窗剪叶，或截草作字，夜卧谶罪[①]，令一日风流潇散之过，不致堕落。

注　释

①谶：将来能应验的预言、预兆。

译　文

早晨起来整理花草，中午在窗前修剪树叶，要么就剪草来写文字，夜晚躺着反省自己的过错，让它得到改正，不至于堕落。

原　文

快欲之事，无如饥餐；适情之时，莫过甘寝。求多于清欲，即侈汰亦茫然也[①]。

注　释

①侈汰：奢侈无度。《管子·八观》："俭财用，禁侈汰。"

译　文

最能满足欲望的事是饿了就吃东西，最顺应性情的事就是安然入睡。如果贪求过多，就是奢侈无度，到最后会茫然无所得。

原　文

客来花外茗烟低，共销白昼；酒到梁间歌雪绕，不负清尊。

译　文

客人前来拜访，花丛外的茶烟低低飘散，我和客人一起度过这一天；酒香氤氲直到屋梁，歌声绕梁，才不辜负这一樽美酒。

原　文

云随羽客，在琼台双阙之间；鹤唳芝田，正桐阴灵虚之上。

译　文

云朵跟随道士来到琼台双阙之间；仙鹤在芝田鸣叫，就像是在仙境之中。

卷八　奇

原文

我辈寂处窗下，视一切人世，俱若蠛蠓婴丑[①]，不堪寓目。而有一奇文怪说，目数行下，便狂呼叫绝，令人喜，令人怒，更令人悲，低徊数过，床头短剑亦呜呜作龙虎吟，便觉人世一切不平，俱付烟水。集奇第八。

注释

①蠛蠓(miè měng)：虫名。《尔雅•释虫》："蠓，蠛蠓。"郭璞注："小虫似蜹，喜乱飞。"

译文

我们安静地坐在窗下，把世上的一切都看成是吸血的蠓虫，不忍用眼睛去看。但如果发现一段奇谈怪论，才看了几行就大叫写得好，真是让人欢喜，让人愤怒，更让人悲伤。再细细品读之后，挂在床头的短剑也发出龙吟虎啸的声音，此时，人世间的所有不平都化作浮云消散于烟水之间。因此，我编纂了第八卷"奇"。

原文

吕圣公之不问朝士名[①]，张师亮之不发窃器奴[②]，韩稚圭之不易持烛兵[③]，不独雅量过人，正是用世高手。

注释

①吕圣公：即吕蒙正，字圣功，北宋人，太平兴国进士。太宗、真宗时三度为相。以敢言闻名。有次他被一个朝士取笑，同僚愤愤不平要求查出此人姓名，而吕蒙正说："一知其姓名，则终身不能复忘，固不如无知也。不问之何损？"朝士：古代官名，泛指朝廷之士、中央官员。

②张师亮：即张齐贤，字师亮，宋代政治家。

③韩稚圭：即韩琦，北宋政治家。

译文

吕蒙正不追查讥笑自己的朝士的名字，张齐贤不揭发偷盗银器的奴仆，韩琦不更换举着蜡烛的士兵，他们不仅仅是肚量比一般人大，更是懂得治世用人的能手。

原文

花看水影，竹看月影，美人看布影。

译文

赏花要赏水中花，观竹要观月下竹，观赏美人要观赏帘中的美人。

原　文

佞佛若可忏罪，则刑官无权；寻仙若可延年，则上帝无主。达士尽其在我，至诚贵于自然。

译　文

如果迷信佛教可以忏悔罪过，那么执掌刑法的官吏就没有权力施加刑罚；如果寻找神仙就能延年益寿，那么连上帝都不能成为主宰。明智达理之士懂得一切出于内心，至诚之心贵在出于自然。

原　文

以货财害子孙，不必操戈入室；以学校杀后世，有如按剑伏兵。

译　文

用钱货财产来祸害子孙，就像不拿着武器入室杀戮；用学校教育来扼杀后代，就像按剑伏兵一样危险。

原　文

君子不傲人以不如，不疑人以不肖。

译　文

正直的人不会因为别人不如自己，就看不起别人。也不会因为别人不贤能，就不信任别人。

原　文

读诸葛武侯《出师表》而不堕泪者①，其人必不忠；读韩退之《祭十二郎文》而不堕泪者②，其人必不友。

注　释

①诸葛武侯：即诸葛亮。三国时期蜀汉丞相，辅佐刘备建立蜀汉，一生鞠躬尽瘁，为实现兴复汉室的政治理想，数次北伐，《出师表》正是诸葛亮北伐前写给后主刘禅的。死后谥忠武侯，所以又称诸葛武侯。

②韩退之：即韩愈。字退之。唐代杰出的文学家、思想家、哲学家、政治家。《祭十二郎文》是韩愈为其亡故的侄子十二郎所写的祭文。文中表现出对兄嫂及侄儿深切的怀念和痛惜，一往情深，感人肺腑。

译文

读诸葛亮的《出师表》而不落泪的人，这个人肯定不忠心；读韩愈的《祭十二郎文》而不落泪的人，这个人肯定不友好。

原文

世味非不浓艳，可以淡然处之。独天下之伟人与奇物，幸一见之，自不觉魄动心惊。

译文

人情世味浓重，但应用淡泊之心对待它。如有幸见到伟大人物和奇异事物，自然不会觉得惊心动魄。

原文

道上红尘，江中白浪，饶他南面百城①；花间明月，松下凉风，输我北窗一枕②。

注释

①饶：尽管。南面百城：居于尊贵地位，统辖许多城邑。这里比喻统治者尊贵富有。

②北窗一枕：比喻高卧林泉，自在逍遥。东晋陶渊明《与子俨等疏》："常言五六月中，北窗下卧，遇凉风暂至，自谓是羲皇上人。"

译文

道路上红尘滚滚，江湖中白浪滔天，他尽管坐拥百城也仍然比不上；纵然花间有明月相照，松下有凉风吹拂，也比不过我在北窗下伏枕安睡更逍遥自在。

原文

立言亦何容易，必有包天、包地、包千古、包来今之识，必有惊天、惊地、惊千古、惊来今之才，必有破天、破地、破千古、破来今之胆。

译文

创立学说很不容易，必须要有包含天、地、千古、现在和未来的见识，必须要有惊动天、地、千古、现在和未来的才学，必须要有打破天、地、千古、现在和未来的胆识。

原文

圣贤为骨，英雄为胆，日月为目，霹雳为舌。

译文

把圣贤当作骨骼，把英雄当作肝胆，把日月当作眼睛，把霹雳当作口舌。

原文

瀑布天落，其喷也珠，其泻也练，其响也琴。

译文

瀑布从天上飞流直下，喷洒的水滴像珍珠，倾泻下来的水注像白色的绸缎，发出的声音像琴音。

原文

平易近人，会见神仙济度；瞒心昧己，便有邪祟出来。

译文

如果平易随和、对人亲近，就会得到神仙的救济和感化；如果隐藏私心、自欺欺人，就会有妖魔鬼怪前来施加灾祸。

原文

佳人飞去还奔月，骚客狂来欲上天。

译文

美人飞上天去要回到月宫，文人狂放潇洒想要上天追随。

原文

涯如沙聚，响若潮吞。

译文

水边的陆地像堆积起来的沙土，发出的响声像潮水吞吐。

原文

诗书乃圣贤之供案，妻妾乃屋漏之史官[①]。

注释

①屋漏：古代室内西北隅施设小帐的地方。《诗经·大雅·抑》："相在尔室，尚不愧于屋漏。"毛传："西北隅谓之屋漏。"郑玄笺："屋，小帐也；漏，隐也。"后即泛指屋之深暗处。

译文

圣贤的供桌上放的是诗书典籍，记载家事的史官则是妻和妾。

原文

强项者未必为穷之路，屈膝者未必为通之媒。故铜头铁面，君子落得做个君子；奴颜婢膝，小人枉自做了小人。

译文

刚正不阿不一定会通向穷困潦倒之路，屈膝求荣也不一定能让官运亨通。所以铜头强项，铁面无私，君子终究还是君子；奴颜婢膝，卖身求荣，只是白白地做了小人。

原文

有仙骨者，月亦能飞；无真气者，形终如槁。

译文

怀有仙风道骨的人，能飞升入月；缺少天地灵气的人，姿态就像枯木一样无神。

原文

一世穷根，种在一捻傲骨；千古笑端，伏于几个残牙。

译文

人一世的穷困潦倒，都是因为这一身傲骨；千古的笑柄，都潜伏在尖嘴老牙之中。

原文

石怪常疑虎[1]，云闲却类僧。

注释

①石怪常疑虎：《史记•李将军列传》："（李）广出猎，见草中石，以为虎而射之，中石没镞，视之石也。因复更射之，终不能复入石矣。"

译文

石头奇怪得像伏地的老虎，云彩悠闲得像远游的僧人。

原文

大豪杰，舍己为人；小丈夫，因人利己。

译文

君子往往都舍己救人，小人却常常损人利己。

原文

一段世情，全凭冷眼觑破；几番幽趣，半从热肠换来。

译文

一段人世风情，全靠冷静眼光去看破；几番幽韵雅趣，多半要以热心肠来换取。

原文

识尽世间好人，读尽世间好书，看尽世间好山水。

译文

结交全天下的好人，读完全天下的好书，看完全天下的好山好水。

原文

舌头无骨，得言句之总持；眼里有筋，具游戏之三昧。

译文

舌头虽柔软无骨，却是言语的总管；眼睛里有筋脉，可以看破人生的真谛。

原文

群居闭口，独坐防心。

译文

和别人在一起时，要闭口少言；一个人独处时，要防止心性放纵。

原文

当场傀儡，还我为之；大地众生，任渠笑骂①。

注释

①渠：他。《三国志·吴志·赵达传》：“女婿昨来必是渠所窃。”这里泛指芸芸众生。

译文

作为逢场作戏的傀儡，我会尽力而为，任由世间的芸芸众生嬉笑怒骂。

原　文

三徙成名[①]，笑范蠡碌碌浮生，纵扁舟忘却五湖风月；一朝解绶[②]，羡渊明飘飘遗世，命巾车归来满架琴书。

注　释

①三徙成名：春秋时越国大夫范蠡，先后在越地、齐地、陶地生活，在每个地方都显示了他的才能，因此成名。

②一朝解绶：东晋陶渊明热爱田园生活，不愿为五斗米折腰，为官不久便挂冠解绶而去。

译　文

三次迁徙而闻名于天下，可笑范蠡奔波一生，最后乘一叶扁舟归隐山林，沉迷于五湖风月之中；一旦挂印解绶，羡慕陶渊明遗世独立，归来的车上只装着满满的琴与书。

原　文

人生不得行胸怀，虽寿百岁，犹夭也。

译　文

如果一生不得志，哪怕是长命百岁，也和早早地就夭折了一样。

原　文

棋能避世[①]，睡能忘世。棋类耦耕之沮溺[②]，去一不可；睡同御风之列子[③]，独往独来。

注　释

①棋能避世：南朝梁任昉《述异记》卷上："信安郡石室山，晋时王质伐木至，见童子数人棋而歌，质因听之。童子以一物与质，如枣核。质含之，不觉饥。顷饿，童子谓曰：'何不去？'质起视，斧柯尽烂。既归，无复时人。"

②耦耕：二人各持一耜并肩而耕。沮溺：即长沮、桀溺，两位隐者。《论语•微子》："长沮、桀溺耦而耕，孔子过之，使子路问津焉。"

③列子：即列御寇，战国时郑人，著有《列子》一书。《庄子•逍遥游》："夫列子御风而行，泠然善也，旬有五日而后反。"

译　文

下棋能躲避尘世，睡觉能忘却尘世。下棋的时候要两人对弈，就像长沮与桀溺并肩耕作，少了一个都不行；睡觉的时候则像御风而行的列子，可以独来独往。

原　文

以一石一树与人者，非佳子弟。

译　文

将一颗石头、一棵树这样的小恩惠施与别人的人，不是好后辈。

原　文

一勺水，便具四海水味，世法不必尽尝；千江月，总是一轮月光，心珠宜当独朗[①]。

注　释

①心珠：佛教术语。指心性净如明珠。

译　文

一勺水就具备了世间所有水的味道，所以人世的方法不一定都要体验；一千条江上的月亮，也都是同一个月亮，所以人的心性应该清净如明珠。

原　文

面上扫开十层甲，眉目才无可憎；胸中涤去数斗尘，语言方觉有味。

译　文

除掉脸上层层的假面具，才会露出真正面目而让人无可憎之处；涤尽了胸中的斗斗尘土，言语才会让人觉得有趣味。

原　文

愁非一种，春愁则天愁地愁；怨有千般，闺怨则人怨鬼怨。天懒云沉，雨昏花蹙，法界岂少愁云；石颓山瘦，水枯木落，大地觉多窘况。

译　文

忧愁不止一种，如果是春愁，那么不仅天会愁，地也会愁；怨恨也有很多种，如果是闺中之怨，那么不仅人会怨，鬼也会怨。天色慵懒，云朵下沉，阴雨昏暗，花儿皱眉，世间万物并不缺少忧愁；岩石剥落，青山消瘦，泉水枯竭，树木凋落，整个大地多了些窘迫的境况。

原　文

笋含禅味，喜坡仙玉版之参[①]；石结清盟，受米颠袍笏之辱[②]。

注释

①玉版：干笋。《本草纲目·菜二》："南人淡干者为玉版笋。"

②米颠：米芾，北宋书画家。因举止癫狂，人称"米颠"。袍笏：身穿官服，手持笏板。

译文

竹笋中蕴藏着禅味，很喜欢苏轼关于"玉版之参"的戏言；巨石聚集着清雅的会盟，却遭受了米芾穿着官服参拜的耻辱。

原文

文如临画，曾致诮于昔人；诗类书抄，竟沿流于今日。

译文

写文章就像临摹古画那样，会让古人取笑；作诗就像手抄古书那样，竟然流传到现在。

原文

缃绨递满而改头换面[①]，兹律既湮；缥帙动盈而活剥生吞[②]，斯风亦坠。先读经，后可读史；非作文，未可作诗。

注释

①缃绨（tí）：浅黄色书的封套。这里借指书卷。缃，浅黄色；绨，质厚光滑的丝织品。亦作"缃帙"。

②缥帙：淡青色的绢帛制成的书的封套，此处指书卷。

译文

书架上有很多书卷，但已不是原来的那些，其中的真谛就消失了；看书时囫囵吞枣、不求甚解，传统的读书风气也消失殆尽。先读完经书，然后才可以读史书；不写文章，就没法写诗。

原文

俗气入骨，即吞刀刮肠，饮灰洗胃[①]，觉俗态之益呈；正气效灵，即刀锯在前，鼎镬具后，见英风之益露。

注释

①吞刀刮肠，饮灰洗胃：比喻彻底改过自新。《南史·荀伯玉传》："高帝有故吏东莞竺景秀，尝以过击作部。高帝谓伯玉：'卿比看景秀不？'答曰：'数往候之，备加责诮。云："若许某自新，必吞刀刮肠，饮灰洗胃。'"

译文

俗气如果深入骨髓，即使是彻底自新也无济于事，更显出低俗之态；要是灵魂中有正气，即使是酷刑当前也毫不畏惧，反而更能显出英武之气。

原文

于琴得道机，于棋得兵机，于卦得神机，于药得仙机。

译文

从弹琴中领悟自然规律，从下棋中参透兵法战略，从占卜中预测神的指示，从丹药中学会仙的真谛。

原文

相禅遐思唐虞①，战争大笑楚汉②。梦中蕉鹿犹真③，觉后莼鲈亦幻④。

注释

①相禅遐思唐虞：指尧禅位于舜的故事。

②战争大笑楚汉：指秦末楚汉之争。

③蕉鹿：《列子古注今译》卷三《周穆王篇》记载：郑国人在野外砍柴，看到一只受伤的鹿跑过来，就把鹿打死，担心猎人追来，就把死鹿藏在一条小沟里，顺便砍了一些蕉叶覆盖。天黑了，他想找到死鹿扛回家，可惜怎么也找不到。于是他只好放弃，就当作自己做了同样的梦罢了，他不是把真实的事当梦，便是把梦当真实的事儿。后遂以“蕉鹿”代指梦幻。

④莼鲈：借用张季鹰“莼鲈之思”的典故，代指思乡之情。

译文

遥想禅位让贤的唐尧、虞舜，看到征战争霸，就要讥笑项羽和刘邦的楚汉之争。梦中蕉叶覆鹿仍然显得真切，醒来以后的莼菜鲈鱼之味却如幻影。

原文

世界极于大千①，不知大千之外更有何物；天宫极于非想②，不知非想之上毕竟何穷。

注释

①大千：佛教谓包罗万象、广大无边的世界。

②非想：佛教术语。指三界最高天。

译文

世界之大止于大千，不知道大千世界之外有什么东西；天宫之高止于非想，不知道非想之处究竟又以哪里为尽头。

原文

千载奇逢，无如好书良友；一生清福，只在茗碗炉烟。

译文

千载难逢的奇遇，都比不上好书和良友；一生的清静福气，尽在茶碗和炉烟之中。

原文

做梦则天地亦不醒，何论文章；为客则洪蒙无主人，何有章句？

译文

做梦时连天地都在沉醉，更何况是笔下的文章；人如果是红尘过客，那么宇宙就没有主人，哪里来的文章诗句呢？

原文

艳出浦之轻莲，丽穿波之半月。

译文

出水莲花妖艳动人，映波明月清丽可爱。

原文

云气恍堆窗里岫，绝胜看山；泉声疑泻竹间樽，贤于对酒。

译文

天空的云霞像是堆集在窗前的山，比真正看山还要绝妙；泉水的声音像是美酒倒入竹间的酒杯，比真正品酒更过瘾。

原文

杖底唯云，囊中唯月，不劳关市之讥[①]；石笥藏书[②]，池塘洗墨，岂供山泽之税？

注释

①关市之讥：在关市负责稽查和征税。关，交通要道；市，贸易地点。

②石笥：石头做的小箱子。

译文

竹杖之下只有云雾，行囊里边只有月光，不用经过关市的稽查；石匣中藏着书籍，在池塘里洗毛笔，哪里用得着向山泽上缴税收呢？

原文

有此世界，必不可无此传奇；有此传奇，乃可维此世界，则传奇所关非小，正可借口《西厢》一卷，以为风流谈资。

译文

有这样的世界，必定不可缺少这样的传奇；正是有了这样的传奇，才能够维系这样的世界。由此看来，传奇非同小可，正可以借此一部《西厢记》作为风流谈资。

原文

非穷愁不能著书，当孤愤不宜说剑。

译文

如果不穷困悲愁，就不能著书立说；如果孤傲激愤，就不应谈刀论剑。

原文

湖山之佳，无如清晓春时。当乘月至馆，景生残夜，水映岑楼，而翠黛临阶，吹流衣袂，莺声鸟韵，催起哄然。披衣步林中，则曙光薄户，明霞射儿，轻风微散，海旭乍来。见沿堤春草霏霏，明媚如织，远岫朗润出沐，长江浩渺无涯，岚光晴气，舒展不一，大是奇绝。

译文

湖光山色最美的时候是在清晨和春天。趁着月色来到馆舍，景色从残夜中生发开来，水中倒映着高楼，青黑色的山形临近台阶，微风吹动衣袖，黄莺的叫声和鸟叫的韵律，把梦中人催得蓦然而起。披着衣衫步入山林，晨光已经照在了门上，明亮的朝霞照在了几案上，微风渐渐散去，旭日猛然升起。只见堤岸边芳草茂盛，明媚的春光如同织锦，远处的山峦晴朗润泽，像被洗刷过一样，辽阔的江面浩瀚无边，山上的雾气在晴朗的晨光中或舒或展，真是奇特绝妙。

原文

心无机事，案有好书，饱食晏眠，时清体健，此是上界真人。读《春秋》，在人事上见天理；读《周易》，在天理上见人事。

译文

心中没有机巧之事，案头有好的书籍，吃得饱，睡得好，日子清闲，身体强健，这样的人可以称得上是天上的神仙。研读《春秋》，在人情世事上参透天理；研读《周易》，在天理上洞察人情世事。

原文

则何益矣，茗战有如酒兵；试妄言之，谈空不若说鬼。

译文

这样有什么好处呢？斗茶就好像喝酒打仗；常常说谎话，空谈还不如谈狐说鬼。

原文

镜花水月，若使慧眼看透；笔彩剑光，肯教壮志消磨？

译文

镜中花，水中月，若用慧眼便能看透；笔下彩，剑上花，怎么会使壮士的志气消磨？

原文

烈士须一剑，则芙蓉赤精[①]，亦不惜千金购之；士人唯寸管，映日干云之器[②]，那得不重价相索？

注释

①芙蓉赤精：古剑名。芙蓉，据传为越王勾践佩剑；赤精，据传为刘邦斩白蛇之剑。

②映日干云：似指中国传统名笔兔毫笔。

译文

英勇之士需要一把剑，哪怕是芙蓉、赤精，也要不惜千金购买；文人雅士需要一支好笔，即使是兔毫笔，哪能不用重金求得呢？

原文

委形无寄，但教鹿豕为群；壮志有怀，莫遣草木同朽。

译文

放浪形骸，无欲无求，只求与鹿、猪一同居住；壮志凌云，胸怀宽广，不能和草木一同腐朽。

原 文

烘日吐霞，吞河漱月，气开地震，声动天发。

译 文

烘托太阳，焕发彩霞，包容山河，漱洗月光；气势开张，声势一动，地和天都为之震动。

原 文

议论先辈，毕竟没学问之人；奖惜后生，定然关世道之寄。贫富之交，可以情谅，鲍子所以让金；贵贱之间，易以势移，管宁所以割席。

译 文

议论先辈的是非长短，终归是没有学问之人的行为；奖励爱惜后辈，必定是关乎世道的寄托。贫贱之人与富贵之人之间的交情，可以因为感情加以理解，这就是鲍叔牙让金于管仲的原因；高贵之人与卑贱之人之间的交情，容易因为形势发生变化，这就是管宁割席绝交的原因。

原 文

论名节，则缓急之事小；较生死，则名节之论微。但知为饿夫以采南山之薇①，不必为枯鱼以需西江之水②。

注 释

①饿夫：指伯夷、叔齐。商末孤竹君的两个儿子。孤竹君死后，兄弟两人一起投奔周文王，后武王伐纣，伯夷、叔齐拦马力谏无果。武王灭商后，兄弟俩隐居首阳山，不食周粟而死。

②不必为枯鱼以需西江之水：《庄子•外物》：“周昨来，有中道而呼者。周顾视，车辙中有鲋鱼焉。周问之曰：‘鲋鱼来，子何为者耶？’对曰：‘我，东海之波臣也。君岂有斗升之水而活我哉？’周曰：‘诺！我且南游吴越之王，激西江之水而迎子，可乎？’鲋鱼忿然作色曰：‘吾失我常与，我无所处。吾得斗升之水然活耳。君乃言此，曾不如早索我于枯鱼之肆！’”

译 文

如果关乎名节，那么再急迫的事也会变成小事；如果关乎生死，那么名誉和节操也微不足道。我知道伯夷、叔齐因不吃周国粮食而采南山上的野菜充饥，大可不必为救活将要渴死的鱼而引来西江的水。

原　文

儒有一亩之宫[1]，自不妨草茅下贱；士无三寸之舌，何用此土木形骸？

注　释

①一亩之宫：《礼记•儒行》："儒有一亩之宫，环堵之室，筚门圭窬，蓬户瓮牖。"这里比喻居处简陋。

译　文

读书人只需要一亩地那么大的房屋就可以了，自然不介意居于茅舍，身处贫贱之中；谋士没有三寸不烂之舌，这身如土木一样的形骸又有什么用呢？

原　文

鹏为羽杰，鲲称介豪，翼遮半天，背负重霄。

译　文

鹏是飞禽中的豪杰，鲲是鱼类中的豪杰，羽翼遮住半边天，背上背负着九重天。

原　文

"怜"之一字，吾不乐受，盖有才而徒受人怜，无用可知；"傲"之一字，吾不敢矜，盖有才而徒以资傲，无用可知。

译　文

"怜"这一个字，我不乐于接受，因为有才能而白白被人可怜，只能证明我无用；"傲"这一个字，我不敢倚靠，因为有才能而以此为骄傲的资本，也只能证明我无用。

原　文

问近日讲章孰佳，坐一块蒲团自佳；问吾侪严师孰尊，对一枝红烛自尊。

译　文

不用问最近谁讲书讲得最好，坐在蒲团上打坐自然最好；不用问我们的老师之中谁值得尊敬，对着红烛念经的自然值得尊敬。

原　文

点破无稽不根之论，只须冷语半言；看透阴阳颠倒之行，唯此冷眼一只。

译　文

只需冷静的只言片语，便能驳斥那些毫无根据的谬论；只需要一双冷静的眼睛，就能看透那颠倒黑白的行为。

原　文

古之钓也，以圣贤为竿，道德为纶，仁义为钩，利禄为饵，四海为池，万民为鱼。钓道微矣，非圣人其孰能之？

译　文

古代的钓道，是以圣人贤才作为鱼竿，以伦理道德作为鱼线，以仁爱礼义作为鱼钩，以功名利禄作为鱼饵，以五湖四海作为鱼池，以黎民百姓作为鱼肉。钓道这微妙的理论，除了圣人还有谁能够掌握并运用它呢？

原　文

既稍云于清汉①，亦倒影行于华池②。

注　释

①清汉：银河。泛指天空。

②华池：仙界。

译　文

既可以在天上腾云驾雾，也可以在仙界飘然登临。

原　文

浮云回度，开月影而弯环；骤雨横飞，挟星精而摇动。

译　文

浮云来回飘动，使得月影开合弯曲如环；暴雨随着大风乱飞，挟着星宿的精气撼动天地。

原　文

天台嵥起①，绕之以赤霞；削成孤峙，覆之以莲花。

注　释

①嵥：高耸。唐宋之问《早发大庾岭》诗：“嵥起华夷界，信为造化力。”

译文

天台山高耸独立，周围环绕着红色的云霞；峭壁像刀削一般挺拔耸立，被莲花状的山石覆盖。

原文

金河别雁，铜柱辞鸢；关山夭骨，霜木凋年。

译文

在金河辞别大雁，在铜柱辞别老鹰；关山处处白骨，树木结霜，青春不再。

原文

翻光倒影，擢菡萏于湖中[①]；舒艳腾辉，攒螮蝀于天畔[②]。

注释

①擢：拔。菡萏（hàn dàn）：荷花的别称。

②攒：聚拢，集中。螮蝀（dì dōng）：彩虹。

译文

从湖中摘一朵荷花，反射着光芒，倒映着影子；天边聚集着彩虹，舒展艳丽，闪耀光辉。

原文

照万象于晴初[①]，散寥天于日余[②]。

注释

①万象：宇宙间一切事物或现象。

②寥天：广阔的天空。

译文

初晴的阳光普照万物，霞光的余晖消散在广阔的天空中。

卷九　绮

原　文

朱楼绿幕，笑语勾别座之春。越舞吴歌，巧舌吐莲花之艳。此身如在怨脸愁房、红妆翠袖之间，若远若近，为之黯然。嗟乎，又何怪乎身当其际者，拥玉床之翠而心迷，听伶人之奏而陨涕乎？集绮第九。

译　文

华丽的红楼装饰着绿色的帷幕，欢声笑语引来旁边座位上的盎然春意。越地的舞蹈和吴地的歌谣，灵巧的舌头散发出莲花一样的艳丽芬芳。感觉自己仿佛身处满面愁怨、身着盛装的妻妾之间，好像很远，又好像很近，令人黯然神伤。唉！对于身处此种境况中的人，他们拥坐在白玉装饰的床上而心驰神往，听伶人的演奏而黯然落泪，又有什么奇怪的呢？因此，我编纂了第九卷“绮”。

原　文

天台花好，阮郎却无计再来[①]；巫峡云深，宋玉只有情空赋。瞻碧云之黯黯，觅神女其何踪；睹明月之娟娟，问嫦娥而不应。

注　释

①阮郎：相传东汉永平年间，剡县人刘晨、阮肇同入天台山采药，遇二女子，邀至家，留半年，其地气候常如春，待他们还乡，子孙已历七世。

译　文

天台山的花儿虽然娇艳，但是阮肇无法再来；巫峡上的云雾茫茫，宋玉有情也只能空作诗赋。看碧云暗淡无光，不知到哪里去寻觅仙女的踪迹；看明月姿态柔美，询问嫦娥却得不到回应。

原　文

妆台正对书楼，隔池有影；绣户相通绮户，望眼多情。

译　文

梳妆台正对着读书楼，隔着池塘也能看见人影；绣房的门连通着书房的门，望上一眼都能传递深情。

原　文

莲开并蒂，影怜池上鸳鸯；缕结同心，日丽屏间孔雀。

译文

并蒂莲花开放，池中的倒影怜爱地看着池上的鸳鸯；用丝缕结成同心结，就像在美丽阳光下开屏的孔雀。

原文

堂上鸣琴操，久弹乎《孤凤》①；邑中制锦纹，重织于双鸾。

注释

①《孤凤》：古琴曲，又名《孤鸾》《离鸾》，西汉庆安世作。

译文

堂上弹起了琴曲，反复弹奏着的是《孤凤》曲；到城中买锦缎织花纹，重新织上了双鸾图。

原文

镜想分鸾，琴悲《别鹤》①。

注释

①《别鹤》：即《别鹤操》。古琴曲名。

译文

对着镜子想到分开的鸾和凤，弹琴弹的是哀伤的《别鹤》曲。

原文

春透水波明，寒峭花枝瘦，极目烟中百尺楼，人在楼中否？明月当楼，高眠如避，惜哉夜光暗投；芳树交窗，把玩无主，嗟矣红颜薄命。

译文

春光透进水波，分外清明，寒风料峭，花枝格外消瘦，极目远望，烟幕中百尺高楼忽隐忽现，楼中是否有我思念的人呢？明亮的月光照着高楼，却躲进高楼睡眠，可惜了这月光明媚；芬芳的树木伸至窗口，却把玩着没有主人的花，感叹这红颜薄命。

原文

鸟语听其涩时，怜娇情之未啭；蝉声闻已断处，愁孤节之渐消。

译文

听鸟叫要听声音生涩的时候，怜爱其娇美情态，声音却不婉转；听蝉鸣要听将要断的地方，忧愁和孤傲的情绪会渐渐消失。

原文

断雨断云，惊魄三春蝶梦；花开花落，悲歌一夜鹃啼。

译文

雨停了，云散了，惊醒了春天的蝴蝶梦；花开了花落了，杜鹃一夜哀鸣，好像在唱悲伤的歌。

原文

衲子飞觞历乱，解脱于樽斝之间[1]；钗行挥翰淋漓，风神在笔墨之外。

注释

①斝（jiǎ）：古代青铜酒器，用以温酒，圆口三足，盛行于商代和西周时期。

译文

僧侣尽情地飞舞酒杯，在醉乡之中寻求解脱；美人尽情地挥毫泼墨，风采神韵却在笔墨之外。

原文

养纸芙蓉粉[1]，熏衣豆蔻香。

注释

①芙蓉粉：保养纸的一种色粉。唐冯贽《云仙杂记》卷一《养砚墨笔纸》："养笔以硫黄酒舒其毫，养纸以芙蓉粉借其色，养砚以文绫盖贵乎隔尘，养墨以豹皮囊贵乎远湿。"

译文

保养纸最好用芙蓉粉，熏衣服最好用豆蔻香。

原文

流苏帐底[1]，披之而夜月窥人；玉镜台前[2]，讽之而朝烟萦树。

注释

①流苏：装在帐幕、锦旗等上面的穗状饰物，用五彩羽毛或丝线制成。

②玉镜：这里指明月。

译文

夜晚的月光，透过流苏帷帐的底部来窥视人；对着明月，早上的雾气萦绕在树梢。

原文

风流夸坠髻，时世闻啼眉①。

注释

①啼眉：即啼妆。《后汉书•梁冀传》："梁冀妻孙寿色美，而善为妖态，作愁眉、啼妆。"李贤注引《风俗通》："啼妆者，薄拭目下若啼处。"谓以粉拭眼睛下面，似啼痕，故名。

译文

要说风流姿态，应当夸赞坠马髻；要说风行一时，听说是啼眉妆。

原文

新垒桃花红粉薄①，阁楼芳草雪衣凉②。

注释

①红粉：胭脂和白粉。泛指女子的化妆品。这里指代美女。

②雪衣：雪衣娘，唐玄宗和杨贵妃极为喜欢的一只白鹦鹉。

译文

新垒边的桃花娇美艳丽，使美人也相形见绌；阁楼下芳草萋萋，使白鹦鹉也感到凄凉。

原文

李后主宫人秋水①，喜簪异花芳草，拂髻鬟尝有粉蝶聚其间②，扑之不去。

注释

①李后主：即五代南唐后主李煜，以善写词著名。秋水：宫女的名字。

②髻鬟：分梳于两旁的发髻和鬟角。

译文

南唐后主李煜的宫女秋水，喜欢在头上插一些奇花异草，拂一拂发髻和鬟角，招来彩蝶聚在发间，赶都赶不走。

原 文

濯足清流，芹香飞涧；浣花新水，蝶粉迷波。

译 文

用清水洗脚，水芹的芳香充满整个山涧；用洁净之水洗花，蝴蝶香粉弥漫在涟漪中。

原 文

昔人有花中十友：桂为仙友，莲为净友，梅为清友，菊为逸友，海棠名友，荼蘼韵友，瑞香殊友，芝兰芳友，腊梅奇友，栀子禅友。昔人有禽中五客：鸥为闲客，鹤为仙客，鹭为雪客，孔雀南客，鹦鹉陇客。会花鸟之情，真是天趣活泼。

译 文

古代的人有花中十友的说法：桂花为仙友，莲花为净友，梅花为清友，菊花为逸友，海棠为名友，荼蘼为韵友，瑞香为殊友，芝兰为芳友，腊梅为奇友，栀子花为禅友。古代的人有禽中五客的说法：海鸥为闲客，白鹤为仙客，白鹭为雪客，孔雀为南客，鹦鹉为陇客。这两种说法都能够领会和切合花鸟的性情，是真正天真活泼的意趣。

原 文

凤笙龙管，蜀锦齐纨。

译 文

笙箫等管乐的吹奏声优美动人，蜀地的彩锦和齐地的白细绢花纹精美绝伦。

原 文

木香盛开，把杯独坐其下，遥令青奴吹笛，止留一小奚侍酒①，才少斟酌，便退立迎春架后。花看半开，酒饮微醉。

注 释

①小奚：年纪小的奴仆。

译 文

握着酒杯独坐在盛开的木香花下，让青衣女奴在远处吹笛，只留一个小童在身旁斟酒，才稍微喝了一点就马上退到迎春花架后面。赏花要赏半开的花，喝酒要喝到半醉。

原文

夜来月下卧醒，花影零乱，满人襟袖，疑如濯魄于冰壶[①]。

注释

①冰壶：这里指月亮。

译文

夜晚醒来，发现自己在月光下睡觉，花影零乱，洒满了衣袖，就好像在月光中清洗了灵魂一般。

原文

看花步，男子当作女人；寻花步，女人当作男子。

译文

观赏花的步履，男子应当像女子那样轻缓；寻找花的步履，女子应当像男子那样迅疾。

原文

窗前俊石冷然[①]，可代高人把臂；槛外名花绰约，无烦美女分香。

注释

①冷然：轻妙的样子。

译文

窗前美丽的石头轻妙独立，可以替代与高人把臂交游；门外的名花艳丽多姿，不要美女分出一些香气。

原文

新调初裁，歌儿持板待的；阄题方启[①]，佳人捧砚濡毫。绝世风流，当场豪举。

注释

①阄：古时抓取物具以较胜负曰“阄”，多用于饮酒游戏。

译文

新曲刚刚写成，歌童就手拿牙板等待点唱；诗题才刚打开，美人就手捧砚台伺候研墨挥毫。真是绝世风流场中的豪放之举。

原文

石鼓池边，小草无名可斗；板桥柳外，飞花有阵堪题。

译文

大石和水池旁边，小草虽然没有名字，但也能用来进行斗草游戏；板桥和柳树之外，飞扬的柳絮结成阵势，可以作为吟咏的题材。

原文

桃红李白，疏篱细雨初来；燕紫莺黄，老树斜风乍透。

译文

桃花红，李花白，稀疏的篱笆上透进蒙蒙细雨；紫色的燕子，黄色的莺儿，一缕微风透过苍老的古树。

原文

窗外梅开，喜有骚人弄笛；石边积雪，还须小妓烹茶。

译文

窗外梅花盛开了，非常高兴听到诗人的吹笛声；石边堆满了积雪，还需要小姬来煮水烹茶。

原文

高楼对月，邻女秋砧；古寺闻钟，山僧晓梵。

译文

高楼映着月光，远处传来邻家女孩儿秋夜的捣衣声；古寺传来钟声，僧侣们正在诵经念佛。

原文

佳人病怯，不耐春寒；豪客多情，尤怜夜饮。李太白之宝花宜障，光孟祖之狗窦堪呼①。

注释

①光孟祖：即光逸。字孟祖，东晋时期“八达”之一。狗窦：狗洞。《晋书•光逸传》：“逸将排户入，守者不听，逸便于户外脱衣露头于狗窦中窥之而大叫。”

译 文

美人生病以后十分虚弱，禁受不住春寒料峭；豪客情感十分丰富，尤其喜欢在晚上喝酒。所以李白想见美人，应当设七宝花障相隔；光逸在狗洞中偷看朋友而大叫，应当把他叫进来举杯痛饮。

原 文

古人养笔以硫黄酒，养纸以芙蓉粉，养砚以文绫盖，养墨以豹皮囊。小斋何暇及此，唯有时书以养笔，时磨以养墨，时洗以养砚，时舒卷以养纸。

译 文

古人用硫黄酒保养毛笔，用芙蓉粉保养纸张，用文绫盖保养砚台，用豹皮囊保养墨水。我这小小的书斋哪里用得着这样？只有时常写字以保养笔，时常磨墨以保养墨，时常清洗以保养砚，时常舒卷以保养纸。

原 文

芭蕉近日则易枯，迎风则易破。小院背阴，半掩竹窗，分外青翠。

译 文

芭蕉太靠近太阳就容易枯萎，对着风吹的地方就容易破损。应当在院中没有太阳直射的地方栽种，芭蕉叶半遮着竹窗，显得格外青翠可爱。

原 文

欧公香饼[①]，吾其熟火无烟；颜氏隐囊[②]，我则斗花以布。

注 释

①欧公：即欧阳修。香饼：古时用香料制成的小饼。

②颜氏：即颜之推。隐囊：软靠枕。

译 文

欧阳修用石炭焚香，我用的则是无烟的深红火炭；颜之推用的是斑丝隐囊，我用的则是碎花布拼凑的靠枕。

原 文

梅额生香[①]，已堪饮爵；草堂飞雪，更可题诗。七种之羹[②]，呼起袁生之卧[3]；六花之饼[4]，敢迎王子之舟[5]。豪饮竟日，赋诗而散。佳人半醉，美女新妆。月下弹瑟，石边侍酒。烹雪之茶，果然剩有寒香；争春之馆，自是堪来花叹。

注 释

①梅额：相传南朝宋武帝女寿阳公主日卧含章殿檐下，梅花落额上，成五出之花，拂之不去。这是指梅花盛开。

②七种之羹：七宝羹。农历正月初七的时候，采摘七种蔬菜和米粉一起搅拌做成的羹。

③袁生：袁安。

④六花之饼：指六瓣的雪花。

⑤王子之舟：化用“王徽之夜访戴逵”的典故。

译 文

盛开的梅花散发香气，已经可以饮酒；草堂里雪花飞舞，更可以作诗。做好了七宝羹，叫起僵卧的袁安；六瓣的雪花，敢去迎接王徽之的小船。终日畅饮，作诗尽兴后就解散。佳丽半醒半醉，美人刚刚梳妆。有时在月下弹琴，有时在石边奉酒。用雪水煮茶，自然会留下冷冽的清香；百花争春的馆舍，自然要为花而叹息。

原 文

黄鸟让其声歌，青山学其眉黛。

译 文

美人歌喉婉转，连黄鸟也学习她的歌声；佳丽画眉如黛，连青山也效仿其眉的颜色。

原 文

浅翠娇青，笼烟惹湿；清可漱齿，曲可流觞。

译 文

小溪泛着青绿色，在雾霭中沾上了湿气；清澈得可以用来漱口，曲折得可以用来流觞。

原 文

风开柳眼，露挹桃腮[1]，黄鹂呼春，青鸟送雨，海棠嫩紫，芍药嫣红，宜其春也。碧荷铸钱[2]，绿柳缫丝，龙孙脱壳[3]，鸠妇唤晴[4]，雨骤黄梅，日蒸绿李，宜其夏也。槐阴未断，雁信初来，秋英无言，晓露欲结，蓐收避席[5]，青女办妆[6]，宜其秋也。桂子风高，芦花月老，溪毛碧瘦[7]，山骨苍寒，千岩见梅，一雪欲腊，宜其冬也。

注释

①挹：牵引，拉。

②碧荷铸钱：初生的荷叶，小得像铜钱，故称。

③龙孙：笋的别称。

④鸠妇：鸟名，即鹁鸠。《毛诗草木鸟兽虫鱼疏·宛彼鸣鸠》："鹁鸠，灰色，无绣项，阴则屏逐其匹，晴则呼之。语曰'天将雨，鸠逐妇'是也。"

⑤蓐收：古代传说中的西方之神，掌管秋天万物的收藏。《礼记·月令》："孟秋之月……其帝少皞，其神蓐收。"

⑥青女：神话中的霜雪之神。《淮南子·天文》："至秋三月，青女乃出，以降霜雪。"

⑦溪毛：小溪中的水藻。

译文

微风吹开了杨柳的眼睛，露水引来了桃花的红腮，黄鹂呼唤春天，青鸟送来丝丝细雨，海棠紫得娇嫩，芍药红得鲜艳，这就应该是春天的景象。碧绿的荷叶小如铜钱，绿色的柳枝纤柔似丝，竹笋刚刚脱壳，鸠鸟唤来晴天，骤雨过后梅子熟了，日晒过后李子绿了，这就应该是夏天的景象。槐树的影子还在，大雁的叫声刚来，秋天的花朵悄然凋谢，清晨的露水将要凝结，司秋之神即将离开，霜雪之神已开始装扮，这就应该是秋天的景象。寒风中桂树摇曳，月光下芦花渐白，溪中水藻碧绿凋残，山上的岩石间梅花开放，一场雪将下到腊月，这就应该是冬天的景象。

原文

风翻贝叶[①]，绝胜北阙除书[②]；水滴莲花，何似华清宫漏[③]。

注释

①贝叶：印度贝多树的叶子，用水沤后可以代纸，古代印度人多用以写佛经，后因称佛经为"贝叶经"。

②北阙：古代宫殿北面的门楼，为臣子等候朝见或上书的地方。除书：授官的诏令。

③华清宫：唐宫殿名，故址在今陕西临潼骊山。漏：古代滴水计时的仪器。《说文》："漏，以铜受水，刻节，昼夜百刻。"

译文

微风翻动着佛经，一定胜过了皇宫授官的诏令；水滴在莲花之上，真像华清宫的滴漏声。

原文

画屋曲房，拥炉列坐；鞭车行酒，分队征歌。一笑千金，樗蒲百万[①]；

名妓持笺，玉儿捧砚；淋漓挥洒，水月流虹。我醉欲眠，鼠奔鸟窜；罗襦轻解，鼻息如雷。此一境界，亦足赏心。

注　释

①樗蒲：古代博戏，类似于掷骰子。后泛指赌博。

译　文

在雕梁画栋和深邃幽隐的房中，围着火炉依次而坐；转圈行酒令，分队比歌声。用千金买一笑，用百万下一赌；一旁有名妓拿着纸，小童端着砚，尽情挥毫泼墨，就像水中明月、天上彩虹。等到酒醉想要睡的时候，就像老鼠和鸟儿一样纷纷散去；轻轻解开丝绸短衣进入梦乡，鼾声如雷。这样一种境界，也足以使人心情舒畅。

原　文

柳花燕子，贴地欲飞，画扇练裙，避人欲进。此春游第一风光也。

译　文

柳絮和燕子在贴近大地的时候飞了起来；手拿画扇、身穿白裙的美人既要躲避人群，又想前去游玩。这才是春游最美的风光。

原　文

花颜缥缈，欺树里之春风；银焰荧煌，却城头之晓色。

译　文

百花容颜朦胧醉人，胜过了树木间的春风；银色的焰火忽明忽暗，盖过了城墙上的晨曦。

原　文

乌纱帽挟红袖登山，前人自多风致。

译　文

做官的人带着美女登山野游，前人真是有很多风流情致。

原　文

笔阵生云，词锋卷雾。

译　文

挥笔成阵，云气顿生；言辞有锋，雾霭顿起。

原 文

楚江巫峡半云雨，清簟疏帘看弈棋。

译 文

长江巫峡之上，一半是云，一半是雨；坐在了清凉的竹席上，隔着稀疏的帘子观看下棋。

原 文

美丰仪人，如三春新柳，濯濯风前。

译 文

美丽而有丰韵的美人，就像三春时新发的柳芽，在微风下显得明艳动人。

原 文

涧险无平石，山深足细泉；短松犹百尺，少鹤已千年。

译 文

水涧险峻，没有平坦的石头；山峦幽深，到处都是细幽的泉水；低矮的松树也已经有百尺之高，年龄小的鹤也已经活了千年。

原 文

清文满箧，非唯芍药之花；新制连篇，宁止葡萄之树。

译 文

清雅的文章堆满了箱子，其中所写的并不只是芍药花；新作的诗词一篇接一篇，其中所吟咏的也并不只是葡萄树。

原 文

梅花舒两岁之装，柏叶泛三光之酒①。飘摇余雪，入箫管以成歌；皎洁轻冰，对蟾光而写镜。

注 释

①柏叶泛三光之酒：用柏叶浸的酒。因为柏树凋谢得晚，集日、月、星三光之精华于一体，用来浸酒，新年共饮以祝长寿。

译　文

梅花盛开，从年末到新年，用柏叶浸酒，集日、月、星三种精华于一体。零落的飞雪和着箫声合成了一首歌，皎洁的薄冰在月光的笼罩下仿佛是一面明镜。

原　文

鹤有累心犹被斥[①]，梅无高韵也遭删。

注　释

①累心：身心疲劳。《韩非子·大体》：“不以智累心，不以私累己。”

译　文

仙鹤身心疲惫仍然被斥责，梅花没有高尚的韵致也不免遭到修剪。

原　文

分果车中[①]，毕竟借他人面孔；捉刀床侧[②]，终须露自己心胸。

注　释

①分果车中：指弥子瑕把吃剩的半个甜桃留给卫灵公。《韩非子·说难》：“（弥子瑕有宠于卫君）与君游于果园，食桃而甘，不尽，以其半啖君。君曰：‘爱我哉！忘其口味，以啖寡人。’及弥子瑕色衰爱弛，得罪于君，君曰：‘是固尝矫驾吾车，又尝啖我以余桃。’故弥子瑕之行未变于初也，而以前之所见贤，而后获罪者，爱憎之变也。”

②捉刀床侧：指曹操握刀于床侧假装士兵。《世说新语·容止》：“魏武帝见匈奴使，自以行陋，不足雄远国，使崔季珪代，帝自捉刀立床头。既毕，令间谍问曰：‘魏王何如？’匈奴使答曰：‘魏王雅望非常，然床头捉刀人，此乃英雄也。’”

译　文

弥子瑕把吃剩的桃留给卫君，最终遭至祸患，可见他只是在看别人脸色；曹操握着刀站在座位边假装士兵，然而终究会显露出其本来面目。

原　文

雪滚花飞，缭绕歌楼，飘扑僧舍，点点共酒旆悠扬，阵阵追燕莺飞舞，沾泥逐水。岂特可入诗料？要知色身幻影，是即风里杨花，浮生燕垒[①]。

注　释

①燕垒：燕子窝。比喻脆弱易碎的东西。

译文

雪花洋洋洒洒而下，夹着落花一起纷飞，绕着歌楼飞扬，飘飘荡荡地扑向僧舍，雪花点点与酒旗一同在空中悠然飘扬，落花阵阵追逐着燕莺一同飞舞，最终落了下来掉入泥中和水中。这些难道仅仅是作为吟咏诗词的素材吗？要知道肉身和幻影就像那风中的杨花和易碎的燕子窝。

原文

水绿霞红处，仙犬忽惊人，吠入桃花去。

译文

在绿水红霞环绕的地方，一只仙犬忽然跑出来吓人一跳，大声地叫着隐入桃花林的深处。

原文

九重仙诏，休教丹凤衔来；一片野心，已被白云留住。

译文

九重天上神仙的诏令书，不要让凤凰衔过来；内心狂放不羁，已经留在白云的深处。

原文

香吹梅渚千峰雪，清映冰壶百尺帘。

译文

风儿夹杂着梅花的香味从花中小洲上吹来，好像山上堆满了积雪；千百束月亮的光芒笼罩着大地，好像数百尺长的巨大帘幕。

原文

避客偶然抛竹屐[①]，邀僧时一上花船。

注释

①屐：用麻、葛等制成的一种鞋。后泛指鞋。

译文

为了躲避客人来访，有几次在慌忙之中丢掉了竹鞋；邀请僧人共游，有一两次也上了花船。

原　文

到来都是泪，过去即成尘。秋色生鸿雁，江声冷白蘋。

译　文

将要发生的都会化为泪水，已经过去的都会成为尘土。秋景凄凉，几只鸿雁出现在天边，江水滔滔，白色的蘋花也异常清冷。

原　文

斗草春风，才子愁销书带翠；采菱秋水，佳人疑动镜花香。

译　文

在春风中玩斗草游戏，书生们看到青翠的书带草，忧愁顿时消散了；在秋水中荡舟采菱角，清澈的水面非常平静，美人们以为是一面带有香气的镜子。

原　文

竹粉映琅玕之碧①，胜新妆流媚，曾无掩面于花宫；花珠凝翡翠之盘，虽什袭非珍②，可免探颔于龙藏③。

注　释

①琅玕：竹子。

②什袭：把物品一层又一层地包裹起来，以示珍贵。

③探颔于龙藏：《庄子•列御寇》："夫千金之珠，必在九重之渊而骊龙颔下。"

译　文

竹节上的粉末映照着绿色的竹竿，比刚化过妆的美人还要妩媚，就算在百花之中也不用遮盖它的面容；花上滴下的露珠凝聚在绿色的叶盘上，虽然珍藏起来的不是什么珍贵宝物，但可以不用去龙宫探颔取珠。

原　文

因花整帽，借柳维船。

译　文

在帽子上装点花草，用柳条系住船只。

原　文

绕梦落花消雨色，一尊芳草送晴曛。

译文

萦绕在梦中的落花消去了雨色，一片芳草送走了晴天落日的余晖。

原文

争春开宴，罢来花有欢声；水国谈经，听去鱼多乐意。

译文

在明媚的春光中摆开宴席，散席后百花在欢呼；在水乡之中谈经说道，鱼儿听后也欢乐地游曳。

原文

无端泪下，三更山月老猿啼；蓦地娇来，一月泥香新燕语。

译文

三更时分，山中传来了老猿的哀啼声，眼泪无缘无故地流了下来；忽然传来动听的叫声，原来是正月的燕子正衔着芳香的泥土飞来。

原文

燕子刚来，春光惹眼；雁臣甫聚，秋思惨人。

译文

燕子刚刚飞来的时候，满目的春光异常耀眼；雁队刚刚集结，秋天的气息让人感觉到凄惨。

原文

韩嫣金弹[①]，误了饥寒人多少奔驰；潘岳果车[②]，增了少年人多少颜色。

注释

①韩嫣：表字王孙，汉武帝时期上大夫，为韩王信的后人。《西京杂记》："韩嫣好弹（弹弓），常以金为丸，所失者日十有余，长安为之语曰：'苦饥寒，逐金丸。'京师儿童每闻嫣出弹，辄随之，望丸之所落，辄拾焉。"

②潘岳：西晋文学家，字安仁。刘孝标注引《语林》："安仁至美，每行，老妪以果掷之满车。"

译文

韩嫣的金弹弓，让多少饥寒交迫的人白白奔忙一场；潘岳装满果子的车，又增添了多少年的风光和色彩。

原文

微风醒酒，好雨催诗，生韵生情，怀颇不恶。

译文

微风能使酒醉之后得到清醒，好雨能催发诗性，生动的情韵能产生情趣，胸中怀有美好的情怀就不会有厌恶之心。

原文

苎萝村里①，对娇歌艳舞之山；若耶溪边②，拂浓抹淡妆之水。

注释

①苎萝村：春秋时越国美女西施、郑旦出生地。

②若耶溪：溪名，在今浙江绍兴市南。出若耶山，北流入运河。相传西施曾浣纱于此，故又名“浣纱溪”。

译文

在美丽的苎萝村，面对着当年西施唱着动听的歌、跳着好看的舞的青山；在清澈的若耶溪边，面对着流水，拂一拂当年西施浓抹淡妆的溪水。

原文

春归何处，街头愁杀卖花；客落他乡，河畔生憎折柳。

译文

不知道春天将要回到哪里，愁死了小街尽头的卖花人；流落他乡的客居之人，非常讨厌看到在河边折柳送别的情景。

原文

论到高华，但说黄金能结客；看来薄命，非关红袖嫩撩人。

译文

谈到名门望族，其实只是因为黄金能够聚集宾客；看起来命途多舛，并不是因为美色的诱惑。

原文

同气之求，唯刺平原于锦绣①；同声之应，徒铸子期以黄金②。

注 释

①平原：平原君赵胜，战国时赵国的贵族。任赵相，有食客数千人。与齐孟尝君、魏信陵君、楚春申君并称“战国四公子”。唐李贺《浩歌》：“买丝绣作平原君，有酒唯浇赵州土。”

②子期：春秋时楚国人钟子期，精通音律，因“高山流水”与伯牙相交为知音。

译 文

如果想找到意气相投的人，就只能在锦绣上绣出平原君的相貌；如果想找到知音，就只能用黄金浇铸出钟子期的形象。

原 文

胸中不平之气，说倩山禽；世上叵测之机，藏之烟柳。

译 文

胸中有不平之气，就向山中的动物倾诉；人世间看不透的用心，都埋藏在烟雨柳林之间。

原 文

祛长夜之恶魔，女郎说剑；消千秋之热血，学士谈禅。

译 文

要吓走漫漫长夜中的魔鬼，就要请美人说剑；要想消解沸腾了千年的一腔热血，就要与饱学之人谈禅论道。

原 文

论声之韵者，曰溪声、涧声、竹声、松声、山禽声、幽壑声、芭蕉雨声、落花声、落叶声，皆天地之清籁，诗坛之鼓吹也。然销魂之听，当以卖花声为第一。

译 文

要谈论声音中的韵味，如溪流声、水涧声、丝竹声、松涛声、山鸟声、幽谷声、雨打芭蕉声、落花声、落叶声，这些都是天地间清新美妙的声音，是诗坛中的鼓吹乐曲。然而听起来最能震撼心灵的，小巷中的卖花声当为第一。

原 文

石上酒花，几片湿云凝夜色；松间人语，数声宿鸟动朝喧。

译文

坐在石头上饮酒赏花，几片湿润的行云凝结着夜色；松间传来人说话的声音，几声夜鸟的鸣叫惊起了清晨的喧闹。

原文

“媚”字极韵，但出以清致，则窈窕俱见风神，附以妖娆，则做作毕露丑态。如芙蓉媚秋水，绿筱媚清涟，方不着迹。

译文

“媚”这个字非常有韵味，但要在清雅的韵致中表现，就能于美好中显出风采和神气；如果加上妩媚娇艳之态，那么丑恶低俗的样子都会显露。就像芙蓉的妩媚出自秋水，而绿竹的妩媚出自清波，才不会沾染世俗之气。

原文

武士无刀兵气，书生无寒酸气，女郎无脂粉气，山人无烟霞气，僧家无香火气。换出一番世界，便为世上不可少之人。

译文

武士没有刀剑之气，书生没有寒酸之气，女郎没有脂粉之气，隐士没有烟霞之气，和尚没有香火之气，把他们换到另一番境地，便可成为世上不可缺少的人。

原文

情词之娴美，《西厢》以后，无如《玉合》《紫钗》《牡丹亭》三传[1]，置之案头，可以挽文思之枯涩，收神情之懒散。

注释

①《玉合》：即《玉合记》。梅鼎祚撰，写唐代诗人韩翃与柳氏离合的故事。《紫钗》：即《紫钗记》。汤显祖撰，写李益与霍小玉的传奇故事。《牡丹亭》：汤显祖撰，写杜丽娘与柳梦梅生死相恋的故事。

译文

娴静美好的言情之词，除了《西厢记》，就没有能和《玉合记》《紫钗记》《牡丹亭》这三部传奇相比的了，把它们放在书桌上，可以挽救文思的贫乏，收敛懒散的神情。

原文

俊石贵有画意，老树贵有禅意，韵士贵有酒意，美人贵有诗意。

译文

美石贵在蕴含画意，老树贵在蕴含禅意，诗人贵在蕴含酒意，美人贵在蕴含诗意。

原文

红颜未老，早随桃李嫁春风①；黄卷将残②，莫向桑榆怜暮景③。

注释

①桃李嫁春风：指桃花、李花随春风归去，比喻女子及早嫁人。

②黄卷将残：比喻书生饱读诗书，科举仕进。黄卷，指书籍，这里指代书生。

③桑榆：日暮，比喻晚年。

译文

红颜还没有衰老，就要像桃花、李花开在早春一样尽早嫁人；书籍还没有破损，就要尽早入仕做官，不要等到晚年独自面对悲凉之境。

原文

销魂之音，丝竹不如著肉①，然而风月山水间，别有清魂销于清响。即子晋之笙②，湘灵之瑟，董双成之云璈③，犹属下乘，娇歌艳曲，不益混乱耳根。

注释

①著肉：人喉咙发出的声音。

②子晋：即王子乔，或称王子晋。相传为黄帝后裔，周灵王的太子。《列仙传》："太子晋好吹笙，作凤凰鸣。"

③董双成：相传为西王母使女，善吹笙，通音律，深得西王母喜爱。云璈：又名"云锣"。打击乐器，民间称"九音锣"。

译文

要说到震撼人心的声音，丝竹管弦之声都比不上人的喉咙所发出的声音，然而，大自然中的风月和山水之间却另有清净的心灵为清澈的声音所陶醉。即便是王子乔吹的笙、湘水女神鼓的瑟、董双成击的云璈，也都属于下乘，至于那些庸俗的娇歌艳曲，只不过是扰乱人们的耳根罢了。

原文

风惊蟋蟀，闻织妇之鸣机；月满蟾蜍①，见天河之弄杼。

注　释

①蟾蜍：这里指代月亮。

译　文

风声惊得蟋蟀鸣叫，仿佛是织女织布机所发出的声音；月光洒满天空，仿佛看见银河中织女在摆弄机杼。

原　文

高僧筒里送诗，突地天花坠落；韵姬扇头寄画，隔江山雨飞来。

译　文

高僧用竹筒送来诗作，天上的花瓣纷纷坠落在地上；美人扇子寄来画作，仿佛江水对岸的山间细雨飞过来了。

原　文

酒有难悬之色，花有独蕴之香，以此想红颜媚骨，便可得之格外。

译　文

美酒佳酿的色泽难以分辨，花的芳香也很独特，由此想到面容妩媚的美人，便可以得到意外的收获。

原　文

客斋使令，翔七宝妆①，理茶具，响松风于蟹眼②，浮雪花于兔毫。

注　释

①七宝妆：装饰很多珠宝的莲花妆。

②蟹眼：形容水初沸时所泛起的小气泡。宋苏轼《试院煎茶》："蟹眼已过鱼眼生，飕飕欲作松风鸣。"

译　文

客斋中的侍者梳着七宝莲花妆，整理好了煮茶的器具，茶水煮沸的时候，水面如松涛般响起，并泛起似蟹眼的气泡，倒入兔毫盏中，浮起了雪花似的泡沫。

原　文

每到日中重掠鬓，衩衣骑马试宫廊。

译文

每天中午时都重新整理一下鬓发，身穿着绣衣，在宫殿的走廊下试着骑马。

原文

绝世风流，当场豪举。世路既如此，但有肝胆向人；清议可奈何，曾无口舌造业。

译文

风流之姿绝世，在现场豪放不羁。人世间的道路既然已经如此，只用一副肝胆对待别人；可以进行平心静气的议论，从来不曾造过口舌的恶业。

原文

花抽珠渐落，珠悬花更生；风来香转散，风度焰还轻。

译文

花儿盛开时，花上的露珠慢慢地掉落，露珠悬挂在花上，滋润它开得更盛；微风吹来，香气四处飘散，风吹过的地方，火苗还在轻轻跳跃。

原文

莹以玉琇[1]，饰以金英；绿芰悬插，红蕖倒生。

注释

①玉琇：一种玉制臂饰，扁圆环形。

译文

用玉制的圆环来装饰手臂，用黄色的花朵来装饰头发；就像悬空在水中的绿色菱角，倒生在池塘的红色荷花。

原文

浮沧海兮气浑，映青山兮色乱。

译文

漂浮在沧海之上，大气雄浑；青山映照在水中，色彩缤纷。

原文

纷黄庭之靃霏[①]，隐重廊之窈窕，青陆至而莺啼[②]，朱阳升而花笑。紫蒂红蕤，玉蕊苍枝。

注释

①靃（huò）霏：草木柔弱，随风披敷貌。

②青陆：即青道。月亮运行的轨迹。《文选·颜延之》："日躔胃维，月轨青陆。"

译文

黄庭里的草木浓密盛多，重廊中美人文静娇好，月亮升起而黄莺开始鸣叫，太阳升起，花儿含笑。紫色的花蒂，红色的花朵，绿玉般的花蕊，青翠的树枝。

原文

视莲潭之变彩，见松院之生凉；引惊蝉于宝瑟，宿兰燕于瑶筐[①]。

注释

①瑶筐：筐匣的美称，多指首饰盒子。唐王勃《七夕赋》诗："引惊蝉于宝瑟，宿兰燕于瑶筐。"

译文

看莲花潭水变幻色彩，看着松树院，感觉凉意顿生；弹起宝琴，引来了被惊醒的知了，准备好漂亮的筐匣，让美丽的燕子住在里面。

原文

蒲团布衲，难于少时存老去之禅心；玉剑角弓，贵于老时任少年之侠气。

译文

身穿僧衣在蒲团上打坐，在年少的时候，人们很难存有老来的参禅之心；身佩玉剑，手握角弓，难得的是年老时还保持着年少时的侠义之气。

卷十　豪

原　文

今世矩视尺步之辈[①]，与夫守株待兔之流，是不束缚而阱者也。宇宙寥寥，求一豪者，安得哉？家徒四壁，一掷千金[②]，豪之胆；兴酣落笔，泼墨千言，豪之才；我才必用，黄金复来，豪之语。夫豪既不可得，而后世倜傥之士，或以一言一字写其不平，又安与沉沉故纸同为销没乎？集豪第十。

注　释

①矩视尺步：指因循守旧，墨守成规，不懂得变通。

②家徒四壁，一掷千金：家徒四壁，化用司马相如“家居徒四壁立”的典故；一掷千金，本指豪赌，这里引申为豪兴。

译　文

在当今这个社会上，那些墨守成规和守株待兔之辈，是用不着任何约束限制就会自落陷阱的。在广阔的宇宙中，要想寻到一个无拘无束的豪放之人，哪有那么容易？那些家徒四壁，但能一掷千金的，是有胆略的豪放之人；能够兴酣落笔，泼墨千言的，是有才气的豪放之人；懂得我辈才华必定有用，黄金散尽会再来这个道理的，是有旷达见识的豪放之人。既然豪放不能轻易求得，那么后世那些所谓的风流倜傥之士，有的用一句话或者一个字来抒写内心的不平之气，又怎么能够让他们湮没在陈旧的纸堆里而默默无闻呢？因此，我编纂了第十卷“豪”。

原　文

桃花马上[①]，春衫少年侠气；贝叶斋中[②]，夜衲老去禅心。

注　释

①桃花马：指身上为白毛红点的马。唐杜审言《戏赠赵使君美人诗》：“红粉青娥映楚云，桃花马上石榴裙。”

②贝叶斋：指佛家经堂。

译　文

跨上桃花马，春衫随风飘逸，显示出少年的英姿和侠气；佛家经堂之中，深夜诵经的老僧人露出一副老态龙钟的神态，禅心淡泊。

原　文

岳色江声，富煞胸中丘壑；松阴花影，争残局上山河。

译文

山色苍茫，江水滔滔，使得人的内心开阔无比；松荫清凉，花影参差，正好可以与朋友在残局中一决胜负。

原文

骥虽伏枥，足能千里；鹄即垂翅，志在九霄。

译文

好马虽然屈居马槽，却能够远驰千里；天鹅即使垂下翅膀，志向仍在云霄。

原文

个个题诗，写不尽千秋花月；人人作画，描不完大地江山。

译文

个个都写诗，也书写不尽人世间的风花雪月；人人都作画，也描绘不完大地的江河山水。

原文

慷慨之气，龙泉知我①；忧煎之思，毛颖解人②。

注释

①龙泉：古宝剑名。据《太康地记》记载，西平县有龙泉水，可以砥砺刀剑，特坚利，故有坚白之论，是以龙泉之剑为楚宝。

②毛颖：毛笔。

译文

我激昂慷慨的气概，只有龙泉宝剑懂得；我忧愁煎熬的思绪，只有毛笔可以了解。

原文

不能用世而故为玩世，只恐遇着真英雄；不能经世而故为欺世，只好对着假豪杰。

译文

因为自己的才能无用武之地，而故意玩世不恭的人，只会害怕遇到真英雄；因为自己不能经邦济世，而故意欺世盗名的人，只好面对假豪杰。

原文

绿酒但倾，何妨易醉？黄金既散，何论复来！

译文

倾尽美酒，容易大醉又有何妨？黄金既然已经散尽，管它能否再来。

原文

诗酒兴将残，剩却楼头几明月；登临情不已，平分江上半青山。

译文

诗兴已尽，酒筵将残，只剩下悬于楼顶的一轮明月；登山临水，兴致未已，看江水平分了江上的半座青山。

原文

闲行消白日，悬李贺呕字之囊①；搔首问青天，携谢朓惊人之句②。

注释

①李贺呕字之囊:《新唐书•李贺传》载：李贺苦吟，每外出，“从小奚奴背古锦囊，遇所得书投囊中。”

②谢朓：南北朝著名山水诗人。

译文

在闲暇的时候出去散散步，打发时光，随身悬挂着李贺呕字苦吟的锦囊；登上高山，搔首与青天对话，随身携带着谢朓惊世骇俗的诗句。

原文

假英雄专吷不鸣之剑①，若尔锋芒，遇真人而落胆；穷豪杰惯作无米之炊，此等作用，当大计而扬眉。

注释

①吷：用嘴轻吹。《庄子•则阳》:“夫吹管也，犹有嗃也；吹剑首者，吷而吷已矣。”

译文

假英雄专门把不能响的剑吹出细小的声音，像这样的锋芒，如果遇到真正的英雄就会丧胆失魂；穷困潦倒的豪杰习惯了做无米之炊，像他们这样的作为，如果让他们筹划国家大事就会有扬眉吐气的一天。

原　文

深居远俗，尚愁移山有文[①]；纵饮达旦，犹笑醉乡无记。

注　释

①移山有文：典出孔稚珪的《北山移文》。孔稚珪与周颙一同隐居于钟山，后周颙应诏出仕，再过钟山，孔稚珪撰此文讥讽周颙假托山神，其实内心热衷于名利的卑俗的做法。

译　文

隐居深山，远离世俗，还去忧愁像《北山移文》这样的讥讽文章做什么呢？放怀畅饮，通宵达旦，还去嘲笑如此美妙的醉乡无人作记做什么呢？

原　文

风会日靡，试具宋广平之石肠[①]；世道莫容，请收姜伯约之大胆[②]。

注　释

①宋广平之石肠：《唐诗纪事》："皮日休《桃花赋序》曰：'余尝慕宋广平之为相，贞姿劲质，刚态毅状，疑其铁肠石心，不能吐婉媚辞。'"宋广平，即宋璟。

②姜伯约：即姜维。字伯约，史载其"死时见剖，胆如斗大"。

译　文

即使风俗日益颓靡，也要尝试着拥有宋璟那样的铁石心肠；倘若世道无法涵容，也请容下姜维那样的过人胆略。

原　文

藜床半穿，管宁真吾师乎[①]；轩冕必顾，华歆询非友也[②]。

注　释

①藜床半穿，管宁真吾师乎：据《高士传》载："管宁自越海及归，常坐一木榻，积五十余年，未尝箕股，其榻上当膝处皆穿。"庾信《小园赋》："管宁藜床，虽穿而可坐。"藜，草名。

②轩冕必顾，华歆询非友也：据《世说新语•德行》载：管宁与华歆同席读书，"有乘轩冕过门者，宁读如故，歆废书出看。宁割席分座曰：'子非吾友也。"轩冕，指达官贵族的车马。

译　文

管宁的藜条床榻已经被坐穿半边，他真是值得我辈学习；达官贵族的车马经过门前，华歆必定放下书本前去观看，像这样的人确实不能成为真正的朋友。

原 文

车尘马足之下[1]，露出丑形；深山穷谷之中，剩些真影。

注 释

①车尘马足：这里指繁华之地。

译 文

在市井繁华之地，不免露出丑陋的形象；在偏僻幽静的山谷中，还能留下一些真实的身影。

原 文

吐虹霓之气者，贵挟风霜之色；依日月之光者，毋怀雨露之私。

译 文

有霓虹般气势的人，可贵之处在于其容颜中风霜清峻的神色；依靠日月光辉才能照亮的物体，不要对它们怀着能承接雨露的想法。

原 文

清襟凝远，卷秋江万顷之波；妙笔纵横，挽昆仑一峰之秀。

译 文

内心清朗平静，就能凝神远望，卷起秋江上万顷波浪；用生花妙笔来描绘世间万物，就能挽揽昆仑之峰的秀色。

原 文

闻鸡起舞，刘琨其壮士之雄心乎；闻筝起舞，迦叶其开士之素心乎[1]？

注 释

①开士：菩萨的别称。

译 文

刘琨闻鸡起舞，表现出的是壮士的雄心；迦叶闻筝起舞，显示出的是一颗菩萨的素心。

原 文

友遍天下英杰人士，读尽人间未见之书。

译　文

交遍天下的英雄豪杰，读尽世间没有读过的书。

原　文

读书倦时须看剑，英发之气不磨；作文苦际可歌诗，郁结之怀随畅。

译　文

读书读得疲倦的时候就去舞剑，这样可使勃发的英气不被磨灭；作文章灵感感到枯竭的时候就去吟诗，这样可使郁结的心绪随之畅怀。

原　文

交友须带三分侠气，做人要存一点素心。

译　文

结交朋友时要怀着几分侠义之气，做人要存留一点朴素之心。

原　文

栖守道德者，寂寞一时；依阿权变者，凄凉万古。

译　文

那些恪守道德的人可能会寂寞一时，但那些依附权势阿谀奉承的人会凄凉万世。

原　文

深山穷谷，能老经济才猷；绝壑断崖，难隐灵文奇字。

译　文

身处深山穷谷之中，会把经世济民的才华消磨殆尽；但这绝崖断壁之间，是隐藏不住人内心的神思灵想、奇文佳句的。

原　文

王门之杂吹非竽[①]，梦连魏阙[②]；郢路之飞声无调，羞向楚囚。肝胆煦若春风，虽囊乏一文，还怜茕独气骨，清如秋水。

注　释

①王门之杂吹非竽：即滥竽充数。

②魏阙：古代宫门外的建筑，是发布政令的地方，后用作朝廷的代称。

译 文

南郭先生在齐王的宫中滥竽充数，最终溜之大吉，梦断宫庭；楚国郢都的人们都喜欢唱歌，如果路上传唱的歌曲不合音律，楚国的囚徒都会自觉羞愧。人具有肝胆侠义之情就如沐浴在和煦的春风中一样温暖，虽然囊中羞涩，但还怜悯孤苦穷困的人，这样的人的气骨犹如秋水般清奇。

原 文

献策金门苦未收，归心日夜水东流；扁舟载得愁千斛，闻说君王不税愁。

译 文

苦于向皇上进言献策没有任何收获，所以归去之心就像日夜奔腾不息的江水；一叶扁舟装载了我的千斗愁思，好在听说君王是不对忧愁征税的。

原 文

世事不堪评，掩卷神游千古上；尘氛应可却，闭门心在万山中。

译 文

世事是禁不住评论的，应当读万卷书，神游在千古的文化之中；尘世中的风气能推却就推却，关上门让自己的心沉浸在万山之间。

原 文

负心满天地，辜他一片热肠；恋态自古今，悬此两只冷眼。

译 文

负心的人遍布天下，他们辜负了自己的一片热情；从古至今眷恋的情感常在，要用两只旁观的冷眼来看待。

原 文

龙津一剑，尚作合于风雷；胸中数万甲兵[①]，宁终老于牖下。此中空洞原无物，何止容卿数百人[②]。

注 释

①胸中数万甲兵：《魏书•崔浩传》："世祖指浩以示之，曰：'汝曹视此人，尪纤懦弱，手不能弯弓持矛，其胸中所怀，乃逾于甲兵。'"

②此中空洞原无物，何止容卿数百人：《世说新语•排调》："王丞相枕周伯仁膝，指其腹曰：'卿此中何所有？' 答曰：'此中空洞无物，然容卿数百人。'"

译　文

龙津宝剑威力无穷，挥动起来能引来风霜；胸中有数万甲兵，龙韬虎略的豪杰，最终在草窗之下老去。其间空洞无物，何止能容纳你我数百人。

原　文

英雄未转之雄图，假糟丘为霸业[1]；风流不尽之余韵，托花谷为深山[2]。

注　释

①糟丘：这里比喻沉湎于酒乡。

②花谷：这里比喻流连于声色。

译　文

还未能实现英雄豪杰的宏伟计划，就沉湎于酒乡；还没施展风流韵士的才情雅致，就流连于声色。

原　文

红润口脂，花蕊乍过微雨；翠匀眉黛，柳条徐拂轻风。

译　文

美人红润的唇好像刚刚被细雨浸润过的花蕊，翠绿均匀的眉黛仿佛轻风吹拂的柳枝。

原　文

满腹有文难骂鬼，措身无地反忧天。

译　文

满腹的学问难有可以用来咒骂鬼怪的，安身之地都没有了反而心忧天下。

原　文

大丈夫居世，生当封侯，死当庙食，不然闲居可以养志，诗书足以自娱。

译　文

大丈夫立身世间，要做出一番事业，活着就拜相封侯，死后被人们立庙供奉，如果不这样，那就以闲居颐养志趣，以读诗著书聊以自娱。

原　文

不恨我不见古人，唯恨古人不见我。

译　文

不遗憾我不能见到古人，因为我可以通过读其诗文知人论世；只遗憾古人不能见到我，无法和我促膝长谈。

原　文

荣枯得丧，天意安排，浮云过太虚也；用舍行藏，吾心镇定，砥柱在中流乎。

译　文

荣与枯、得与失都是上天的安排，好像浮云飘过清虚之境；被任用就行其道，不被任用就隐退，我的心中非常镇定，就如中流砥柱般稳固。

原　文

曹曾积石为仓以藏书①，名“曹氏石仓”。

注　释

①曹曾：字伯山，东汉时人。《拾遗记》载其积书万卷，“及世乱，家家焚庐，曾虑其先文湮没，乃积石为仓以藏书，故谓‘曹氏石仓’。”

译　文

曹曾用石头堆砌而成的仓库藏书，起名为“曹氏石仓”。

原　文

丈夫须有远图，眼孔如轮，可怪处堂燕雀①；豪杰宁无壮志，风棱似铁，不忧当道豺狼。

注　释

①处堂燕雀：《孔丛子•论势》：“燕雀处屋，子母相哺，呴呴焉其相乐也，自以为安矣，灶突炎上，栋宇将焚，燕雀颜色不变，不知祸之将及己也。”

译　文

大丈夫必须要有远大的抱负，眼界要开阔，不要目光短浅得像厅堂中的燕雀；豪杰之士即使没有雄心壮志，风骨也要刚正如铁，不必担忧奸邪的小人掌权。

原　文

云长香火，千载遍于华夷；坡老姓字，至今口于妇孺。意气精神，不可磨灭。

译　文

关公的香火，千百年来遍布华夏大地；苏轼的姓名，自古至今妇孺皆知。由此可见，人的意志和精神是不会被磨灭的。

原　文

据床嗒尔[①]，听豪士之谈锋；把盏惺然，看酒人之醉态。

注　释

①嗒尔：聚精会神的样子。

译　文

坐在床榻上聚精会神地听着豪杰们高谈阔论；即使不断把盏畅饮，内心却依然清醒，看着饮酒的人醉态各异。

原　文

登高远眺，吊古寻幽，广胸中之丘壑，游物外之文章。

译　文

登高远望，凭吊古迹，探寻幽境，胸中的山河自然宽广，像这样置身物外所写的文章自然更加畅达开阔。

原　文

雪霁清境，发于梦想。此间但有荒山大江，修竹古木。

译　文

雪后初晴的环境非常清雅，让人不禁生发出许多梦中的想法。因为有空旷的荒山、奔流的大江、修长的翠竹和参天的古树。

原　文

每饮村酒后，曳杖放脚，不知远近，亦旷然天真。

译 文

每次品饮过村中的美酒佳酿之后，就拖着拐杖，放开脚步在山间的小路上随意地走着，不去管路的远近，这也是一种旷达的真性情。

原 文

须眉之士在世，宁使乡里小儿怒骂，不当使乡里小儿见怜。

译 文

男子汉大丈夫活在这个世上，宁可让乡里小儿怒骂，也不应当让乡里小儿可怜。

原 文

胡宗宪读《汉书》[①]，至终军请缨事[②]，乃起拍案曰："男儿双脚当从此处插入，其他皆狼藉耳。"

注 释

①胡宗宪：字汝贞，明朝安徽绩溪人，平倭有功，官至太子太保。

②终军请缨：终军请求杀敌或请求给予任务。终军，字子云，西汉济州人。

译 文

胡宗宪读《汉书》，读到终军请战之事时，拍案而起，说道："好男儿就应当像这样主动请缨，其他的行为都是卑污的。"

原 文

宋海翁才高嗜酒[①]，睥睨当世，忽乘醉泛舟海上，仰天大笑曰："吾七尺之躯，岂世间凡土所能贮，合以大海葬之耳。"遂按波而入。

注 释

①宋海翁：即宋登春。字应元，号海翁，明新河人。性格奇怪，被人称为"狂生"。

译 文

宋海翁才华横溢，嗜酒如命，傲视当时的社会。有一天，他乘着醉意，泛舟海上，忽然仰天大笑说："我这七尺男儿之身，哪里是世间平凡的土地能容得下的？只能用一望无际的大海来埋葬我。"于是随着波涛消失在大海中。

原 文

王仲祖有好形仪[①]，每览镜自照，曰："王文开那生宁馨儿？"

注　释

①王仲祖：即王濛。字仲祖，东晋名士。《晋书•王濛传》："（王濛）美姿容，尝鉴镜自照，称其父字曰：'王文开生如此儿邪！'"

译　文

王仲祖长得仪表堂堂，每次对着镜子自照时，都说："王文开(其父)怎么生了一个这么英俊的儿子啊！"

原　文

毛澄七岁善属对①，诸喜之者赠以金钱，归掷之曰："吾犹薄苏秦斗大，安事此邓通靡靡②。"

注　释

①毛澄：字宪清，号白斋，明朝江苏昆山人。弘治元年状元，官至礼部尚书。属对：诗文对偶。

②邓通：西汉人，曾为汉文帝吮痈而得宠，赐蜀铜山，得自铸钱，因此邓氏钱满天下。这里指铜钱。

译　文

毛澄七岁时就善作诗文对偶，那些喜爱他的才华的人都赠他钱财，毛澄回来后把这些钱都随意扔了，说："我连苏秦斗大的金印都看不上，怎么会在意这些小铜钱。"

原　文

梁公实荐一士于李于麟，士欲以谢梁，曰："吾有长生术，不惜为公授。"梁曰："吾名在天地间，只恐盛着不了，安用长生？"

译　文

梁公实曾经举荐了一个士子给李于麟，这个士子想答谢梁公实，对梁公实说："我有长生不死的秘术，不惜把它传授给您。"梁公实说："我的名声在天地之间，只恐怕天地装都装不下，哪里用得着长生不死呢？"

原　文

吴正子穷居一室，门环流水，跨木而渡，渡毕即抽之。人问故，笑曰："土舟浅小，恐不胜富贵人来踏耳。"

译文

吴正子家境十分贫寒，居住在一间简陋的房子里，门外流水环绕，他把木板架在流水上跨过去，过去后就抽掉木板。有人问其原因，他笑着说："木桥又窄又小，唯恐禁不住富贵之人来踩踏啊。"

原文

吾有目有足，山川风月，吾所能到，我便是山川风月主人。大丈夫当雄飞，安能雌伏？

译文

我的眼睛可以看到，脚可以行走，山川风月，都是我能得到的，我就是这山川风月的主人。大丈夫应当像雄鸟那样翱翔于天际，怎么能像雌鸟那样趴在地上呢?

原文

青莲登华山落雁峰[①]，曰："呼吸之气，想通帝座，恨不携谢朓惊人之诗来，搔首问青天耳。"

注释

①青莲：即李白。字太白，号青莲居士。

译文

李白登上华山落雁峰，说道："呼吸的气息，想来已通向天帝的座前，遗憾的是没有带来谢朓惊世骇俗的诗句，搔首与青天对话。"

原文

志欲枭逆虏，枕戈待旦，常恐祖生先我着鞭。

译文

我立志要将逆贼枭首示众，所以枕着兵器睡觉，直到天亮，唯恐祖逖会比我先出动。

原文

旨言不显，经济多托之工瞽刍荛[①]；高踪不落，英雄常混之渔樵耕牧。

注释

①瞽：乐官。刍荛：割草打柴的人。

译文

高深的言论往往不显山露水，就像经世济民之才多假托为乐官樵夫；高逸的行踪往往寻不到踪迹，就像英雄豪杰常常混迹于渔樵耕牧。

原文

高言成啸虎之风，豪举破涌山之浪。

译文

高妙的言辞往往形成如虎啸龙吟般的威严，豪情壮举可以击破拍山大浪。

原文

立言者，未必即成千古之业，吾取其有千古之心；好客者，未必即尽四海之交，吾取其有四海之愿。

译文

著书立说的人不一定就能成就千秋功业，我欣赏其有想要千古不朽的思想；热情好客的人不一定能结交得尽五湖四海的朋友，我欣赏其有着结交五湖四海朋友的愿望。

原文

管城子无食肉相，世人皮相何为？孔方兄有绝交书，今日盟交安在？[①]

注释

①这一段典出宋代黄庭坚的《戏呈孔毅父》诗："管城子无食肉相，孔方兄有绝交书。"管城子：毛笔的别称。食肉相：荣华富贵的面貌。孔方兄：钱的别称。

译文

毛笔尚且没有大富大贵的命相，世人的皮相又是为了什么呢？铜钱与我之间有绝交书，往日的交情如今在哪里？

原文

襟怀贵疏朗，不宜太逞豪华；文字要雄奇，不宜故求寂寞。

译文

人的胸怀贵在开阔明朗，不应该过于卖弄满腔才华；作文写字需要有雄伟的气魄，不应该刻意追求寂寥落寞。

原 文

悬榻待贤士[①]，岂曰交情已乎？投辖留好宾[②]，不过酒兴而已。

注 释

①悬榻待贤士：《后汉书·徐稚传》："（陈）蕃在郡，不接宾客，唯稚来，特设一榻，去则悬之。"

②投辖留好宾：《汉书·陈遵传》："遵嗜酒，每大饮，宾客满堂，辄关门，取宾客车辖投井中，虽有急，终不得去。"辖，插在车轴两端孔内、用来固定车轮与车轴位置的销钉。

译 文

陈蕃悬挂起坐榻等待着徐稚的到来，难道说仅仅是为了交情而已？陈遵将宾客的车辖投入井中挽留住交好的宾客，不过是为了饮酒能够尽兴罢了。

原 文

才以气雄，品由心定。

译 文

人的才华是因气宇称雄，人的品格是由心而定。

原 文

为文而欲一世之人好，吾悲其为文；为人而欲一世之人好，吾悲其为人。

译 文

如果是为了让世人都称赞而作文章，我为其所写的文章感到悲哀；如果是想让世人都喜欢而做人，我为他的为人感到悲哀。

原 文

济笔海则为舟航，骋文囿则为羽翼。

译 文

在文学浩海里驾笔航行，在文苑中展翅翱翔。

原 文

胸中无三万卷书，眼中无天下奇山川，未必能文。纵能，亦无豪杰语耳。

译　文

如果胸中没有藏万卷书，眼中没有天下的奇山异水，这个人不一定能称为会作文章。即便能作文章，也不会有英雄豪杰的言辞。

原　文

山厨失斧，断之以剑；客至无枕，解琴自供；盥盆溃散，磬为注洗；盖不暖足，覆之以蓑。

译　文

居住在深山僻谷，厨房中没有砍柴的斧头，就用剑来劈柴；客人来了没有枕头，就解下琴来供他们枕着安睡；洗漱的盆子坏了，就用石磬注水洗漱；被子不足以暖脚，就盖上蓑衣。

原　文

孟宗少游学，其母制十二幅被，以招贤士共卧，庶得闻君子之言。

译　文

孟宗年少的时候外出游学，他母亲为他缝制了十二床大被子，用来招致贫穷的贤士和他一起睡，希望他能听到君子的良言教诲。

原　文

张烟雾于海际，耀光景于河渚；乘天梁而浩荡，叩帝阍而延伫[①]。

注　释

①帝阍：指天门。

译　文

烟雾弥漫在海天之际，日光在河边的沙洲上闪耀着；乘着天梁驰骋于浩荡的天穹，叩响天门，在外面徘徊等待。

原　文

声誉可尽，江天不可尽；丹青可穷，山色不可穷。

译　文

声誉和丹青有穷尽的时候，但是苍穹中的水光山色不会有穷尽的时候。

原 文

闻秋空鹤唳，令人逸骨仙仙；看海上龙腾，觉我壮心勃勃。

译 文

听到秋天空中传来几声鹤的鸣叫声，我感到身逸骨轻，飘飘欲仙；看到海上波涛汹涌，我感到精神振奋，雄心勃勃。

原 文

明月在天，秋声在树，珠箔卷啸倚高楼；苍苔在地，春酒在壶，玉山颓醉眠芳草①。

注 释

①玉山颓醉：据《世说新语•容止》载："山公曰：'嵇叔夜之为人也，岩岩若孤松之独立；其醉也，傀俄若玉山之将崩。"

译 文

明月高高地悬挂在天上，秋虫在树梢上鸣叫，秋风卷起珠帘，倚在高楼上放声高歌；青苔铺满大地，将春天酿造的美酒装在壶里，喝得酣然大醉后，像玉山那样颓然醉卧在芳草丛中。

原 文

胸中自是奇，乘风破浪，平吞万顷苍茫；脚底由来阔，历险穷幽，飞度千寻香霭。

译 文

胸中自然是清奇，可以乘风破浪，勇往直前，平吞万顷苍茫大地；脚底下一直都很宽阔，历尽险阻，探尽幽境，可以飞跃千里香霭烟霞。

原 文

松风涧雨，九霄外声闻环佩，清我吟魂；海市蜃楼，万水中一幅画图，供吾醉眼。

译 文

听着风从松树间穿过，雨水落在山涧中，仿佛听到了九霄云外的环佩声响，使我吟咏的魂魄顿时觉得清爽；目睹到了万水之中一幅多彩的图画，原来是海市蜃楼，使我的醉眼得到满足。

原　文

每从白门归[1]，见江山逶迤，草木苍郁；人常言佳，我觉是别离人肠中一段酸楚气耳。

注　释

①白门：旧时南京的别称。南朝宋都城建康的西门，以西方属金，金色白，因此称作“白门”。

译　文

每次从白门回来，只见江水连绵不绝，草木非常茂盛苍翠；常有人夸赞说太美了，但是我总感觉这是离别的人们愁肠中的一股酸楚之气。

原　文

人每谀余腕中有鬼，余谓：“鬼自无端入吾豌中，吾腕中未尝有鬼也。”人每责余目中无人，余谓：“人自不屑入吾目中，吾目中未尝无人也。”

译　文

人们每次奉承我，都说我把鬼神藏在手腕中助我下笔有神，我说：“是鬼神无端地进入我的手腕之中，我的手腕中并不曾有什么鬼神。”人们每次责备我，说我目中无人，我说：“是别人自己不屑于进入我的眼中，并不是我的眼中没有别人。”

原　文

天下无不虚之山，唯虚故高而易峻；天下无不实之水，唯实故流而不竭。

译　文

天下没有不虚静的山，因为只有虚静才会把山显得高耸峻峭；天下没有不充盈的水，因为只有充盈的水才能流动不枯竭。

原　文

放不出憎人面孔，落在酒杯；丢不下怜世心肠，寄之诗句。春到十千美酒，为花洗妆；夜来一片名香，与月熏魄。

译　文

脸上显露不出憎人的表情，只好把抑郁之情留在酒杯之中；胸中放不下怜悯世人的心肠，只好寄托于诗句。春天来了，洒下美酒千斗，为花朵洗去尘妆；夜幕降临，燃起一片名香，熏出月亮的魂魄。

原 文

忍到熟处则忧患消，淡到真时则天地赘。

译 文

能够忍耐到时机成熟的时候，那么忧患自然就消除了；能够淡泊到真诚的地步，那么天地也是多余的了。

原 文

醺醺熟读《离骚》，孝伯外敢曰并皆名士[1]；碌碌常承色笑，阿奴辈果然尽是佳儿[2]。

注 释

①“醺醺熟读《离骚》”两句：《世说新语•任诞》：“王孝伯言：‘名士不必须奇才，但使常得无事，痛饮酒，熟读《离骚》，便可称名士。’”王孝伯，即王恭。

②“碌碌常承色笑”两句：《世说新语•识鉴》：“周伯仁母冬至举酒赐三子曰：‘吾本谓度江托足无所，尔家有相，尔等并罗列吾前，复何忧？’周嵩起，长跪而泣曰：‘不如阿母言。伯仁为人志大而才短，名重而识暗好乘人之弊，此非自全之道。嵩性狼抗，亦不容于世；唯阿奴碌碌，当在阿母目下耳。’”

译 文

喝得醉醺醺的时候熟读《离骚》，除了王孝伯可以说都是名士；忙忙碌碌，常常迎合别人的笑脸，懂得逢迎之辈果然都是好儿郎。

原 文

剑雄万敌，笔扫千军。

译 文

把剑称雄万敌，一支笔横扫千军。

原 文

飞禽铩翮[1]，犹爱惜乎羽毛；志士捐生，终不忘乎老骥。

注 释

①铩翮（shā hé）：羽翼摧折。

译　文

飞鸟的翅膀受伤了，尚且爱惜它的羽毛；壮士即使要牺牲生命了，也会始终不忘自己的老马。

原　文

敢于世上放开眼，不向人间浪皱眉。

译　文

敢于在世上放眼高望，不向人间随便皱眉。

原　文

缥缈孤鸿，影来窗际，开户从之，明月入怀，花枝零乱。朗吟“枫落吴江”之句，令人凄绝。

译　文

孤鸿缥缈的影子掠过窗边，打开房门，明月照入怀中，花枝参差零乱。这个时候高声吟诵“枫落吴江”这句诗，让人感到凄惨异常。

原　文

云破月窥花好处，夜深花睡月明中。

译　文

云破月出，偷看鲜花的动人风姿；夜深人静，花朵在皎洁的月光中睡去。

原　文

三春花鸟犹堪赏，千古文章只自知；文章自是堪千古，花鸟三春只几时？

译　文

春天的鸟语花香固然值得欣赏，千古流传的文章只有自己知道；文章自然可以流传千古，但是鸟语花香又能留存几时呢？

原　文

士大夫胸中无三斗墨，何以运管城？然恐酝酿宿陈，出之无光泽耳。

译文

士大夫的胸中如果没有几斗墨水，怎么来运笔写文章？不然只怕酝酿很久，写出来的文章也没有什么文采和奇特之处。

原文

攫金于市者，见金而不见人；剖身藏珠者，爱珠而忘自爱。与夫决性命以饕富贵，纵嗜欲以戕生者何异？

译文

在闹市里抢劫金子的人，只看得见金子看不见人；剖开自己的身体隐藏珠宝的人，只知道珍爱珠宝，却忘记了爱惜自己的身体。这些人和那些拼死求得荣华富贵的人相比，其放纵私欲、残害生灵的做法又有什么不同呢？

原文

说不尽山水好景，但付沉吟；当不起世态炎凉，唯有闭户。

译文

把说不尽青山绿水的优美景致付诸沉吟；禁不起世态炎凉，只好紧闭门户，不问世事。

原文

杀得人者，方能生人。有恩者，必然有怨。若使不阴不阳，随世波靡，肉菩萨出世，于世何补，此生何用？

译文

能杀人的人，才能救人。对人有恩情的人，必然也会有仇怨。如果一个人不阴不阳，随波逐流，那么即使是菩萨的肉身出世，对人世又有什么好处，此生又有什么用处呢？

原文

李太白云：“天生我材必有用，千金散尽还复来。”又云：“一生性僻耽佳句，语不惊人死不休[①]。”豪杰不可不解此语。

译文

①一生性僻耽佳句，语不惊人死不休：出自杜甫的《江上值水如海势聊短述》诗，并非李白所作。

译文

李白说过："天生我材必有用，千金散尽还复来。"杜甫又说："一生性僻耽佳句，语不惊人死不休。"想成为英雄豪杰不可不理解这几句诗要表达的意思。

原文

天下固有父兄不能囿之豪杰，必无师友不可化之愚蒙。谐友于天伦之外，元章呼石为兄[①]；奔走于世途之中，庄生喻尘以马[②]。

注释

①元章：即书画家米芾。字元章。《宋史•米芾传》中有米芾冠带拜石、呼之为兄之事。

②庄生喻尘以马：《庄子•逍遥游》："野马也，尘埃也，生物之以息相吹也。"

译文

普天之下，肯定会有父亲和兄长不能约束管教的英雄豪杰，但一定没有老师和同学教化开导不了的愚蒙之人。米芾在天伦之外与朋友和谐交往，这指的是米芾与石头称兄道弟的事；在世途之中为名利奔走忙碌的人，就像庄子所说的在尘埃中奔跑的野马，是相生相息的。

原文

词人半肩行李，收拾秋水春云；深宫一世梳妆，恼乱晚花新柳。

译文

词人挎着半个肩膀的行李，收拾秋水春云；怨女一辈子深居宫中，梳妆度日，烦恼扰乱了晚间的笑脸和新画的眉黛。

原文

得意不必人知，兴来书自圣；纵口何关世议，醉后语犹颠。

译文

人生得意的时候不必让人知道，兴致来了便挥毫泼墨，书法自会超群称圣；放纵的言语不要涉及世俗议论，酒醉之后的话语尤其癫狂。

原文

英雄尚不肯以一身受天公之颠倒，吾辈奈何以一身受世人之提掇？是堪指发，未可低眉。

译　文

英雄尚且不肯以一己清名被上天黑白颠倒，我辈为什么要用自身清誉去遭受世人的捉弄呢？发生了这种情况只可怒发冲冠，不可低眉曲膝。

原　文

能为世必不可少之人，能为人必不可及之事，则庶几此生不虚。

译　文

能够成为世上必不可少的人，能够做别人一定做不到的事，那么此生就可以说是没有虚度了。

原　文

儿女情，英雄气，并行不悖；或柔肠，或侠骨，总是吾徒。

译　文

儿女私情，英雄气概，这两者是相互依存、不相冲突的；有的人柔肠百结，有的人侠骨铮铮，都是我们可以接纳的。

原　文

上马横槊，下马作赋，自是英雄本色；熟读《离骚》，痛饮浊酒，果然名士风流。

译　文

上马则横着兵器打仗，下马则写诗作赋，这些自然都是英雄本色；熟读《离骚》，痛饮浊酒，这些果然是名士风流。

原　文

诗狂空古秋，酒狂空天地。

译　文

诗人狂放不羁，目无古今；酒徒癫狂不已，目无天地。

原　文

处世当于热地思冷，出世当于冷地求热。

译文

身处尘世之中，应当在名利场中冷静思考；隐居尘世之外，应当在冷清之中抱有热情。

原文

我辈腹中之气，亦不可少，要不必用耳；若蜜口，真妇人事哉！

译文

即使不要常常运用，我辈胸中的豪气也必不可少；如果口蜜腹剑，那就真是与妇人没什么两样了。

原文

办大事者，匪独以意气胜，盖亦其智略绝也。故负气雄行，力足以折公侯；出奇制算，事足以骇耳目。如此人者，俱千古矣。嗟嗟！今世徒虚语耳。

译文

能够成就大事业的人，并不仅仅凭着内心的一股豪气，大概也由于其智谋高绝。所以，靠豪爽的义气、英勇的行为，就足以折服那些王侯权贵了。能够出奇制胜，行事足以骇人听闻的英雄豪杰都已经一去不复返了。唉！今世之人只不过徒有虚名罢了。

原文

说剑谈兵，今生恨少封侯骨；登高对酒，此日休吟烈士歌。

译文

要说谈论剑道，议论兵事，此生最遗憾的就是没有封侯称霸的骨相；登高对酒畅饮，今日就不要再吟诵豪杰之歌了。

原文

身许为知己死，一剑夷门[①]，到今侠骨香仍古；腰不为督邮折，五斗彭泽[②]，从古高风清至今。

注释

①一剑夷门：战国魏都大梁夷门小吏侯生，为了报答信陵君的知遇之恩，献计窃符救赵，行军前自刎而死。

②五斗彭泽：指彭泽县令陶渊明不为五斗米折腰的故事。

译　文

侯生一剑自刎，血洒夷门，为知己而死的侠骨香气至今依然浓郁；彭泽令陶渊明不为五斗米向督邮折腰的高风亮节至今仍在流传。

原　文

剑击秋风，四壁如闻鬼啸；琴弹夜月，空山引动猿号。

译　文

在秋风中舞剑，如同能在周围听到鬼神呼啸；在夜月下弹琴，好像能在空山中引动猿猴哀号。

原　文

壮志愤懑难消，高人情深一往。

译　文

壮志满怀之士，心中的愤懑仍然难以消除，高人逸士仍如以往一样情深似海。

原　文

先达笑弹冠[1]，休向侯门轻曳裾；相知犹按剑，莫从世路暗投珠。

注　释

①先达：指志趣高远的先辈。弹冠：弹去帽子上的尘土，准备做官。

译　文

那些志趣高远的先辈在嘲笑弹着冠冕即将入仕做官的人的时候，往往劝勉他们千万不要轻易为王侯效命；相知的朋友还是要按剑规劝他千万不要在仕途这条路上明珠暗投。

卷十一　法

原　文

自方袍幅巾之态遍满天下[①]，而超脱颖绝之士，遂以同污合流矫之，而世道不古矣。夫迂腐者，既泥于法，而超脱者又越于法，然则士君子亦不偏不倚，期无所泥越则已矣，何必方袍幅巾，作此迂态耶？集法第十一。

注　释

①方袍：僧袍。幅巾：古代男子用整幅绢布做成的束发的方巾，宋明以来道学先生的打扮。

译　文

随着那些穿着僧袍、束着方巾的道学先生遍满天下，超脱世俗、聪颖绝顶的士人也同流合污，来加以矫正，世道就日渐衰微了。那些迂腐的人拘泥于传统的礼法，而那些超脱的人又逾越礼法，既然是这样，真正有道德的君子不偏不倚，期望无所拘束、无所逾越就可以了，为什么一定要做穿僧袍、束方巾的一派世俗的打扮呢？因此，我编纂了第十一卷“法”。

原　文

世无乏才之世，以通天达地之精神，而辅之以拔十得五之法眼。一心可以交万友，二心不可以交一友。

译　文

人世间没有缺乏人才的时代，只要用通彻天地的精神去寻找，并辅之能从十个里挑出五个的法眼，自然可以加以鉴识。一心一意能结交成很多朋友，三心二意就会一个朋友也结交不上。

原　文

凡事，留不尽之意则机圆；凡物，留不尽之意则用裕；凡情，留不尽之意则味深；凡言，留不尽之意则致远；凡兴，留不尽之意则趣多；凡才，留不尽之意则神满。

译　文

但凡做事留有余地，就有可能机巧圆满；但凡用物留有余地，就会宽裕很多；但凡在情感上留有余地，日后就会意味深长；但凡在言语上留有余地，就会达到久远；但凡在兴致上留有余地，就会趣味无穷；但凡在才智的发挥上留有余地，就会精神饱满。

原　文

有世法，有世缘，有世情。缘非情，则易断；情非法，则易流。

译　文

人间有世俗法则，有世事因缘，有世态人情。如果世事因缘不符合世态人情，人和人之间的交往就容易断绝；如果世态人情不符合世俗法则，人就容易流于放纵。

原　文

世多理所难必之事，莫执宋人道学；世多情所难通之事，莫说晋人风流。

译　文

世上有很多按照道理和规范却难以做到的事情，因此不要执着于宋代程朱理学的规范；世界上有很多按照情理难以行得通的事情，因此不要效仿晋时执着于情感的风流。

原　文

与其以衣冠误国，不若以布衣关世；与其以林下而矜冠裳，不若以廊庙而标泉石。

译　文

与其身穿官服空谈误国，不如以普通百姓的身份关心世事；与其归隐山林而夸耀身份功名，不如身居朝廷而标举泉石的志向。

原　文

眼界愈大，心肠愈小；地位愈高，举止愈卑。

译　文

眼界越是开阔，考虑问题越要细致；地位越是高贵，举止越要平和卑下。

原　文

少年人要心忙，忙则摄浮气；老年人要心闲，闲则乐余年。

译　文

年少之人的心忙碌起来，才能收敛浮躁的心气；年老之人一定要内心闲适，才能安享晚年。

原　文

晋人清谈，宋人理学，以晋人遣俗，以宋人禔躬[1]，合之双美，分之两伤也。

注　释

①禔躬：安身，修身。禔，安宁。

译　文

晋时的人崇尚清谈，今世可用来排遣世俗；宋代的人讲求理学，今世可用来安身立命，如果将这两者结合起来就能趋于完美，将这两者分开就都是失败的。

原　文

莫行心上过不去事，莫存事上行不去心。

译　文

不要去做良心上过意不去的事情，不要存有悖反事理的心思。

原　文

忙处事为，常向闲中先检点；动时念想，预从静里密操持。青天白日处节义，自暗室屋漏中培来；旋乾转坤的经纶[1]，自临深履薄处操出。

注　释

①经纶：整理过的蚕丝，比喻规划、管理国家大事的才能。

译　文

要常在闲暇的时候自我检讨忙乱中的处事行为，要预先在清静的时候严密操持在行动的时候会出现的念头和想法。青天白日之下表现出来的节操和行为，是在身处屋漏暗室中存有畏惧之心培养出来的；扭转乾坤、治理国家的才能，是从如临深渊、如履薄冰的危惕不安中磨炼出来的。

原　文

以积货财之心积学问，以求功名之念求道德，以爱子女之心爱父母，以保爵位之策保国家。

译文

要以积累财富的心思来积累学问，以追求功名的念头来追求道德，以关爱妻子儿女的爱心来孝敬父母，以保全爵位的方法来保卫国家。

原文

才智英敏者，宜以学问摄其躁；气节激昂者，当以德性融其偏。

译文

才智出众、英明机敏的人身上的浮躁之气，应当以做学问来使其收敛；崇尚气节、慷慨激昂的人身上的偏激之性，应当以修养德行品性来使其消融。

原文

何以下达？唯有饰非。何以上达？无如改过。

译文

小人为何只能做成小事呢？因为他们只会不断掩饰自己的过错；君子如何能成就大事呢？因为他们能不断改正自己的过错。

原文

一点不忍的念头，是生民生物之根芽；一段不为的气象，是撑天撑地之柱石。

译文

存有的一丝不忍的念头，是使人民得到教化、万物得到生长的根芽；那一段清净无为的景象，是顶天立地的柱石。

原文

君子对青天而惧，闻雷霆而不惊；履平地而恐，涉风波而不疑。

译文

君子虽然对青天心存畏惧，听到雷霆之声却不会受到惊吓；脚踩平地心生恐惧，遇到风波却不会疑虑。

原文

不可乘喜而轻诺，不可因醉而生嗔；不可乘快而多事，不可因倦而鲜终。

译　文

做人不应只顾趁着高兴而轻易对他人许下诺言，不可因为喝醉了酒随便发怒；不应趁着快活滋生事端，不可因为疲倦而办事有始无终。

原　文

意防虑如拨，口防言如遏，身防染如夺，行防过如割。

译　文

防止意念动乱难如拔动山脉，防止口出胡言乱语难如堵塞洪流，防止自身受到玷污难如不让生命被夺去，防止行为出现过失难如从身上割下肉。

原　文

白沙在泥，与之俱黑，渐染之习久矣；他山之石，可以攻玉，切磋之力大焉。

译　文

陷入泥潭里的白沙，会和泥巴一起变黑，这是经过长时间逐渐浸染的缘故；他山之石也可以打磨成玉石，这是因为下了很大的功夫去雕琢。

原　文

后生辈胸中落“意气”两字，有以趣胜者，有以味胜者，然宁饶于味，而无饶于趣。

译　文

晚辈后生的胸中已经没有了“意气”两个字，他们有的以情趣过人，有的以韵味过人。然而在这两者之间，宁可富有韵味，而不要富有情趣。

原　文

芳树不用买，韶光贫可支。

译　文

芬芳的花草树木随处都有，不需要花钱去买，美好的春光韶华即使是穷人也可以享受。

原　文

寡思虑以养神，剪欲色以养精，靖言语以养气。

译文

寡思少虑以使精神得到涵养，祛除情欲以使精力得到涵养，言语平和以使气血得到涵养。

原文

立身高一步方超达，处世退一步方安乐。

译文

安身立命要高出常人一步才能超脱通达，为人处世要退让一步才能平安快乐。

原文

救既败之事者，如驭临崖之马，休轻策鞭；图垂成之功者，如挽上滩之舟，莫少停一棹。

译文

想要挽回已成败局的事情，如同驾驭一匹面临悬崖的烈马，不能轻易加上任何一鞭；图谋就要成功的事业，如同牵引一只上滩靠岸的船，千万不能稍微停划一下。

原文

是非邪正之交，少迁就则失从违之正；利害得失之会，太分明则起趋避之私。

译文

在是与非、邪与正之间的交往中，稍有迁就就会失去遵从和违反的原则；在利与害、得与失之间的交会上，太过分明就会产生趋从和回避的私心。

原文

事系幽隐，要思回护他，着不得一点攻讦的念头；人属寒微，要思矜礼他，着不得一毫傲睨的气象。

译文

如果事情涉及隐私，那么就要思考如何加以维护，不能存有一点攻击揭发他人短处的念头；如果他人出身贫寒低微，那么就要思考如何对他加以体恤礼待，不得有一丝傲慢藐视的态度。

原文

毋以小嫌而疏至戚，勿以新怨而忘旧恩。

译文

不要因为微小的嫌隙而疏远至亲，不要因为新生的怨恨而忘记旧日的恩情。

原文

礼义廉耻，可以律己，不可以绳人。律己则寡过，绳人则寡合。

译文

礼义廉耻可以用来约束自己，不是用来苛求别人的。以礼义廉耻来约束自己，就能让自己少犯错误；以礼义廉耻来苛求别人，就团结不了他人。

原文

凡事韬晦[1]，不独益己，抑且益人；凡事表暴，不独损人，抑且损己。

注释

①韬晦：深藏不露，隐藏踪迹。

译文

凡事韬光养晦，这样做不仅对自己有好处，而且对别人也有好处；凡事张狂表露，不仅对别人有损害，而且对自己也有损害。

原文

觉人之诈，不形于言；受人之侮，不动于色。此中有无穷意味，亦有无穷受用。

译文

觉察到别人的欺诈不说出口，受到别人的侮辱不显露在脸上，这其中不仅意味无穷，而且将会使人受用无穷。

原文

爵位不宜太盛，太盛则危；能事不宜尽毕，尽毕则衰。

译文

官爵地位不应该过于显赫，过于显赫就会出现危险；擅长的事情不要穷尽全力去做，穷尽全力后就容易走向衰落。

原文

遇故旧之交，意气要愈新；处隐微之事，心迹宜愈显；待衰朽之人，恩礼要愈隆。

译文

遇到老朋友，情意态度要更加亲切；处理隐秘微小的事情，心志与行事要更加明显；对待年老衰弱的人，恩惠和礼仪要更加隆重。

原文

用人不宜刻，刻则思效者去；交友不宜滥，滥则贡谀者来。

译文

用人不应该过于刻薄，如果对人刻薄，想效力的人就会离去；交友不应该太没有限制，如果太没有限制，阿谀奉承的人就会前来结交。

原文

忧勤是美德，太苦则无以适性怡情；淡泊是高风，太枯则无以济人利物。

译文

勤劳忧心是一种美德，但是太过劳苦就无法调适并怡悦自己的性情；清静淡泊是一种高尚的品格，但是太过枯燥就无法帮助别人，对事情不利。

原文

做人要脱俗，不可存一矫俗之心；应世要随时，不可起一趋时之念。

译文

做人要超凡脱俗，但是不应存有矫正世俗的想法；应付世事要顺应时势，但是不应生出趋奉世俗的念头。

原文

从师延名士[①]，鲜垂教之实益[②]；为徒攀高第，少受诲之真心。

注释

①延：聘请。

②垂教：亲自教导。

译文

特地聘请名士来当自己的老师，很少得到其亲自教诲的实际益处；为了攀上高门大族而做别人家的弟子，很少有接受教育的真诚用心。

原文

男子有德便是才，女子无才便是德。

译文

古人认为，男子具有优秀的品德就是有才能，女子没有才能就是具有优秀的品德。

原文

病中之趣味，不可不尝；穷途之景界，不可不历。

译文

疾病缠身的滋味，一定要亲自体验一下；穷途末路的境界，一定要亲自经历一次。

原文

才人国士，既负不群之才，定负不羁之行，是以才稍压众则忌心生，行稍违时则侧目至。死后声名，空誉墓中之骸骨；穷途潦倒，谁怜宫外之蛾眉。

译文

作为国家的栋梁之才，既然具有卓尔不群的才干，一定也会有一些豪放不遵循礼法的行为。所以，只要才华稍微有点出众就自然会招来别人的猜忌之心，行为稍微不合世俗就会让众人侧目而视。而死后的名声，对于那些在坟墓中的骸骨来说只不过是徒有虚名；一旦到了穷途末路、贫困潦倒的时候，有谁还会怜爱那些被遣出宫的年老色衰的美人呢？

原文

贵人之交贫士也，骄色易露；贫士之交贵人也，傲骨当存。

译　文

富贵的人与贫寒的人交往时，容易显露出骄傲的神色；贫寒的人与富贵的人交往时，应该存有傲骨。

原　文

君子处身，宁人负己，己无负人；小人处事，宁己负人，无人负己。

译　文

君子立身处事，宁可别人辜负自己，也绝对不会辜负别人；小人立身处事，宁可自己辜负别人，也绝对不会让别人辜负自己。

原　文

砚神曰淬妃，墨神曰回氏，纸神曰尚卿，笔神曰昌化，又曰佩阿。[①]

注　释

①此语又见元伊世珍《瑯嬛记》引《致虚阁杂俎》：“笔神曰佩阿，研神曰淬妃，墨神曰回氏，纸神曰尚卿，笔神又曰昌化。”

译　文

砚神叫作淬妃，墨神叫作回氏，纸神叫作尚卿，笔神叫作昌化，又叫作佩阿。

原　文

要治世，半部《论语》[①]；要出世，一卷《南华》。

注　释

①半部《论语》：即所谓“半部《论语》治天下”。典出罗大经《鹤林玉露》。宋初宰相赵普，人言所读仅《论语》而已。太宗赵光义因此问他。他说：“臣平生所知，诚不出此，昔以其半辅太祖(赵匡胤) 定天下，今欲以其半辅陛下致太平。”

译　文

要想治理国家，只要参透半部《论语》；要想出世修道，只要熟读一卷《庄子》。

原　文

祸莫大于纵己之欲，恶莫大于言人之非。

译 文

祸害没有比放纵自己的私欲更大的了，罪恶没有比谈论别人的是非更大的了。

原 文

求见知于人世易，求真知于自己难；求粉饰于耳目易[①]，求无愧于隐微难。

译 文

①粉饰：掩盖。

译 文

想要被世人知道很容易，但是求得真正了解自己的人很难；想要掩盖自己的过错、遮掩别人的耳目很容易，但是求得每件隐秘微小的事都问心无愧很难。

原 文

圣人之言，须常将来眼头过，口头转，心头运。

译 文

圣人说过的话，眼睛一定要经常看看，嘴巴要经常说说，心里要经常想想。

原 文

与其巧持于末[①]，不若拙戒于初。

注 释

①巧持：逞巧卖能。

译 文

与其在事情快要结束的时候逞巧卖能，不如在事情刚开始的时候就告诫自己切忌愚拙。

原 文

君子有三惜：此生不学，一可惜；此日闲过，二可惜；此身一败，三可惜。

译 文

君子有三件事最值得可惜：其一是这辈子没学习；其二是碌碌无为虚度时光；其三是这辈子一事无成。

原　文

昼观诸妻子，夜卜诸梦寐。两者无愧，始可言学。

译　文

通过观察妻子和儿女白天的举止，验证晚上睡梦中的言行来检省自己。若是两者都问心无愧，才能开始修身学习。

原　文

士大夫三日不读书，则礼义不交，便觉面目可憎，语言无味。

译　文

读书人三天不读书，就会不按照礼仪规范交往处世，觉得自己面目可憎，言语缺少生机。

原　文

与其密面交，不若亲谅友；与其施新恩，不若还旧债。

译　文

与其和那些在表面上很亲密的人交往，不如和为人正直真诚的人亲近；与其施与别人新的恩惠，不如偿还旧日的债务。

原　文

士人当使王公闻名多而识面少，宁使王公讶其不来，毋使王公厌其不去。

译　文

作为一个读书人，应当使王公贵族听说他的名字多于见到他的面，宁可使王公贵族对他不来感到惊奇，而不能使王公贵族厌恶他不离开。

原　文

见人有得意事，便当生欣喜心；见人有失意事，便当生怜悯心。皆自己真实受用处，忌成乐败，徒自坏心术耳。

译　文

看到别人有值得高兴的事，就应当心生欢喜；看到别人有失意的事，就应当心生怜悯。这些都是自己的真实受用之处，忌妒别人成功，看到别人失败便心中暗喜，只会白白败坏了自己的心术。

原 文

恩重难酬，名高难称。

译 文

恩情太重就会难以报答，名声太高就会难以与之相称。

原 文

待客之礼当存古意，止一鸡一黍，酒数行，食饭而罢，以此为法。

译 文

接待宾客的礼节应当保存古朴的作风，只用一鸡一黍，饮酒数杯，吃完饭后就结束，以此为法式。

原 文

处心不可着，着则偏；做事不可尽，尽则穷。

译 文

居心不应当执着，执着就容易偏激；做事不应当做绝，做绝就会没有后路。

原 文

士人所贵，节行为大。轩冕失之[1]，有时而复来；节行失之，终身不可得矣。

注 释

①轩冕：官爵和禄位。

译 文

读书人最可贵的是气节和操守，失去了官爵和禄位有时还可能再得到；可一旦失去了气节和操守，这辈子都不可能再找回来。

原 文

势不可倚尽，言不可道尽，福不可享尽，事不可处尽，意味偏长。

译　文

权势不能完全倚仗，说话不能完全说全，幸福不能完全享受尽，事情不能做绝，这短短的几句话，真是意味深长。

原　文

静坐然后知平日之气浮，守默然后知平日之言躁，省事然后知平日之费闲，闭户然后知平日之交滥，寡欲然后知平日之病多，近情然后知平日之念刻。

译　文

静坐之后才知道自己平日心浮气躁；沉默之后才知道自己平日言语焦躁；反省过后才知道自己平日心绪忙碌；闭门谢客之后才知道自己平日交往过多；清心寡欲后才明白自己平日坏毛病太多；接近人情世故之后才知道自己平日念头的刻薄。

原　文

喜时之言多失信，怒时之言多失体。

译　文

高兴的时候所说的话大多会失信于人，愤怒的时候所说的话很多都是不得体的。

原　文

泛交则多费，多费则多营，多营则多求，多求则多辱。

译　文

交朋友过于宽泛，就会耗费过多，转而就会经营过多，转而就会追求过多，最后导致多受屈辱。

原　文

一字不可轻与人，一言不可轻语人，一笑不可轻假人。

译　文

不应当和别人随意地说话，哪怕只有一个字；不应当轻易非议别人，哪怕只有一句话；也不应当轻易给予别人，哪怕只是一个微笑。

原文

正以处心，廉以律己，忠以事君，恭以事长，信以接物，宽以待下，敬以洽事，此居官之七要也。

译文

要以公正居心，要以廉洁要求自己，要以忠诚侍奉君主，要以恭敬对待长辈，要以信义待人接物，要以宽厚对待下属，要以敬业从事政务，这是为官的七条重要准则。

原文

圣人成大事业者，从战战兢兢之小心来。

译文

圣明的人成就伟大的事业，都是从兢兢业业、小心翼翼开始的。

原文

酒入舌出，舌出言失，言失身弃。余以为弃身，不如弃酒。

译文

酒喝入口后往往会把舌头伸出来，舌头一伸出来，说话往往就不得体；说话一不得体，身份往往就会被人嫌弃。所以我认为丢失身份不如放弃喝酒。

原文

青天白日，和风庆云，不特人多喜色，即鸟鹊且有好音。若暴风怒雨，疾雷幽电，鸟亦投林，人皆闭户。故君子以太和元气为主①。

注释

①太和元气：古代指阴阳冲和的元气。

译文

蓝天白日，和风祥云，不仅人们喜笑颜开，就连鸟鹊也叫得格外好听；如果遇上的是暴风怒雨，雷电交加，鸟鹊都躲进树林里，人们也紧闭门窗，因此君子要以阴阳冲和之气为主。

原文

胸中落“意气”两字，则交游定不得力；落“骚雅”二字①，则读书定不得深心。

注 释

①骚雅:《离骚》与《诗经》中《大雅》《小雅》的并称。

译 文

如果心中没有了“意气”这两个字，那么在结交朋友时必定得不到帮助，力不从心；如果没有得到“骚雅”这两个字的要义，那么读书必定深入不了内心。

原 文

交友之先宜察，交友之后宜信。

译 文

结交朋友前应当先对其进行考察和了解，结交了朋友之后应当对其充分信任，交而不疑。

原 文

唯俭可以助廉，唯恕可以成德。

译 文

只有勤俭能够有助于廉洁，只有宽厚待人能够成就德性。

原 文

唯书不问贵贱贫富老少，观书一卷，则增卷之益；观书一日，则有一日之益。

译 文

只有读书这件事不分贵贱富贫、年老年少，读一卷书有读一卷书的收获，读一天书有读一天书的收获。

原 文

坦易其心胸，率真其笑语，疏野其礼数，简少其交游。

译 文

修身处世，要让心胸变得坦荡无私，让欢笑变得纯洁天真，让礼教变得淳朴自然，让交往变得坦荡简单。

原　文

好丑不可太明，议论不可务尽，情势不可殚竭，好恶不可骤施。

译　文

不能把美丑分辨得太过分明，不能把议论说得太过绝对，对事态不能不留有任何余地，对事物的喜恶不能立刻表现出来。

原　文

不风之波，开眼之梦，皆能增进道心。

译　文

不是被风吹起的波浪，白天睁着眼睛所生的梦境，都能增进人们的悟道之心。

原　文

开口讥诮人，是轻薄第一件，不唯丧德，亦足丧身。

译　文

一开口就讥讽别人，这是最轻薄的事情，不仅会丧失道德，还足以导致家破人亡。

原　文

人之恩可念不可忘，人之仇可忘不可念。

译　文

要时刻把别人的恩情记在心里，不能忘记；要把别人的仇怨及早忘掉，不能耿耿于怀。

原　文

不能受言者，不可轻与一言，此是善交法。

译　文

和那些不能接受别人意见的人交往的好方法是，不要轻易对他们说什么。

原　文

君子于人，当于有过中求无过，不当于无过中求有过。

译 文

君子对待别人的态度，应当是在别人有过失之时找出他的无过失之处，而不应当在别人无过失之时刻意去找他的过失之处，吹毛求疵。

原 文

我能容人，人在我范围，报之在我，不报在我；人若容我，我在人范围，不报不知，报之不知。自重者然后人重，人轻者由我自轻。

译 文

如果我能包容别人，那么别人就在我的范围之内，报答或不报答都在于我；如果别人包容我，那么我就在别人的范围之内，报答或不报答别人，别人都可能不知。自己珍重自己的人，别人也会尊重他；被别人轻视的人，往往是自己不珍重自己造成的。

原 文

高明性多疏脱①，须学精严；狷介常苦迂拘②，当思圆转。

注 释

①疏脱：粗心大意。

②狷介：性情正直，不肯同流合污。

译 文

高明的人大多粗心大意，这样的人必须学会精细严性情；耿直的人常常过于拘泥，这样的人一定要学会变通，让思想变得活跃。

原 文

欲做精金美玉的人品，定从烈火锻来；思立揭地掀天的事功，须向薄冰履过。

译 文

想要成就精金美玉一样的人品，一定要经过炽热的烈火锻造；想要建立一番惊天动地的功业，一定要有从薄冰上走过的经历。

原 文

性不可纵，怒不可留，语不可激，饮不可过。

译文

性情不能放纵，怒气不能存留，说话不能偏激，饮酒不能过量。

原文

能轻富贵，不能轻一轻富贵之心；能重名义，又复重一重名义之念。是事境之尘氛未扫，而心境之芥蒂未忘，此处拔除不净，恐石去而草复生矣。

译文

能做到视富贵为粪土，心里却还没放下视富贵为粪土的念头；已经看重名声仁义，却还不断要求自己看重名声仁义。这些都是因为在为人行事的过程中，尘世俗念还没有打扫干净，内心中的欲念还没有消除。如果不把这些尘世俗念拔除干净，恐怕等到石头搬走之后杂草又要滋生了。

原文

纷扰固溺志之场，而枯寂亦槁心之地，故学者当栖心玄默，以宁吾真体，亦当适志恬愉，以养吾圆机。

译文

世间的纷纷扰扰固然会使意志消沉，枯燥寂寞也会使人的心灵枯槁，所以做学问的人应该潜心静默，使自己的本真之态得到安宁，也应当顺应志趣、恬然愉悦以涵养超然物外的心态。

原文

昨日之非不可留，留之则根烬复萌，而尘情终累乎理趣；今日之是不可执，执之则渣滓未化，而理趣反转为欲根。

译文

不应当将以往的过错留下，不然导致错误的根苗化成了灰烬仍然会再次萌发，从而使得尘世俗念最终拖累理性志趣；不应当执着于今天的正确，不然尘世俗念尚未化解，就转而将理性志趣变为欲望的根苗。

原文

待小人不难于严，而难于不恶；待君子不难于恭，而难于有礼。

译文

严格对待小人并不难，难的是不去厌恶他；内心恭敬地对待君子不难做到，难的是对他有礼节。

原文

市私恩，不如扶公议；结新知，不如敦旧好[1]；立荣名，不如种隐德；尚奇节，不如谨庸行。

注释

①敦：重视。《左传·僖公二十七年》："说礼乐而敦诗书。"

译文

散播个人恩惠，不如扶持众人赞同的事；结交新友，不如重视与老朋友的情谊；树立虚名，不如建立隐蔽的德行；崇尚清奇的气节，不如使自己平日的德行谨慎。

原文

有一念而犯鬼神之忌，一言而伤天地之和一事而酿子孙之祸者，最宜切戒。

译文

有时一个念头就会触犯鬼神的忌讳，一句话就会破坏天地间的和气，一件事就会酿成子孙后代的灾祸，这些都是最应当切记警戒。

原文

不实心[1]，不成事；不虚心，不知事。

注释

①实心：真心实意。

译文

做事情不真心实意，就做不成大事；不虚心向别人请教，就很难明白事理。

原文

老成人受病，在作意步趋；少年人受病，在假意超脱。

译　文

老成稳重的人的失误，往往在于有意地亦步亦趋；年少轻狂的人的失误，往往在于假装超凡脱俗。

原　文

为善有表里始终之异，不过假好人；为恶无表里始终之异，倒是硬汉子。

译　文

做善事有表里、终始的差异，如果不能表里如一或者有始无终，都不过是假好人；做坏事没有表里、终始的差异，假如坏事能做到表里如一，或者有始有终倒是硬汉子。

原　文

入心处咫尺玄门①，得意时千古快事。

译　文

①入心处咫尺玄门：《世说新语•言语》："刘尹与桓宣武共听讲《礼记》，桓云：'时有入心处，便觉咫尺玄门。'"玄门，高深的境界。

译　文

就要进入心灵深处的地方，离高深的境界近在咫尺，能处在得意会心的时刻是千古未有的快事。

原　文

《水浒传》何所不有，却无迫老一事，非关缺陷，恰是酒肉汉本色如此，益知作者之妙。

译　文

《水浒传》中的故事包罗万象，却没有一则迫害老实人的故事，这并不是这本书的缺陷，而恰好是酒肉好汉的本色应当如此，因而我更加理解了作者的用心之妙。

原　文

世间会讨便宜人，必是吃过亏者。

译　文

这世上善于讨小便宜的人，必定是吃过亏的人。

原　文

书是同人，每读一篇，自觉寝食有味；佛为老友，但窥半偈，转思前境真空。

译　文

书籍就像志同道合的朋友，每读一篇诗文，就会觉得连吃饭睡觉都有滋味；佛就像一位老朋友，只用看语半句偈语，就会想到前世的境界一切皆空。

原　文

衣垢不湔①，器缺不补，对人犹有惭色；行垢不湔，德缺不补，对天岂无愧心？

注　释

①湔：洗。

译　文

衣服上有没洗的污垢，器物上有没补的残缺，面对别人的时候都会有惭愧之色；不洗刷行为上的污垢，不修补道德上的残缺，面对青天怎么能没有惭愧之心呢？

原　文

天地俱不醒，落得昏沉醉梦；洪蒙率是客①，枉寻寥廓主人。

注　释

①洪蒙：指辽阔、混沌的宇宙。

译　文

天地之间处于混沌不清的状态，落得昏昏沉沉，酣然入梦；在这辽阔、混沌宇宙之中，每个人都是过客，何必枉费心思寻找宇宙的主人。

原　文

老成人必典必则，半步可规；气闷人不吐不茹，一时难对。

译　文

老实沉稳的人必定会遵守典章和规则，不逾越规矩半步；生闷气的人说话总是不吞不吐，含混不清，让人一时难以应付。

原文

重友者，交时极难，看得难，以故转重；轻友者，交时极易，看得易，以故转轻。

译文

重视友情的人，结交朋友的时候总会感到非常困难，因为他们把交朋友看得非常难得，所以转而重视友情；轻视友情的人，在结交朋友时总是感觉非常容易，因为他们把交朋友看得非常轻而易举，所以一旦得到友情就会转而轻视。

原文

近以静事而约己，远以惜福而延生。

译文

就近期而言，要以宁静少事来约束自己；从长远来看，要以珍惜幸福来延年益寿。

原文

掩户焚香，清福已具；如无福者，定生他想；更有福者，辅以读书。

译文

关上房门，焚上清香，享受清福的条件就已经具备了；如果是一个没有福分的人，必定会产生杂念；想得到更多的福分，除了闭门焚香，只要用读书来辅助就行了。

原文

国家用人，犹农家积粟。粟积于丰年，乃可济饥；才储于平时，乃可济用。

译文

国家储备和选用人才就好比农户储备粮食。在丰收之年多储备粮食，就可以用来救济饥荒之年；平时国家多储备人才，就可以在有需要的时候随时选用。

原文

考人品，要在五伦上见①。此处得，则小过不足疵；此处失，则众长不足录。

注释

①五伦：指君臣、父子、兄弟、夫妇、朋友这五种伦理关系。

译　文

考察一个人的品性，要从君臣、父子、兄弟、夫妇、朋友这五种伦理关系中加以观察。如果在这五种伦理关系中表现得体，那么即使有一些小的过错，也不算什么大毛病；如果连这五种伦理关系都处理不好，那么即使这个人有很多的长处，也不值得录用。

原　文

国家尊名节，奖恬退；虽一时未见其效，然当患难仓卒之际，终赖其用。如禄山之乱，河北二十四郡皆望风奔溃，而抗节不挠者，止一颜真卿①，明皇初不识其人。则所谓名节者，亦未尝不自恬退中得来也，故奖恬退者，乃所以励名节。

注　释

①颜真卿：字清臣，京兆万年（今陕西西安）人，著名书法家。开元年间进士，官历监察御史、平原太守，封鲁郡公。安史之乱起，河北诸郡迅速瓦解，唐玄宗曾叹："河北二十四郡，岂无一忠臣乎？"只有颜真卿坚守平原抗战，玄宗闻之大喜："朕不识颜真卿形态何如所为得如此！"后颜真卿奉命持节劝谕叛将李希烈，不屈被害。

译　文

国家尊重具有名节操守之士，奖励他们的恬淡退让，虽然一时没有见到成效，但是在患难危亡的仓促之际，这些人终究可以依赖和任用。比如唐朝的安史之乱中，黄河以北的二十四郡都望风奔逃，瞬间溃散，而坚持气节、不屈不挠抵抗兵锋的，只有颜真卿一个，况且唐明皇最初还不认识颜真卿。如此说来，所谓重视名节操守的人，也未尝不是从恬淡退让的人中得来的。所以奖励恬淡退让的人，也是在激励重视名节操守的人。

原　文

志不可一日坠，心不可一日放。

译　文

志气不可一日消沉，思想不可一日放纵。

原　文

辩不如讷，语不如默，动不如静，忙不如闲。

译　文

巧言善辩不如呆滞木讷，话语连篇不如沉默不言；行动不如静止，忙乱不如清闲。

原文

以无累之神，合有道之器，宫商暂离[1]，不可得已。

注释

①宫商：五音中的两个。五音分别为宫、商、角、徵、羽。

译文

把无所牵累的精神与具体事物中所蕴含的抽象道理结合起来，即使像乐器所发出来的音阶那样不准，也不能停止。

原文

精神清旺，随境都有会心；志气昏愚，处处俱成梦幻。

译文

如果精神清醒旺盛，那么随时随地都能有会心的感觉；如果神志不清、昏沉愚钝，那么四处都如同梦幻。

原文

酒能乱性，佛家戒之；酒能养气，仙家饮之。余于无酒时学佛，有酒时学仙。

译文

酒能使人的性情迷乱，所以佛家戒酒；酒能颐养人的气血，所以仙家饮酒。于是，我在没有酒的时候就学佛，在有酒的时候就学仙。

原文

烈士不馁，正气以饱其腹；清士不寒，青史以暖其躬；义士不死，天君以生其骸[1]。总之，手悬胸中之日月，以任世上之风波。

注释

①天君：心。《荀子•天问》："心居中虚，以治五官，夫是之谓天君。"

译文

忠烈之士不会感到饥饿，因为浩然正气会填饱他的肚腹；清贫之士不会感到寒冷，因为浩瀚青史会温暖他的身躯；节义之士不会死去，因为公道人心会使其骸骨永垂不朽。总而言之，用手抬起胸中的日月，以禁受世上风波的考验。

原文

孟郊有句云："青山碾为尘，白日无闲人。"于邺云[①]："白日若不落，红尘应更深。"又云："如逢幽隐处，似遇独醒人。"王维云："行到水穷处，坐看云起时。"又云："明月松间照，清泉石上流。"皎然云[②]："少时不见山，便觉无奇趣。"每一吟讽，逸思翩翩。

注释

①于邺：字武陵，唐朝著名诗人。工五言诗，其诗多飘逸多感。

②皎然：字清昼，湖州（浙江吴兴）人，唐朝著名诗僧、茶僧。诗风清丽闲淡，多为赠答送别、山水游赏之作。

译文

唐代诗人孟郊有诗句："青山碾为尘，白日无闲人。"于邺有诗句："白日若不落，红尘应更深。"又有诗句："如逢幽隐处，似遇独醒人。"王维有诗句："行到水穷处，坐看云起时。"又有诗句："明月松间照，清泉石上流。"皎然有诗句："少时不见山，便觉无奇趣。"每当吟诵这样的佳句，我就会浮想联翩。

卷十二 倩

原　文

倩不可多得①，美人有其韵，名花有其致，青山绿水有其丰标。外则山臞韵士②，当情景相会之时，偶出一语，亦莫不尽其韵，极其致，领略其丰标。可以启名花之笑，可以佐美人之歌，可以发山水之清音，而又何可多得！集倩第十二。

注　释

①倩：笑靥美好的样子。这里指美好的事物。

②山臞：这里用来形容隐士们萧疏清瘦的样子。臞，通“癯”，瘦。

译　文

美好的事物不可多得，美人有其独特的风韵，名花有其独特的韵致，青山绿水有其独特的丰姿。此外，那些萧疏清瘦的深山隐士面对情景交融之时，偶尔说出的一言半语，也有其不尽的韵味、极致的情致，领略着其独特的神采。可以让名花绽开笑颜，可以伴着美人轻歌曼舞，可以让山水发出悦耳动听的音乐，这又怎么可能多得呢？因此，我编纂了第十二卷“倩”。

原　文

会心处，自有濠濮间想，然可亲人鱼鸟；偃卧时，便是羲皇上人，何必秋月凉风？

译　文

心领神会的时候，自然会产生逍遥闲居、清静无为的思绪，就会亲近花鸟鱼虫了；而仰卧时，便像上古时期的人们一样恬静闲适了，何必非要有秋月凉风呢？

原　文

一轩明月，花影参差，席地便宜小酌；十里青山，鸟声断续，寻春几度长吟。

译　文

一轮明月当空悬挂，在庭院中投下参差不齐的花影，席地而坐，便可对着月亮品酒；十里青山郁郁葱葱，鸟儿的欢鸣断断续续，在这种情景下踏青寻春，让我几度长吟不绝。

原　文

入山采药，临水捕鱼，绿树阴中鸟道[1]；扫石弹琴，卷帘看鹤，白云深处人家。

注　释

①鸟道：这里指狭窄的道路。

译　文

进入山林采药，在水边捕鱼，绿树掩映的山路，犹如鸟道一般狭窄；清理完山石后闲坐弹琴，卷起帘子来看窗外的白鹤，白云深处的人家生活是多么幽雅闲适啊！

原　文

沙村竹色，明月如霜，携幽人杖藜散步；石屋松阴，白云似雪，对孤鹤扫榻高眠。

译　文

在翠竹掩映的沙村的夜晚，明月皎洁如霜，照着隐士拄着藜杖散步；在青松掩映的石屋上，白云洁白如雪，我对着一只孤鹤扫榻高卧，酣然入梦。

原　文

焚香看书，人事都尽。隔帘花落，松稍月上。钟声忽度，推窗仰视，河汉流云，大胜昼时。非有洗心涤虑，得意爻象之表者[1]，不可独契此语。

译　文

①意：意象。《周易·系辞》："书不尽言，言不尽意。"爻，组成卦的符号，阴阳爻含有交错和变化之意。象：卦象和卦位也指阴阳爻所象的事物。《周易·系辞》："在天成象，在地成形，变化见矣。"

译　文

焚香看书，世事尽在其中。隔着珠布看花瓣飘落，透过松梢看月亮初升。钟声忽然从远处传来，推开窗户仰视苍穹，星河流云的美丽远胜白天。如果没有澄心静虑、通达天地意象和人生真谛的人，不可能独自领会这其中的意义。

原　文

纸窗竹屋，夏葛冬裘，饭后黑甜，日中白醉，足矣。

译文

住在纸窗竹屋之中，夏天有葛衣，冬天有皮袄，饭后酣睡，白天醉酒，这样的人生真让人感到满足。

原文

收碣石之宿雾[①]，敛苍梧之夕云[②]。八月灵槎[③]，泛寒光而静去。三山神阙[④]，湛清影以遥连。

注释

①碣石：山名，在今河北昌黎西北。

②苍梧：山名。即九嶷山。在今湖南宁远境内。

③八月灵槎：西晋张华《博物志》："年年八月有浮槎，去来不失期。"传说在八月乘有灵性的木筏入海，可通天河，见牛郎织女。槎，竹，木筏。

④三山神阙：传说中海上方丈、蓬莱、瀛洲三神山的海市蜃楼。神阙，天上的神殿、宫殿。

译文

收起碣石山上黑夜的雾霭，敛起九嶷山上傍晚的云彩。八月海上通向天河的灵船，泛着寒光静静地向天边划去。三大神山的海市蜃楼，倒映着清虚的影子遥遥相连。

原文

空三楚之暮天[①]，楼中历历；满六朝之故地[②]，草际悠悠。

注释

①三楚：战国时楚地分为西楚、东楚、南楚，合称"三楚"。

②六朝之故地：指六朝故都金陵，今南京。六朝，三国吴、东晋、宋、齐、梁、陈皆建都建康（今江苏南京），合称六朝。

译文

暮色中的三楚大地，苍穹寥廓，黄鹤楼中的景象历历在目；六朝的故都金陵芳草悠悠，一派盛世繁荣的景象。

原文

秋水岸移新钓舫，藕花洲拂旧荷裳。心深不灭三年字，病浅难销寸步香。

译　文

新的钓船在秋水岸边游移，飘落的荷衣在藕花洲畔飘拂着。内心深处始终抹不掉三年练字的记忆，身染小恙难以消受寸步香的香气。

原　文

赵飞燕歌舞自赏，仙风留于绉裙[1]；韩昭侯颦笑不轻[2]，俭德昭于敝裤[3]。皆以一物著名，局面相去甚远。

译　文

①绉裙：有褶皱的裙子。《赵飞燕外传》："（赵飞燕）衣南越所贡云英紫裙，碧穷轻绡……他日，宫姝幸者，或襞裙为绉，号曰留仙裙。"引领了当时的服饰风潮。

②韩昭侯：战国时韩国国君，任用申不害为相，国内大治。《韩非丰子•内储说上》记其厉行节俭，明于赏罚，"故藏敝裤厚赏之，使人为贲诸也，妇人之拾蚕，渔者之握鳝，是以效之"。

③敝裤：破裤子。

译　文

赵飞燕轻歌曼舞，仙女般的风姿留在褶皱的裙子上；韩昭侯喜怒不行于色，节俭的德行体现在破旧的裤子上。这两个人都因为一件衣物闻名天下，但其具体的情况相去甚远。

原　文

翠微僧至，衲衣皆染松云；斗室残经，石磬半沉蕉雨[1]。

注　释

①石磬：以玉、石等材料制成的打击乐器。

译　文

高僧从绿荫幽境中走过来，僧衣上浸染着松林中的云雾；没有读完的经书展放在斗室中，从芭蕉叶上落下的雨打在石磬上，声音沉郁。

原　文

黄鸟情多，常向梦中呼醉客；白云意懒，偏来僻处媚幽人。

译　文

黄鹂情意绵绵，常常唤醒梦中的醉客；白云意态慵懒，偏偏飘到僻静的山林中媚惑幽隐之士。

原　文

乐意相关禽对语，生香不断树交花，是无彼无此真机；野色更无山隔断，天光常与水相连，此彻上彻下真境。

译　文

鸟禽也会在意气相投的时候相互低语，草木交替开花，芬芳不绝，这是万物一体、不分彼此的自然本性；峰峦从来不会隔断山野美景，日光常与水色相连，这是天地交融、上下协同的真正境界。

原　文

美女不尚铅华，似疏云之映淡月；禅师不落空寂，若碧沼之吐青莲。

译　文

美人不喜欢施粉黛，是一种自然之美，就像稀松的白云映衬着淡淡的月光；禅师不愿落入空寂，是修行于心，就像碧水池塘里吐出的青绿荷叶。

原　文

书者喜谈画，定能以画法作书；酒人好论茶，定能以茶法饮酒。

译　文

练书法的人喜欢谈论绘画，这样的人一定能以绘画的方法来写字；爱喝酒的人喜欢谈论品茶之道，这样的人一定能以品茶之道来饮酒。

原　文

诗用方言，岂是采风之子？谭邻俳语[1]，恐贻拂麈之羞。

注　释

①俳语：指滑稽、戏谑的话语。

译　文

作诗的时候使用方言，哪里是有风采的人会做的？谈话用滑稽、戏谑的话语，恐怕会被高士用拂尘清客。

原　文

肥壤植梅花，茂而其韵不古；沃土种竹枝，盛而其质不坚。

译　文

在肥沃的土壤中种植梅花，虽然能长得茂盛，但其韵味终究不古朴；在肥沃的土壤中种上翠竹，虽然能生长茂盛，但其质地终究不坚硬。

原　文

竹径松篱，尽堪娱目，何非一段清？闲亭池榭，仅可容身，便是半生受用。

译　文

竹林中的小路、松枝做的篱笆，完全可以娱目清心，怎么能不在其中享受一段清闲时光呢？仅可容身的园林中的亭子，池沼中的台榭，便足以供半生的享用。

原　文

南涧科头，可任半布明月；北窗坦腹，还须一榻清风。

译　文

在南边临涧的宅子边任由半布明月照着，扎起头发，不戴帽子；在北边窗户下袒露着肚子，高卧酣睡，如果能有一榻清风吹拂就更好了。

原　文

披帙横风榻，邀棋坐雨窗。

译　文

在好乘凉的床榻上横躺着披卷读书，邀请朋友坐在雨中的窗前对弈。

原　文

洛阳每遇梨花时，人多携酒树下，曰：为梨花洗妆。

译　文

每当洛阳城中梨花盛开的时节，很多人都会带着美酒来到梨花树下，说要为梨花洗妆。

原　文

绿染林皋①，红销溪水。几声好鸟斜阳外，一簇春风小院中。

注释

①皋：岸，水边高地。

译文

春天的时候，碧绿染遍了水岸山林，落花染红了溪水。几声动听的鸟叫从斜阳落日处传来，一簇春风吹进了山中的小院。

原文

有客到柴门[①]，清尊开江上之月；无人剪蒿径[②]，孤榻对雨中之山。

注释

①柴门：篱笆门。这里指寒舍。

②蒿径：荒芜的小路。

译文

有朋友来到寒舍做客，将清酒倒进酒杯，与江上的月光相互映照；没有人来修理荒芜的小路，我孤零零地躺在床榻上，面对着远处雨中的青山。

原文

恨留山鸟，啼百卉之春红；愁寄陇云[①]，锁四天之暮碧。

注释

①陇：通“垄”，田埂。

译文

山鸟的心头留有怨恨，其悲惨的啼叫声唤醒百花在春天盛开；田埂上的行云寄托着哀愁，凝聚起来，深深地锁住了天空中的苍茫暮色。

原文

涧口有泉常饮鹤，山头无地不栽花。

译文

常常有仙鹤来饮山涧口的清泉，各色花卉开满山头，无处不栽。

原文

双杵茶烟，具载陆君之灶[①]；半床松月，且窥扬子之书。

注　释

①陆君之灶：即茶圣陆羽的茶灶。这里指陆羽所创造的茶具二十四器。

译　文

在两杵茶烟的笼罩下，陈列着陆羽所创的全部茶具；姑且借着照在半张床上的松间明月，来看看扬雄的书卷。

原　文

寻雪后之梅，几忙骚客；访霜前之菊，颇惬幽人。

译　文

寻找在雪后盛开的梅花，几乎忙坏文人骚客们；寻访在降霜之前盛开的菊花，让幽隐之士感到很快意。

原　文

帐中苏合①，全消雀尾之炉；槛外游丝，半织龙须之席。

注　释

①苏合：香料名，性温味甘，具有通窍、开郁、辟秽、理气的功能。

译　文

帷帐中苏合的香气，全都消散在形如雀尾的香炉中；门槛外的游丝，多半已织成龙须般的罗网。

原　文

瘦竹如幽人，幽花如处女。

译　文

轻瘦的翠竹好比幽隐之士一般，清幽的花朵犹如处子。

原　文

晨起推窗，红雨乱飞，闲花笑也；绿树有声，闲鸟啼也；烟岚灭没，闲云度也；藻荇可数，闲池静也；风细帘青，林空月印，闲庭峭也。山扉昼扃，而剥啄每多闲侣；帖括因人①，而几案每多闲编。绣佛长斋，禅心释谛，而念多闲想，语多闲词。闲中滋味，洵足乐也。

注 释

①帖括：专门应付科举考试的文章。

译 文

早晨推开窗户，落花纷飞如雨，花朵在悠闲地笑着；翠绿的树丛中传来声声悠闲的鸟鸣；山间的烟雾散尽了，只有几朵闲云在飘荡；水池寂静无波，水草清晰可数；微风徐徐吹来，透过布帘能看到窗外一片翠绿，树林空寂，可见月亮的行踪，空旷的院子也显得更加闲适。白天关上了山间小屋的门，叩门拜访的多是悠闲的朋友；科举考试的文章虽然因人而异，但几案上摆着的也多是风雅的闲书。宽敞的书斋中挂着彩绣的佛像，禅心释悟人生真谛，而心中多是悠闲的想法，言语中也多是悠闲的词句。这悠闲生活的滋味，足以称之为快乐了。

原 文

水流云在，想子美千载高标[①]；月到风来，忆尧夫一时雅致[②]。何以消天下之清风朗月？酒盏诗筒；何以谢人间之覆雨翻云？闭门高卧。

注 释

①子美：即唐代大诗人杜甫。字子美。

②尧夫：即宋代理学家邵雍，字尧夫，曾据《易经》创设先天学，传世著作有《皇极经世书》《尹川击壤集》。

译 文

行云流水，让人不禁想起诗圣杜甫为后人所树立的千古高标；月出风徐，让人不禁追忆起邵雍先生的雅致。怎样才能享受人间的清风朗月呢？唯有饮酒作诗。怎样才能避免人间的变化莫测呢？唯有关门高卧。

原 文

高客留连，花木添清疏之致；幽人剥啄，莓苔生淡冶之容。

译 文

有高雅的客人留连其间，花木也会增添几分清疏的韵致；幽居的隐士前来叩门，苔藓也会生出浅浅的光芒。

原 文

雨中连榻，花下飞觞[①]。进艇长波，散发弄月。紫箫玉笛，飒起中流。白露可餐，天河在袖。

注　释

①飞觞：指觥筹交错而畅饮。

译　文

在雨中连榻而坐，在花下举杯畅饮。驾着小艇逐波戏水，披散着头发吟诗赏月。紫箫玉笛的优美旋律四处飘扬着，风声从水流中传来。洁白的露水可以直接取来饮用，远在天边的银河也似乎能装进袖子里。

原　文

午夜箕踞松下，依依皎月，时来亲人，亦复快然自适。

译　文

午夜时分，两腿前伸，随意地坐在松树下，皎洁的明月不时地和人亲近，这些足以使人感到无限惬意了。

原　文

香宜远焚，茶宜旋煮，山宜秋登。

译　文

香适合在较远的地方焚烧，茶可以随时烹煮品饮，高山适宜在秋高气爽之时攀爬。

原　文

中郎赏花云[①]："茗赏上也，谈赏次也，酒赏下也。茶越而崇酒及一切庸秽凡俗之语，此花神之深恶痛斥者，宁闭口枯坐，勿遭花恼可也。"

注　释

①中郎：即明代文学家袁宏道。这一段见其《瓶史·清赏》。

译　文

袁宏道评论赏花说："饮茶赏花最好，清谈赏花次之，饮酒赏花最差。宫廷的御酒、越地的茶叶以及一切平庸秽俗的言语，都是花神深恶痛绝的，所以宁可不说话干坐着，也不要遭到花的恼弃。"

原　文

赏花有地有时，不得其时而漫然命客，皆为唐突。寒花宜初雪，宜雨霁，宜新月，宜暖房；温花宜晴日，宜轻寒，宜华堂；暑花宜雨后，宜快风，宜佳木浓阴，宜竹下，宜水阁；凉花宜爽月，宜夕阳，宜空阶，宜苔径，宜古藤巉石边[①]。若不论风日，不择佳地，神气散缓，了不相属，比于妓舍酒馆中花，何异哉？

注 释

①巉石：形状怪异、嶙峋的石头。

译 文

赏花要讲求地点和时机，如果不讲求时机便随意邀请朋友来观赏是很冒失的。在寒冷的冬天开的花，适合在雪刚下或者是在雨后天晴、新月初升的时候，在温暖的房间中观赏；在温暖的春季开的花，最好在晴天丽日、天气略寒的时候，到华丽的厅堂中观赏；在炎热的夏天开的花，最好是在大雨过后、疾风吹拂的时候，在绿树浓荫、翠竹林下或者是在水中的台阁之上观赏；在凉爽的秋天开的花，适合在凉爽的月夜，在夕阳西下的时候，在空旷的阶梯前，或在长满苔藓的幽静的小道上，或在古藤缠绕的嶙峋怪石旁边观赏。要是不讲求地点和时机而赏花，那么绽放的花就会失去神采，和青楼、酒馆中摆放的花有什么区别呢？

原 文

云霞争变，风雨横天，终日静坐，清风洒然。

译 文

天空中的云霞竞相变幻，随即风雨交加，滂沱的大雨从天而降。整天都静默地坐着，便觉清风凉爽。

原 文

妙笛至山水佳处，马上临风，快作数弄。

译 文

想听美妙的笛声就要骑马临风疾驰，到山水秀丽的地方去，趁着这股欢快的兴致赶紧吹上几曲。

原 文

心中事，眼中景，意中人。

译 文

想的是心中之事，看的是眼中之景，赏的是心目中的佳人。

原　文

园花按时开放，因即其佳称，待之以客。梅花索笑客，桃花销恨客，杏花倚云客，水仙凌波客，牡丹酣酒客，芍药占春客，萱草忘忧客，莲花禅社客，葵花丹心客，海棠昌州客，桂花青云客，菊花招隐客，兰花幽谷客，荼蘼清叙客，蜡梅远寄客。须是身闲，方可称为主人。

译　文

园中的花卉按时节变化次第开放，根据各种花卉的佳称，以客来对待它们：梅花是索笑客，桃花是销恨客，杏花是倚云客，水仙是凌波客，牡丹是酣酒客，芍药是占春客，萱草是忘忧客，莲花是禅社客，葵花是丹心客，海棠是昌州客，桂花是青云客，菊花是招隐客，兰花是幽谷客，荼蘼是清叙客，蜡梅是远寄客。必须是身闲心静的人，才能成为这些名花的主人。

原　文

马蹄入树鸟梦坠，月色满桥人影来。

译　文

马蹄声传到树林中，惊扰了栖息在树梢的小鸟的幽梦；月光洒满了小桥，照得人影从远处走来。

原　文

无事当看韵书，有酒当邀韵友。

译　文

闲来无事应读一读韵书，有好酒佳酿时应邀请文人雅士一起畅饮。

原　文

红蓼滩头，青林古岸，西风扑面，风雪打头，披蓑顶笠，执竿烟水，俨然在米芾《寒江独钓图》中。

译　文

淡红色的蓼花盛开在滩头，青葱的树林掩映着古岸，西风迎面扑来，疾风劲雨打在头上。披起蓑衣，戴上斗笠，手里拿着钓鱼竿在烟波浩渺的江上垂钓，简直就像置身于米芾所画的《寒江独钓图》中。

原　文

冯惟一以杯酒自娱[1]，酒酣即弹琵琶，弹罢赋诗，诗成起舞。时人爱其俊逸。

注　释

①冯惟一：指冯吉。字惟一，善属文，工草隶，尤工琵琶，其琵琶、诗、舞被称为“三绝”。

译　文

冯惟一喜欢喝酒自娱自乐，喝到有些醉意便弹琵琶，弹完了琵琶便作诗，写成诗作后便翩翩起舞，当时的人都非常欣赏他洒脱俊逸的风度。

原　文

风下松而合曲，泉萦石而生文[1]。

注　释

①文：这里指河水粼粼的波纹。

译　文

山风吹过松林，松涛声合成了乐曲；清泉从石上流过，泛起粼粼的波纹。

原　文

秋风解缆，极目芦苇，白露横江，情景凄绝。孤雁惊飞，秋色远近，泊舟卧听，沽酒呼卢[1]，一切尘事，都付秋水芦花。

注　释

①呼卢：古代的一种赌博方式，玩法类似于现在的五子棋。

译　文

秋风阵阵袭来，解开拴船的缆绳，荡舟而去，极目远眺，只见芦苇连天，洁白的露水弥漫江面，情景很是凄凉。孤单的大雁扑棱着双翅惊飞而去，远近呈现出一片深秋的肃杀之气，把船停泊在岸边，躺在船里听着涛声。买来美酒与客人畅饮，玩着呼卢博戏，一切尘世间的烦恼都抛诸脑后，让它们像芦花一样随着秋水漂走。

原　文

设禅榻二，一自适，一待朋。朋若未至则悬之，敢曰：“陈蕃之榻悬待孺子[1]，长史之榻专设休源[2]。”亦唯禅榻之侧，不容着俗人膝耳。诗魔酒颠，赖此榻祛醒。

注　释

①孺子：指徐稚。字孺子。

②休源：即孔休源。为晋安王长史，深得信任，晋安王于斋中特设一塌，云“此是孔长史坐”。

译　文

在斋房里陈设两个禅榻，一个供自己使用，一个用来招待朋友。没有朋友往来，就悬挂起其中的一个床榻，敢于说：“陈蕃悬起床榻专待徐稚，晋安王的长史床榻是专门为孔休源而设置的。”我的禅榻旁也是容不得凡夫俗子坐卧的。那些诗魔、酒癫才能靠着这个禅榻驱魔醒酒。

原　文

留连野水之烟，淡荡寒山之月。

译　文

弥漫在山野流水上的云烟让人流连忘返，笼罩在清寒山峦上的月光宁静恬淡。

原　文

春夏之交，散行麦野；秋冬之际，微醉稻场。欣看麦浪之翻银，称翠直侵衣带；快睹稻香之覆地，新醅欲溢尊罍[1]。每来得趣于庄村，宁去置身于草野。

注　释

①新醅：新酿的酒。尊罍：一种酒器。

译　文

春夏之交，在麦田中漫步；秋冬之际，在打谷场上微醉。欣喜地看到微风徐徐吹过，扬起一片银色麦浪，麦穗积聚的青翠香气直侵衣带；很高兴看到被稻谷的芳香包裹着的稻谷场，新酿的浊酒已经溢满了酒杯。每次来到乡村都能从中得到无限的乐趣，宁愿就此置身于草莽山野。

原　文

羁客在云村[1]，蕉雨点点，如奏笙竽，声极可爱。山人读《易》《礼》，斗后骑鹤以至[2]，不减闻《韶》也[3]。

注释

①云村：云雾缭绕的山村。

②斗后：犹言“方外”。

③《韶》：传说是舜所作的乐曲。

译文

寄居在外的游客行走于云雾缭绕的山村，雨点滴滴答答地打在芭蕉叶上，好像是人吹奏着笙竽，声音极其悦耳动听。山林中的隐士读完了《易经》《礼记》以后从方外骑着仙鹤飘然而至，不亚于听到《韶》乐。

原文

阴茂树，濯寒泉，溯冷风，宁不爽然洒然？

译文

在茂密的树荫下乘凉，在冰冷的泉水中洗浴，逆着冷风往前走，难道不是十分清爽潇洒吗？

原文

韵言一展卷间，恍坐冰壶而观龙藏①。

注释

①恍：仿佛。龙藏：佛经。相传大乘经典藏在龙宫，因此称为“龙藏”。

译文

展开书卷就能阅读到高言雅论，仿佛置身于冰壶诵读佛经一般。

原文

春来新笋，细可供茶；雨后奇花，肥堪待客。

译文

初春时节长出的新笋，细嫩得可以用来煮茶；雨后盛开的花朵，肥嫩得足以用来待客。

原文

赏花须结豪友，观妓须结淡友，登山须结逸友，泛舟须结旷友，对月须结冷友，待雪须结艳友，捉酒须结韵友。

译文

观赏名花，必须和性格豪爽的朋友一起；观妓听曲，必须和性情淡泊的朋友一起；登高游玩，必须和性情高逸的朋友一起；湖上泛舟，必须和心胸旷达的朋友一起；观风赏月，必须和为人冷峻的朋友一起；踏雪寻梅，必须约上文辞华丽的朋友；把酒对饮，必须和性情高雅的朋友一起。

原文

问客写药方，非关多病；闭门听野史，只为偷闲。

译文

询问客人，开写药方，并不是因为客人病多；关上门听别人讲野史故事，只是为了偷偷享受一刻闲暇。

原文

岁行尽矣①，风雨凄然，纸窗竹屋，灯火青荧，时于此间得小趣。

注释

①行：即将。

译文

一年即将过完了，窗外风雨凄凄，但在纸窗竹屋内青灯荧火下，也不乏点点情趣。

原文

山鸟每夜五更喧起五次，谓之报更，盖山间率真漏声也。

译文

一夜有五个更次，山林中的鸟每夜都会在各更次时鸣叫，人们称之为报更，这真是山间自然的报时声啊。

原文

分韵题诗，花前酒后；闭门放鹤，主去客来①。

注释

①闭门放鹤，主去客来：诗人林逋隐居杭州西湖时结庐孤山，常驾小舟遍游西湖诸寺庙，与高僧诗友来往，每逢客至，客叫门童纵鹤放飞，林逋见鹤必棹舟归来。

译文

在赏花之时、饮酒之后，最适合按照韵类题诗作词；主人出门之后客人到来，关门放出仙鹤告知主人。

原文

插花着瓶中，令俯仰高下，斜正疏密，皆存意态，得画家写生之趣方佳。

译文

在瓶中插花要使花看起来高低错落、斜正疏密有致，让每一枝花都呈现出其丰韵的姿态，如果能够得到画家写生的意趣则是最佳境界。

原文

法饮宜舒，放饮宜雅，病饮宜小，愁饮宜醉；春饮宜郊，夏饮宜庭，秋饮宜舟，冬饮宜室，夜饮宜月。

译文

喝酒的方法应当以舒适为宜，豪放饮酒应当保持优雅，在病中饮酒要节制有度，忧愁时喝酒应当一醉方休，春天饮酒适宜在郊外，夏天饮酒适宜在宽敞的庭院中，秋天饮酒适宜在船上，冬天饮酒适宜在温暖的室内，夜间饮酒适宜在月光之下。

原文

甘酒以待病客，辣酒以待饮客，苦酒以待豪客，淡酒以待清客，浊酒以待俗客。

译文

甘甜的酒用来招待身体抱恙的客人，辛辣的酒用来招待善于饮酒的客人，苦涩的酒用来招待潇洒豪放的客人，清淡的酒用来招待性情高雅的客人，浑浊的酒用来招待世俗的客人。

原文

仙人好楼居，须岩峣轩敞[①]，八面玲珑，舒目披襟，有物外之观，霞表之胜。宜对山，宜临水；宜待月，宜观霞；宜夕阳，宜雪月。宜岸帻观书[②]，宜倚槛吹笛；宜焚香静坐；宜挥麈清谈。江干宜帆影，山郁宜烟岚；院落宜杨柳，寺观宜松篁；溪边宜渔樵、宜鹭鸶，花前宜娉婷、宜鹦鹉[3]；宜翠雾霏微[4]，宜银河清浅；宜万里无云，长空如洗；宜千林雨过，叠嶂如新；宜高插江天，宜斜连城郭；宜开窗眺海日，宜露顶卧天风；宜啸，宜咏，宜终日敲棋；宜酒，宜诗，宜清宵对榻。

注 释

①岧（tiáo）峣：山势高峻的样子。

②岸帻：把头巾掀起露出前额，形容衣着简略不拘。

③娉婷：女子美好的姿态。

④霏微：云雾弥漫的样子。

译 文

仙人喜欢居住在高大的楼宇中，楼宇必须高耸入云、宽敞明亮，八面玲珑，放眼望去，尽收世外的景观、云外的胜迹，视野十分开阔，让人感到胸襟都为之广阔。楼宇应对着青山，门前有溪流；适宜观看月亮升起，霞光映天，夕阳西下，雪月相融。看书时衣着不拘，斜倚栏杆吹笛；适宜焚香静坐，挥动着麈尾清谈。江面孤帆远影，山间烟雾缭绕；院落杨柳依依，寺院中松竹常青；能在溪边打鱼砍柴，观赏鹭鸶翩翩起舞。花前则美女娉婷、鹦鹉学舌。早晨苍翠的浓雾布满山野，夜间银河闪闪，发出浅浅青光；万里无云，长空如洗；千里林海大雨初晴，重峦叠嶂，焕然一新。楼宇连天接江，斜连城郭；打开窗户就能眺望到海上的日出，能够露着头在风中坐卧；能对天长啸，又能低声吟咏，可以终日和高手对弈畅谈；饮酒赋诗，夜晚则与朋友相对而卧，于榻上清谈。

原 文

良夜风清，石床独坐，花香暗度，松影参差。黄鹤楼可以不登，张怀民可以不访[1]，《满庭芳》可以不歌[2]。

注 释

①张怀民：即张梦得。宋苏轼《记承天寺夜游》："……解衣欲睡，月色入户，欣然起行，念无与为乐者，遂至承天寺寻张怀民。怀民亦未寝，相与步于中庭。"

②《满庭芳》：宋张镃《满庭芳•促织儿》："月洗高梧，露涛幽草，宝钗楼外秋深。土花沿翠，萤火坠墙阴。静听寒声断续，微韵转、凄咽悲沉。争求侣，殷勤劝织，促破晓机心。　　儿时，曾记得，呼灯灌穴，敛步随音。任满身花影，犹自追寻。携向华堂戏斗，亭台小、笼巧妆金。今休说，从渠床下，凉夜伴孤吟。"

译 文

良宵美景，月白风清，独自一人坐在石榻上，空气中有暗香袭来，松影参差不齐。有了这样美好的景致，像黄鹤楼那样的名楼都可以不攀登，像张怀民那样的好友都可以不寻访，像《满庭芳》那样的名曲也可以不吟诵。

原　文

茅屋竹窗，一榻清风邀客；茶炉药灶，半帘明月窥人。

译　文

茅草屋，翠竹窗，清风吹拂床榻，仿佛在邀请客人；烹茶炉，炼丹灶，半帘明月入屋，好像在偷看屋里的人。

原　文

娟娟花露，晓湿芒鞋[1]；瑟瑟松风，凉生枕簟。

注　释

①芒鞋：草鞋。

译　文

清晨，花丛中的露珠打湿了草鞋；松林间凉风瑟瑟，把石枕竹席都吹得清凉了。

原　文

绿叶斜披，桃叶渡头[1]，一片弄残秋月；青帘高挂，杏花村里[2]，几回典却春衣。

注　释

①桃叶渡：古代的渡口，在今江苏南京秦淮河的边上。相传王献之曾在这里作歌送妾。后泛指津渡。

②杏花村：唐杜牧《清明》诗："借问酒家何处有，牧童遥指杏花村。"后指代酒馆。

译　文

绿叶斜挂树梢，桃叶渡口上空秋月残缺；青帘高挂门楣，杏花村里典当了几回春衫来换酒喝。

原　文

杨花飞入珠帘，脱巾洗砚；诗草吟成锦字[1]，烧竹煎茶。良友相聚，或解衣盘礴，或分韵角险，顷之貌出青山，吟成丽句，从旁品题之，大是开心事。

注　释

①锦字：即前秦时期秦州刺史窦滔之妻苏蕙所作锦字回文诗。

译文

纷飞的杨花飘进挂着珠帘的屋内，解下头巾洗净砚台，诗作吟成锦字回文，燃起竹子，煮茶款待客人。好友相聚，有的解开衣服两膝微屈地坐着，气势磅礴地随意作画，有的分开韵脚，比赛作诗，不一会儿就画出了青山，吟出了佳句，又在一旁品评题字，真是让人开心的事啊！

原文

木枕傲，石枕冷，瓦枕粗，竹枕鸣。以藤为骨，以漆为肤，其背圆而滑，其额方而通。此蒙庄之蝶庵①，华阳之睡几②。

注释

①蒙庄：蒙人庄周。

②华阳：即陶弘景，隐居于句容句曲山，自号华阳隐居。

译文

木枕看上去孤傲，石枕十分寒凉，陶枕略显粗糙，竹枕睡起来有声响。用藤萝做骨架，在其表面涂上漆，使其背面圆润光滑，两端方正通透。这样的枕头简直就是蒙人庄周梦蝶的去处、华阳隐士陶弘景的睡榻。

原文

小桥月上，仰盼星光，浮云往来，掩映于牛渚之间①，别是一种晚眺。

注释

①牛渚：山名，位于今安徽当涂。

译文

小桥流水，一轮新月从天边升起，仰起头看着满天星光灿烂，飘荡在头顶的浮云，掩映在牛渚山和长江之间，别有一种与众不同的月夜远眺的意境。

原文

医俗病莫如书，赠酒狂莫如月。

译文

医治庸俗的毛病，没有比读书更好的了；赠给酒徒的东西，没有比月亮更好的了。

原　文

明窗净几，好香苦茗，有时与高衲谈禅；豆棚菜圃，暖日和风，无事听友人说鬼。

译　文

窗明几净，茗香苦茶，时常和高僧品茶论禅；豆棚菜园，风和日丽，闲来无事听朋友说鬼神故事。

原　文

花事乍开乍落，月色乍阴乍晴，兴未阑[1]，踌躇搔首；诗篇半拙半工，酒态半醒半醉，身方健，潦倒放怀。

注　释

①阑：将尽。

译　文

花朵忽开忽落，月色忽阴忽晴，兴致未尽，就用手搔头，坐卧不安；作出的诗篇有好有劣，酒后半醒半醉，身体矫健，就潦倒放怀。

原　文

湾月宜寒潭，宜绝壁，宜高阁，宜平台，宜窗纱，宜帘钩；宜苔阶，宜花砌，宜小酌，宜清谈，宜长啸，宜独往，宜搔首，宜促膝。春月宜尊罍，夏月宜枕簟，秋月宜砧杵[1]，冬月宜图书。楼月宜箫，江月宜笛，寺院月宜笙，书斋月宜琴。闺闱月宜纱橱，勾栏月宜弦索[2]；关山月宜帆樯，沙场月宜刁斗[3]。花月宜佳人，松月宜道者，萝月宜隐逸，桂月宜俊英；山月宜老衲，湖月宜良朋，风月宜杨柳，雪月宜梅花。片月宜花梢，宜楼头，宜浅水，宜杖藜，宜幽人，宜孤鸿；满月宜江边，宜苑内，宜绮筵，宜华灯，宜醉客，宜妙妓。

注　释

①砧杵：捣衣石和棒槌。

②弦索：以弦器乐为主的管弦合奏的通称，流行于明代时的北方。

③刁斗：古代行军用具。白天做炊具，晚上打更。

译文

水湾的月亮适宜悬于寒潭、绝壁、高阁、平台、窗纱、帘钩之上，月下苔藓满阶，鲜花满坛，对月小酌，可与之清谈、大声呼叫、独来独往、搔首弄姿、促膝长谈。春夜之月适宜用来照亮杯盏，夏夜之月适宜照在石枕竹席之上，秋夜之月下适宜捣衣洗涤，冬夜之月下适宜作画读书。楼头之月适宜配以箫声，江上之月适宜配以笛声，寺院之月适宜配以笙声，书斋之月适宜配以琴声。闺阁之月适宜隔着纱帐，勾栏之月适宜奏以弦乐，关山之月适宜船帆樯橹，沙场之月适宜军器刁斗。花前之月适宜美人，松间之月适宜道士，藤萝之月适宜隐士，桂树之月适宜俊杰，山中之月适宜高僧，湖上之月适宜好友，风中之月适宜杨柳，雪中之月适宜梅花。弦月适宜花梢、楼头、浅水、杖藜、隐士、孤雁；满月适宜江边、园内、豪宴、华灯、醉客、艳妓。

原文

佛经云："细烧沉水，毋令见火。"此烧香三昧语。

译文

佛经中有语："细烧沉水香，不要见明火。"这句话深得烧香的奥妙。

原文

石上藤萝，墙头薜荔①，小窗幽致，绝胜深山，加以明月清风，物外之情，尽堪闲适。

注释

①薜荔：常绿藤本植物。又名木莲、木馒头。

译文

藤萝爬满石头，木莲花开满墙头，透过小窗看到了这胜过深山幽景的美妙景致，加上明月高照，清风徐来，以超然物外的情怀，尽情地享受这份闲适。

原文

出世之法，无如闭关①。计一园手掌大，草木蒙茸，禽鱼往来，矮屋临水，展书匡坐，几于避秦②，与人世隔。

注释

①闭关：闭门谢客。

②避秦：用东晋陶渊明《桃花源记》中避秦祸的典故。

译文

想要摆脱世俗的束缚，没有比得上闭门谢客这个方法的。开辟出一个小园圃，种上稀疏的草木，院中鸟兽鱼禽来来往往，低矮的茅屋临近溪水，打开书卷端坐细读，几乎如《桃花源记》中避秦战的人们一样进入桃花源仙境，与世隔绝了。

原文

山上须泉，径中须竹。读史不可无酒，谈禅不可无美人。

译文

山上必须有清泉，小路上必须有翠竹。读史书时不能无美酒，谈禅时不能无美人。

原文

幽居虽非绝世，而一切使令、供具、交游、晤对之事①，似出世外。花为婢仆，鸟为笑谈；溪漱涧流代酒肴烹炼，书史作师保②，竹石质友朋；雨声云影，松风萝月，为一时豪兴之歌舞。情景固浓，然亦清趣。

注释

①晤对：会面交谈。

②师保：古时任辅弼帝王和教导王室子弟的官，有师有保，统称“师保”。泛指是老师。

译文

隐居虽然完全与世隔绝，但是关于使令、用具、交游、会面交谈等事务，似乎都与世俗不一样。可以把花当作奴婢，可以和飞鸟相互笑谈；可以烹制山涧之中的溪水当作美酒佳肴，可以把史书当作老师，可以把竹子和石头当作朋友；伴着雨声和云影，伴着松涛声和月影豪放地歌舞一番。这样的情景看起来固然很浓艳，但也颇有清雅的趣味。

原文

蓬窗夜启，月白于霜；渔火沙汀，寒星如聚。忘却客子作楚，但欣烟水留人。

译文

夜晚打开了简陋的草舍的窗户，月光比秋霜还要白；小沙洲上升起点点的渔火，好像清寒的星光相聚在一起。此时，我忘记了自己是客居楚地的游子，只为这迷人的烟水而欣喜。

原　文

无欲者其言清，无累者其言达。口耳巽人[①]，灵窍忽启[②]。故曰不为俗情所染，方能说法度人。

注　释

①巽：八卦之一，代表风。

②灵窍：智慧。

译　文

清心寡欲的人说出的话很清淡，不被世俗所累的人说出的话很豁达。要是风神进入人的嘴巴和耳朵中，智慧就会突然开启。所以说，只有不被世俗的情感束缚才能说佛论法，超度世人。

原　文

临流晓坐，欸乃忽闻[①]，山川之情，勃然不禁。

注　释

①欸乃：摇橹声。唐柳宗元《渔翁》诗："烟销日出不见人，欸乃一声山水绿。"

译　文

清晨坐在江水边打坐，忽然听到开船摇橹的声音，于是对山水的喜爱之情禁不住勃然而发。

原　文

舞罢缠头何所赠，折得松钗；饮余酒债莫能偿，拾来榆荚。

译　文

欣赏完了歌舞，没有什么好拿来打赏的，只好折下松枝当作头钗相赠；喝完了酒没有办法付酒钱，只好捡来榆钱儿偿还。

原　文

午夜无人知处，明月催诗；三春有客来时，香风散酒。

译　文

在半夜时去一个没人知道的地方，皎洁的明月催发了诗兴；春天有客人来拜访之时，清风中飘散着酒香。

原　文

如何清色界[1]？一泓碧水含空[2]；那可断游踪？半砌青苔殢雨[3]。

注　释

①色界：佛教术语。指佛教欲、色、空三界之中的色界。此界众生没有食色之欲，所以也没有男女之别。

②含：映照。

③殢（tì）：引逗。

译　文

如何能使色界清净？一碧绿的泉水映照着天空；怎样能使游览的踪迹断绝？半阶青苔引逗着春雨。

原　文

村花路柳，游子衣上之尘；山雾江云，行李担头之色。

译　文

山村里飘荡的花瓣和小路上飞舞的柳絮，是沾在游子身上的尘土；山间弥漫的雾霭和江上悬挂的云彩是投影到游子行李担头上的颜色。

原　文

何处得真情，买笑不如买愁；谁人效死力，使功不如使过。

译　文

买欢笑不如买忧愁，这样才能得到真情实感；任用有功的人不如任用有过错的人，这样才能让他拼死效力。

原　文

芒鞋甫挂，忽想翠微之色，两足复绕山云；兰棹方停，忽闻新涨之波，一叶仍飘烟水。

译　文

刚把草鞋挂起来，忽然又想起苍翠的山色，于是又穿上草鞋奔走徜徉于水云缭绕的山间；小船刚刚停泊，忽然听到了正在上涨的潮水声，于是又驾着小船驶向烟波浩渺的水上。

原 文

旨愈浓而情愈淡者，霜林之红树；臭愈近而神愈远者，秋水之白蘋。

译 文

颜色越浓郁而味道越清淡的，是被秋霜打过的枫树林；味道越近而神色越悠远的，是秋水里飘荡着的白蘋。

原 文

龙女濯冰绡[①]，一带水痕寒不耐；姮娥携宝药，半囊月魄影犹香。

注 释

①冰绡：薄而洁白的丝绸。

译 文

龙女在水边清洗薄而洁白的丝绸，一片水痕耐不住清寒；嫦娥身上带着神药，月光照射下的影子都还带着药香。

原 文

山馆秋深，野鹤唳残清夜月；江园春暮，杜鹃啼断落花风。

译 文

山间馆舍中秋色深沉，野鹤悲鸣，叫残了夜间清冷的月光；江滨的园中春色将尽，杜鹃哀啼，叫断了吹落百花的春风。

原 文

石洞寻真[①]，绿玉嵌鸟藤之仗[②]；苔矶垂钓，红翎间白鹭之蓑。

注 释

①真：指仙人。

②绿玉：绿色水珠。

译 文

去石洞中寻访仙人的踪迹，鸟藤手杖上结满了绿色的水珠；在长满了青苔的石矶上垂钓，用白鹭的羽毛做成的蓑衣上站着红色翎毛的鸟儿。

原　文

晚村人语，远归白社之烟[①]；晓市花声，惊破红楼之梦[②]。

注　释

①白社：这里借指隐士或隐士所居之处。

②红楼：华美的高楼。

译　文

傍晚山村里人说话的声音，远远地隐没在白社的烟雾之中；清晨集市上的卖花声，惊醒了红楼美人的清梦。

原　文

案头峰石，四壁冷浸烟云，何与胸中丘壑；枕边溪涧，半榻寒生瀑布，争如舌底鸣泉。

译　文

坐在案头看到山峰和奇石，屋子的四壁被寒烟冷云浸染着，这都比不上心里装着高山深谷；听到枕边溪水流淌，床榻上仿佛生起了寒冷的瀑布，这都比不上舌底如泉水流动般的响声。

原　文

扁舟空载，赢却关津不税愁；孤杖深穿，揽得烟云闲入梦。

译　文

一叶空荡荡的小舟漂浮在海上，来到渡口的时候可以不用为缴税而忧愁；拄着拐杖独自进入幽深的山林，把山间云雾悠然带进梦乡。

原　文

幽堂昼密[①]，清风忽来好伴；虚窗夜朗[②]，明月不减故人。

注　释

①昼密：生机盎然的景象。

②虚：半开着。

译　文

白日生机盎然，大堂显得很幽静，忽然吹来一阵清风，仿佛良友来到身边做伴；夜色舒朗，半开着小窗，一轮明月高悬天际，就像老朋友一样温暖明亮。

原　文

晓入梁王之苑[①]，雪满群山；夜登庾亮之楼[②]，月明千里。

注　释

①梁王之苑：即梁苑。为西汉梁孝王刘武营造的规模宏大的皇家园林。

②庾亮之楼：一指湖北省鄂州市鄂城区古楼街北段，一指庾亮于成和年间在江州（今江西九江）建的庾楼，有“九江第一楼”的美称。

译　文

清晨走进梁苑，只见群山之上堆满了积雪；夜晚登上庾亮楼，只见千里长空皓月高悬。

原　文

名妓翻经，老僧酿酒，书生借箸谈兵[①]，介胄登高作赋，羡他雅致偏增；屠门食素，狙侩论文[②]，厮养盛服[③]，领缘方外，束修怀刺，令我风流顿减。

注　释

①箸：这里指剑。

②狙侩：商人。

③厮养：服贱役之人。

译　文

名妓翻阅经卷，老僧酿造美酒，书生谈兵论剑，武夫登高作赋，我钦羡他们身上增添了不少雅致；屠夫吃素食，商人谈论诗文，奴役穿上华服，隐士拜谒权贵，我感到他们身上顿时减少了很多风流。

原　文

高卧酒楼，红日不催诗梦醒；漫书花榭，白云恒带墨痕香。

注　释

诗人高卧在酒楼上，冉冉升起的红日不急于催他从充满诗意的醉梦中醒来；在花榭之中漫步品书，朵朵飘荡的白云带着墨迹的香气。

原　文

相美人如相花，贵清艳而有若远若近之思；看高人如看竹，贵潇洒而有不密不疏之致。

译　文

观赏美人如观赏花朵一样，其可贵之处在于清雅艳丽给人一种若即若离的感觉；欣赏品德高尚的人好比欣赏青翠的竹子，其可贵之处在于潇洒飘逸的气质，又有不密不疏的韵致。

原　文

梅称清绝，多却罗浮一段妖魂[①]；竹本萧疏，不耐湘妃数点愁泪。

注　释

①罗浮一段妖魂：唐柳宗元《龙城录》载：赵师雄迁到罗浮，天色已晚，他醉酒后躺在松林酒馆旁，梦见一个女子淡妆素服出迎，芳香袭人，与他入酒馆欢谈，酒后醉入酒馆。第二天醒来时，发现自己躺在梅树下。

译　文

梅花以其清香绝世，而有罗浮山赵师雄那段为之失魂的故事；竹子生性萧疏孤傲，所以湘妃对着它落下愁思的泪水。

原　文

穷秀才生活，整日荒年；老山人出游，一派熟路。

译　文

穷秀才每天都过着饥荒的生活，老山人外出游玩处处都是轻车熟路。

原　文

眉端扬未得，庶几在山月吐时；眼界放开来，只好向水云深处。

译　文

明月在山间初升，足以使人眉飞色舞；身在水云深处，才能放开眼界。

原　文

刘伯伦携壶荷锸[①]，死便埋我，真酒人哉；王武仲闭关护花，不许踏破，直花奴耳。

注　释

①刘伯伦：即刘伶。字伯伦，魏晋时期竹林七贤之一。荷：扛着。

译文

刘伯伦带着酒壶、扛着锹外出，告诉别人他死了就随地埋了，这才是真正嗜酒如命的人；王武仲一心养花而闭门谢客，不许别人践踏，这简直就是花奴。

原文

一声秋雨，一声秋雁，消不得一室清灯；一月春花，一池春草，绕乱却一生春梦。

译文

一场秋雨飘零，一声秋雁哀鸣，消减不了一屋子清灯；一月里春花烂漫，一池畔春草葱翠，惊扰了一生春梦。

原文

夭桃红杏，一时分付东风；翠竹黄花，从此永为闲伴。

译文

红杏春桃，一时间被东风扫落；剩下翠竹黄花，从此悠闲相伴。

原文

花影零乱，香魂夜发，冁然而喜①。烛既尽，不能寐也。

注释

①冁（chǎn）然：欣喜微笑的样子。

译文

夜里花影零乱，散发出阵阵花香，让人欣然微笑。蜡烛已经燃尽，依然无法入睡。

原文

花荫流影，散为半院舞衣；水响飞音，听来一溪歌板。

译文

花荫下疏景流动，在半个院落散发开来，如同飘逸的舞衣；流水的声响如同飞流的音乐，细细听来仿佛曲溪歌板。

原文

一片秋色，能疗客病；半声春鸟，偏唤愁人。

译文

一片寂寥的秋色，能够治疗作客他乡的游子心中的思愁；半声春鸟的鸣叫，偏偏唤醒了忧愁的旅人的思绪。

原文

会心之语，当以不解解之；无稽之言，是在不听听耳。

译文

会心的话不用过多思考，自然就能解开；无稽之谈不用去听，充耳不闻就过去了。

原文

云落寒潭，涤尘容于水镜；月流深谷，拭淡黛于山妆。

译文

清冷的潭水上的云雾消散后，水面清澈得像一面镜子，可以用来洗涤满是俗尘的面容；月光流进幽深的山谷，让山水看起来像是擦了淡淡的黛眉之妆。

原文

寻芳者追深径之兰，识韵者穷深山之竹。

译文

探寻芳草的人喜爱追寻长在深山幽径旁的兰花，懂得情韵的人追求看遍深山穷谷中的翠竹。

原文

花间雨过，蜂粘几片蔷薇；柳下童归，香散数茎檐葡。

译文

下过雨的花丛中，有几只蜜蜂粘在蔷薇花瓣上；孩童经过柳荫归来，把满身花香散落在屋檐下的葡萄上。

原文

幽人到处烟霞冷，仙子来时云雨香。

译文

幽隐之士所到之处，烟霞也会变得清冷；仙女来的时候，云雨也会散发出芳香。

原 文

落红点苔，可当锦褥；草香花媚，可当娇姬。草逆则山鹿溪鸥，鼓吹则水声鸟啭。毛褐为纨绮[①]，山云作主宾；和根野菜，不让侯鲭[②]；带叶柴门，奚输甲第？

注 释

①纨绮：华丽的服饰。

②侯鲭：精美的肉食。鲭，鱼和肉烧制的菜肴。

译 文

落花点缀着青苔，可当作华丽的被子；芳草清馨，鲜花妩媚，可当作娇艳的姬妾。山鹿和水鸟与野草相迎，水声和鸟鸣如演奏中的声乐。把粗布衣服当作盛装，把山间云彩当作宾客；带着根的野菜，比得上王侯府中精致的菜肴；带叶的柴门，怎么比不上豪华宅邸呢？

原 文

野筑郊居，绰有规制。茅亭草舍，棘垣竹篱，构列无方，淡宕如画。花间红白，树无行款，徜徉洒落，何异仙居？

译 文

居住在山野中的房屋里，房间宽阔方正。用茅草搭建的亭子和屋舍，用荆条筑成的院墙，用竹子围成的篱笆，随意排列，错落有致，淡雅如画。园中种着红白相间的花，栽着不同种类的树木，在树林中尽情徜徉，与神仙住的地方有什么不同？

原 文

墨池寒欲结，冰分笔上之花；炉篆气初浮，不散帘前之雾。

译 文

天气变得寒冷，墨池就快要结冰了，冰凌分散了笔下生出的文字；香炉上冒出缕缕缭绕的烟雾，冲不散竹帘前的雾气。

原 文

青山在门，白云当户，明月到窗，凉风拂座，胜地皆仙，五城十二楼[①]，转觉多设。

注　释

①五城十二楼：传说中神仙居住的地方。《史记•孝武本纪》："方士有言：'黄帝时为五城十二楼，以候神人于执期，命曰迎年。'"

译　文

打开门就能看见青山，窗户正对着白云，月光照进窗子，凉风吹拂坐榻，像这样风景秀美的地方足以让人身处仙境，黄帝的五城十二楼反而让人觉得多余。

原　文

何为声色俱清？曰："松风水月，未足比其清华。"何为神情俱彻？曰："仙露明珠，讵能方其朗润。"

译　文

什么是声音和颜色都清雅？回答："松林间吹拂的清风，水上映照的明月，都不能与声音及颜色的清雅相媲美。"什么是神情透彻畅达？回答："仙草雨露，夜明之珠，岂能比得上这样的明亮和润泽。"

原　文

"逸"字是山林关目[①]，用于情趣，则清远多致；用于事务，则散漫无功。

注　释

①关目：戏曲术语。这里泛指情节的安排和构思。

译　文

"逸"是对于隐居山林中的人最为重要的一个字，将其用于情趣，就会使人清丽高远而富有韵致；但将其用于事务，就会使人散漫而不能成功。

原　文

宇宙虽宽，世途眇于鸟道；征逐日甚，人情浮此鱼蛮。

译　文

宇宙虽然宽广，但世上的道路比鸟道还要狭窄；世俗的人都在争名夺利，而且日甚一日，人与人之间的感情就好像渔夫四处撒网那样虚浮。

原　文

柳下舣舟[1]，花间走马，观者之趣，倍于个中。

注　释

①舣舟：将船停泊在岸边。

译　文

人们在柳荫下停船靠岸，在花丛间骑马驰骋，观看者的情趣要比当事人还多出一倍。

原　文

问人情何似？曰："野水多于地，春山半是云。"问世事何似？曰："马上悬壶浆，刀头分顿肉。"

译　文

问人情与什么相似？回答："要像水流围绕天地、白云围绕青山一样。"问世事应当如何？回答："要像马上悬美酒、刀头分肉。"

原　文

尘情一破，便同鸡犬为仙；世法相拘，何异鹤鹅作阵[1]。

注　释

①鹤鹅作阵：像鹤鹅列阵那样拘束做作。

译　文

一旦打破俗尘情缘，就可以与鸡犬一同升天成仙；世俗的礼法将人束缚住，与鹤鹅列阵那样拘束做作有什么不同？

原　文

清恐人知，奇足自赏。

译　文

唯恐别人知道自己清雅的志趣，奇特的物件足以拿来供自己赏玩。

原　文

与客倒金樽，醉来一榻，岂独客去为佳；有人知玉律，回车三调[1]，何必相识乃再。笑元亮之逐客何迂[2]，羡子猷之高情可赏[3]。

注　释

①三调：指多首曲子。

②元亮：即陶渊明。字元亮。陶渊明弃官归隐后以诗酒自娱。贵贱造之者，有酒辄设，若己先醉，便语客："我醉欲眠卿可去。"

③子猷：即王徽之。字子猷，王羲之的第五个儿子，东晋书法家。《世说新语•巧艺》载：王徽之旧闻桓子野善吹笛，而不相识。一日，王徽之乘船外出，偶遇桓子野。桓子野素闻王名，于是上前为王徽之演奏了数曲，便离开，客至不交一言。

译　文

和客人推杯换盏，喝醉以后一起躺在床榻上，难道只是为了让客人醉得尽兴了独自回家去吗？坐在马车上听到有人通晓音律，就掉转车头，下车弹奏几曲，难道相识了才能成为知音吗？可见陶渊明在醉酒后就将客人逐走是何等迂腐，然而我钦羡王徽之那样高雅的情操。

原　文

高士岂尽无染？莲为君子，亦自出于污泥；丈夫但论操持，竹作正人，何妨犯以霜雪？

译　文

高雅的君子怎么可能完全不受世俗的浸染？莲花作为花中的君子，也是从淤泥中生长出来；大丈夫只要讲求操行，就算是像被称赞正直的竹子那样凌霜傲雪又有什么关系？

原　文

东郭先生之履，一贫从万古之清；山阴道士之经，片字收千金之重。

译　文

东郭先生的草鞋是万古清贫的象征，山阴道士的经书每个字都如千两黄金一般贵重。

原　文

管辂请饮后言[①]，名为酒胆；休文以吟致瘦[②]，要是诗魔。

注　释

①管辂：字公明，明《周易》，善卜筮，相传有卜必应。他曾在琅琊太守单子春宴上说："府君名士，加有雄贵之姿，辂即年少，胆未坚刚，若欲相观，具失精神，请先饮三升清酒，然后言之。"

②休文：即沈约。字休文，南朝宋武康人，能文善诗，倡四声八病之说。

译 文

管辂请求饮酒后说话，可以说是借着酒胆；沈约因为吟诗而消瘦，可以说他是中了诗魔。

原 文

因花索句，胜他牍奏三千；为鹤谋粮，赢我田耕二顷。

译 文

用鲜花让别人题词写诗，胜过公文无数；为养育仙鹤筹借粮食，胜过辛勤地耕种数顷田地。

原 文

至奇无惊，至美无艳。

译 文

惊奇达到了极致，就再也不会让人感到惊奇了；惊艳达到了极致，就再也不会让人感到惊艳了。

原 文

瓶中插花，盆中养石，虽是寻常供具，实关幽人性情。若非得趣，个中布置，何能生致？

译 文

在瓶中插花，在盆里养石，虽然瓶和盆都是平常器具，却关乎隐士的性情。如果不得其中的意趣，他们怎么能够布置得如此雅致呢？

原 文

舌头无骨，得言语之总持；眼里有筋，具游戏之三昧。

译 文

舌头没有骨头，却把持了说话的总权；眼睛里布满经络，看到的却全是人生的精妙。

原 文

湖海上浮家泛宅[1]，烟霞五色足资粮；乾坤内狂客逸人，花鸟四时供啸咏。

注释

①浮家泛宅：《新唐书•张志和传》："颜真卿为湖州刺史，志和来谒，真卿以舟敝漏，请更之。志和曰：'愿为浮家泛宅，往来苕霅间。'"

译文

多彩的烟霞足以作为喜欢泛舟湖海之上、以四海为家的高人雅士的饭食，四季的花香鸟语足以供天地间的狂客逸人高歌吟咏。

原文

养花，瓶亦须精良，譬如玉环、飞燕不可置之茅茨①，嵇阮贺李不可请之店中②。

注释

①茅茨：指茅草做的屋子。

②嵇阮贺李：指性格狂放不羁的嵇康、阮籍、贺知章、李白四人。

译文

养花，瓶子一定要精美，就像不能让美艳娇贵的杨玉环、赵飞燕住在茅草屋中一般，又好比不能把性格狂放不羁的嵇康、阮籍、贺知章、李白邀请到店里，以礼节拘束他们喝酒一样。

原文

才有力以胜蝶，本无心而引莺；半叶舒而岩暗，一花散而峰明。

译文

刚刚有兴致扑落蝴蝶，本来没有心思去引逗八哥；半张长叶子舒展开来遮住了岩石上的光茫，一瓣花朵飘落下来使得山峰明朗清亮。

原文

玉槛连彩，粉壁迷明，动鲍照之诗兴①，销王粲之忧情②。

注释

①鲍照：字明远，南朝宋杰出的文学家、诗人，工诗文，与颜延之、谢灵运同为元嘉时代的著名诗人，合称"元嘉三大家"，以七歌行见长。

②王粲：字仲宣，东汉末年文学家，建安七子之一。王粲善属文，其诗赋为建安七子之冠，又与曹植并称"曹王"。

译文

玉石栏杆上连绵的彩绘，粉饰过的墙壁上迷离的明媚都能牵动鲍照的诗兴，消解王粲忧愁的情绪。

原文

急不急之辩，不如养默；处不切之事，不如养静；助不直之举，不如养正；恣不禁之费，不如养福；好不情之察，不如养度；走不实之名，不如养晦；近不祥之人，不如养愚。

译文

紧张不紧要的辩论，不如修养静默；处理不切实际的事情，不如修养清静；助长做出不正直行为的气焰不如修养正气；挥霍不必要的花费，不如修养福分；喜好不合情理的体察，不如修养气度；散布虚假的名声，不如韬光养晦；接近不祥的人，不如修养大智若愚。

原文

诚实以启人之信我，乐易以使人之亲我，虚己以听人之教我，恭己以取人之敬我，奋发以破人之量我，洞彻以备人之疑我，尽心以报人之托我，坚持以杜人之鄙我。

译文

真诚实在，使别人信任自己；愉悦平易，使别人亲近自己；谦虚谨慎，使别人教诲自己；保持谦恭，使别人尊重自己；奋发图强，使别人重新看待自己；洞察世事，防备别人对自己的怀疑；尽心而为，完成别人托付给自己的事情；坚守正道，杜绝别人对自己的轻视。